ibo Schriftenreihe

Organisation

Band 4

ibo Schriftenreihe

Band 4

Michael Berger • Frank Hartmann

Individuen und Interaktionen im Fokus der Organisationsentwicklung

8., völlig neu bearbeitete Auflage von

Change Management – (Über-)Leben in Organisationen

Verlag Dr. Götz Schmidt, Gießen

ISBN 978-3-945997-31-4

Vorwort zur 8. Auflage

Oswald Neubergers berühmtes Zitat „Der Mensch ist Mittel. Punkt." gilt mit seiner doppeldeutigen Aussage sicherlich auch heute noch. Der Kampf zwischen funktionalem Mittel zum Zweck und Selbstzweck ist noch lange nicht entschieden. Er wird und kann wahrscheinlich auch gar nicht entschieden werden. Denn beide Seiten derselben Medaille gelten in Organisationen. Allein aus dem Grund, dass beide für das Überleben der Organisation notwendig sind. Wir wollen und können diese Ambivalenz auch nicht auflösen. Wir wollen vielmehr eine, und zwar die humane Seite des Dilemmas ausloten. Das haben schon viele getan. Nichtsdestotrotz halten wir es für sinnvoll und notwendig. Daher betrachten wir die Organisationsentwicklung von der Seite des Individuums. Und wir wählen den Begriff „Organisationsentwicklung" statt „Change-Management", um den Anspruch permanenter Entwicklung zu betonen. Nicht die einzelne oder gar einmalige Aktion einer Veränderung steht hier im Vordergrund, sondern die ständige Auseinandersetzung mit neuen Anforderungen an die Mitglieder einer Organisation, von der Geschäftsleitung bis zum Mitarbeiter.

Unser Ausgangspunkt ist daher das Individuum. Und wie organisiert sich das Individuum selbst? Und wie geschieht dies im Rahmen einer Organisation? Indem es mehr oder weniger permanent lernt. Lernen meint hier allerdings nicht die Anhäufung von Wissen. Wissen über fachliche Themen, Methoden und Techniken, und auch nicht über soziale Kompetenzen wie Kommunikation, Führung und Zusammenarbeit. Lernen meint, das eigene Denken und Handeln zu überprüfen und gegebenenfalls zu verändern. Tatsächlich gegebenenfalls – denn niemand muss lernen oder sich verändern. Paradoxerweise bieten wir trotzdem, neben dem kontinuierlichen Hinweis auf (Selbst-)Reflexion, Methoden und Instrumente an, die diese Art von Lernen in Organisationen unterstützen können. Da die Bearbeitung von komplexen Herausforderungen oft in Paradoxien mündet, haben wir das Problem zur Lösung gemacht: Der Leser darf sich herausgefordert fühlen, ein paradoxes Lernangebot auszuprobieren. Ausprobieren ist ein Merkmal unserer Vorgehensweise bei Veränderungsvorhaben in Organisationen: In kleinen Schritten gleichsam experimentell anders zu handeln als bisher, um dem gewünschten Zustand näher zu kommen. In sich wiederholenden Zyklen werden die Veränderungen geprüft, für gut befunden oder weiter angepasst. Es ist allerdings viel mehr als lediglich die kontinuierliche Verbesserung eines Arbeitsablaufs. Es ist die kontinuierliche Überprüfung der eigenen Prämissen, Handlungsfolgen, Konsequenzen und der Integration neuer Informationen in diesen Ablauf. Auch dies haben wir nicht neu erfunden. Wir haben jedoch ein methodisches Vorgehen mit der individuellen Selbstreflexion kombiniert. Dies halten wir für anspruchsvoll. Und wir halten es für notwendig, um sich selbst nachhaltig zu organisieren und gleichzeitig Veränderungen in Organisationen sinnvoll und nützlich zu etablieren. Als anspruchsvoll haben wir selbst die Darstellung unseres Ansatzes erlebt: Die Beschreibung von wissenschaftlichen Ansätzen, deren Überführung in die konkrete Anwendung und die daraus resultierenden Transfererfahrungen bedienen sich unterschiedlicher Sprachen. Den Leser durch diesen Dreiklang von kognitivem Wissen, praktischer Anwendung und den daraus resultierenden Erkenntnissen zu führen, haben die Autoren – auch in ihren eigenen Interaktionen – immer wieder als Herausforderung erlebt.

Analog zu ihren Kunden in deren Organisationen ist die Erkenntnis entstanden, dass es zum Teil schmerzhaft ist, die eigenen blinden Flecke zu erkennen und festzustellen, dass dann die Argumente fehlen, um an den eigenen Überzeugungen und dem entsprechenden Vorgehen festzuhalten. Von dem man bis zu diesem Augenblick felsenfest überzeugt gewesen ist. Lernen tut not. Allerdings ist Lernen oft dann am grundlegendsten, wenn die Einsicht in eigene Sackgassen stattgefunden hat. Wir selbst haben versucht, diesen Grundsatz bei der Erstellung dieses Buchs zu leben, um immer wieder neu zu einer lösungsorientierten Zusammenarbeit zu kommen und nicht selbst auf alten Standpunkten zu verharren und unseren eingefahrenen Verhaltensmustern zu frönen. Wir hoffen, dass dieser Geist erkennbar wird und wünschen allen Lesern eine fruchtbare Lernreise durch dieses Buch und vor allem bei der Anwendung seiner Inhalte und den damit verbundenen Transfererfahrungen.

Gießen 2022

Michael Berger und Frank Hartmann

Danksagung

Wir haben das Glück, mit einem geduldigen und kooperativen Verleger zusammenarbeiten zu dürfen. Wir kennen als Autoren unsere Schwächen – daher sind wir Prof. Dr. Götz Schmidt zu besonderem Dank verpflichtet. Die Gelegenheit, in der ibo Schriftenreihe dieses Buch zu veröffentlichen, haben wir daher sehr gerne genutzt. Dass der Leser das Buch nun in seinen Händen halten kann, basiert auf dieser fruchtbaren Zusammenarbeit. Sie hat im übrigen auch in der Art und Weise stattgefunden, wie wir die Lernprozesse bei unseren Kunden hier beschreiben.

Desweiteren hat uns unser Kollege Christian Konz, auch Autor im selben Verlag, sinnvolle und nützliche Anregungen und Rückmeldungen zu unseren Entwürfen gegeben. Als Geschäftsführer der ibo Akademie, Trainer und Berater sowie Agile Coach kennt er nicht nur das Metier, sondern kann unseren Beitrag dazu entsprechend einordnen.

Unsere Kollegin Dagmar Hofmann-Kahlke ist in ihrer freundlichen und kollegialen Unterstützung für die Umsetzung der Vorlagen in das Druckkonzept eine unerlässliche Hilfe gewesen. Engagiert und professionell hat sie es ermöglicht, dass unser Entwurf gedruckt werden konnte.

Andreas Valentin Schmidt hat gewissenhaft sämtliche Abbildungen in das Druck-Layout überführt. Er ist für alle Änderungen und Anpassungen der Grafiken verantwortlich gewesen und hat damit die für uns notwendige Zuarbeit geleistet.

Unser langjähriger Kollege Axel-Bruno Naumann, ebenfalls Autor im selben Verlag, hat sich die Mühe gemacht, das Buch abschließend Korrektur zu lesen. Dieser letzte Arbeitsschritt vor dem Buchdruck ist noch einmal Ausdruck unseres gemeinsamen Qualitätsanspruchs. Wir sind daher sehr froh über Axels Beitrag in diesem Projekt.

Ohne die Hilfe aller genannten Personen wäre das Buch nicht in dieser Form erschienen. Daher gebührt ihnen unser herzlicher Dank!

Inhaltsverzeichnis

G Ausgang von Veränderung: So wie du startest, wirst du enden

G.1 Das Individuum rückt in den Mittelpunkt der Veränderung – von der Problemlösung zur Beziehungsgestaltung

Die einzige Konstante ist die Veränderung. Das wussten schon „die alten Griechen“ (panta rhei, griech.: Alles fließt). Änderungen lösen bei uns allerdings meistens Unsicherheit aus. Denn wir suchen Stabilität und Orientierung in der Welt – und am Arbeitsplatz. Orientierungslosigkeit und Kontrollverlust stellen die größten psychischen Bedrohungen für uns dar. Die daraus entstehende Unsicherheit ist somit eine wesentliche Quelle für sogenannte „Widerstände” – also Abwehr- oder Schutzreaktionen gegen eine empfundene Bedrohung. Denn: Kein Mensch will (von anderen) verändert werden.

Ebenso gilt der Satz: „Kein Mensch kann zweimal in denselben Fluss springen”. Übersetzt in den betrieblichen Alltag bedeutet dies: Kein Mitarbeiter kann zweimal in dieselbe Firma gehen. Womit gesagt wird, dass wir uns täglich auf etwas Neues einstellen und bereit sein müssen, uns auf kleine oder größere Veränderungen einzulassen. Diese Ausgangslage macht gleichzeitig das grundlegende Organisations-Paradox deutlich:

Organisations-Paradox

Organisationen streben nach und benötigen Stabilität. Ansonsten können sie nur bedingt funktionieren. Veränderungen stellen demgegenüber nicht nur für Individuen, sondern eben auch für Organisationen eine prinzipielle Bedrohung dar – bei allem Nutzen, der mit der Veränderung beabsichtigt ist.

Damit ist auch das Lernen eine besondere Herausforderung für Mitarbeiter und Führungskräfte, wenn es dabei um persönliche Veränderungen geht, die die eigenen Überzeugungen berühren.

Sowohl Individuen als auch die Rahmenbedingungen unterliegen – mehr oder weniger – ständigen Veränderungen. Das können kleine Verbesserungen in einem Arbeitsprozess wie auch große Reorganisationsvorhaben sein. Der Fokus der meisten Veränderungsprozesse liegt bisher eindeutig auf der Gestaltung struktureller oder strategischer Fragen. Neue Strukturen bzw. Prozesse oder technische Systeme stehen bei den meisten Veränderungsprozessen im Vordergrund. Es wird in der Regel vorausgesetzt, dass die Mitarbeiter eine entsprechende positive Grundhaltung (Mindset) mitbringen und motiviert sind mitzuarbeiten. Tatsächlich scheint sich jedoch eine weitere Erkenntnis grundsätzlich zu bestätigen:

„Stets gilt es zu bedenken, dass nichts schwieriger zu bewerkstelligen, nichts von zweifelhafteren Erfolgsaussichten begleitet und nichts gefährlicher zu handhaben ist, als eine Neuordnung der Dinge.” (N. Macchiavelli 2007)

Daher gibt es im Zusammenhang mit Veränderungen gleich zwei große Irrtümer:

1. Die persönliche Entwicklung von Individuen wird lediglich im Zusammenhang mit Aufgaben bzw. formalen Rollen gesehen und verstanden. – Der Lernprozess in der Zusammenarbeit zwischen den Individuen und die dazu notwendige Veränderung der eigenen Sichtweisen wird viel zu wenig beachtet. Der entsprechende Aufwand für eine solche Entwicklung wird oft gescheut oder unterschätzt. Die Veränderungen auf der Team- oder Organisationsebene werden häufig ebenfalls unter strukturellen Aspekten behandelt.
2. Eine Fach- bzw. Methodenausbildung reicht vermeintlich aus, um die neuen Anforderungen zu bewältigen. – Dies greift auf allen Ebenen leider zu kurz. Die Veränderung des Denkens und Handelns kann nicht durch äußere – eher technische – Anpassungen ersetzt werden. Die persönlichen Überzeugungen jedes Individuums beeinflussen dessen Handeln maßgeblich.

Werden diese relevanten Faktoren nicht beachtet, entstehen Kosten, die oft das geplante Budget für Veränderungen übersteigen, und zudem oft auch die erwarteten Gewinne oder den erhofften Nutzen verhindern. Die (wenigen) positiven Beispiele von „Change-Management" oder „Transformation" sollten nicht über die in einschlägigen Analysen belegten Misserfolge hinwegtäuschen. 70-80 % der Veränderungsvorhaben sollen gescheitert sein (u. a. C. Tödtmann 2019, M. Worms 2018).

Daher reicht es nicht, auf das erste Postulat des Agilen Manifests (2001) zu verweisen:

Postulat

„Individuen und Interaktionen sind wichtiger als Prozesse und Tools." – Das Individuum ist das zentrale Element einer jeden Organisation. Und jeder Veränderung.

Das „Agile Manifest" entstand im Zusammenhang mit einem eher flexiblen, schrittweisen Bearbeiten von Vorhaben. Dabei wurde bewusst, dass ein lediglich methodisch gesteuertes Vorgehen nicht erfolgreich sein kann. Deswegen wurden Regeln und Hinweise auch über den Umgang mit den beteiligten Menschen erarbeitet. Daher stammt die oben bereits zitierte Aussage: „Individuen und Interaktionen sind wichtiger als Prozesse und Tools". Damit verbunden ist die Forderung, neue Formen der Zusammenarbeit zu schaffen (siehe dazu auch: „New Work", F. Bergmann 1977/2004).

An der angestrebten Entwicklung orientierte und nachhaltig wirkende Interaktionen zwischen den Individuen sind entscheidend für die Veränderung. Dabei wird die Fähigkeit, anhand von Rückkopplungen eigenen Verhaltens die Wirkung auf andere zu erkennen, zu überprüfen und im Sinne einer konstruktiven Kommunikation zu verbessern, maßgeblich für die Qualität der Interaktion sein. Und diese wiederum entscheidet über den Erfolg im gemeinsamen Umgang mit Veränderungen.

Die empfundene Handlungsfreiheit (Handlungsspielraum der Selbstorganisation), gepaart mit einer entsprechend zu erlernenden offenen Geisteshaltung (Mindshift als Basis der Selbstführung) bestimmen maßgeblich die Zusammenarbeit (Interaktion).

Wirkungszusammenhänge

Mindset meint eine bestimmte (fixe) Haltung, Einstellung oder Überzeugung. Mindshift bedeutet demgegenüber, eine Haltung, Einstellung oder Überzeugung zu ändern bzw. zu entwickeln.

Definition

„Achtsamkeit" wäre ein Mindset; sich jedoch dahin zu entwickeln, sorgsam und fokussiert sich mit einer anderen Person auseinanderzusetzen, oder sich auf eine neue Aufgabe mit wachen Augen zu konzentrieren und sich dabei seiner Vorurteile bewusst zu sein, das ist ein Lernprozess oder Mindshift. Um Letzteres geht es grundsätzlich in diesem Buch.

Beispiel

Das gilt ebenso für die Teamebene (sich selbstorganisierende Teams) wie für die organisationale Ebene (agile Organisation[1] und Unternehmenskultur). In diesem Buch wird daher der Fokus auf die Möglichkeiten der Entwicklung von Individuen und deren Interaktionen gelegt – die folgenden Prämissen sollen dies hervorheben:

„Das Experiment beginnt bei mir."

Prämisse

Das Individuum ist der Ausgangspunkt jeder persönlichen und organisationalen Entwicklung.

Ausgewählte Tools und Techniken dienen der Verbesserung der Interaktion und der Zusammenarbeit, um damit wiederum die Selbstorganisation zu fördern. Daraus folgt:

„Das Ich bestimmt das Wir."

Prämisse

Die folgende Abbildung G.01 veranschaulicht die Beziehung von Individuum („Ich"), anderen Personen („sie") und der Entwicklung des „Wir" durch die Interaktion:

---

[1] Vgl. Petry & Konz 2021.

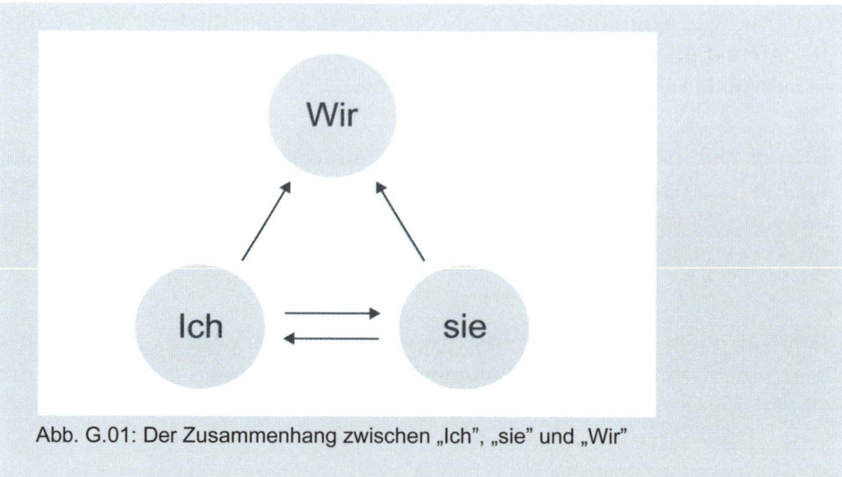

Abb. G.01: Der Zusammenhang zwischen „Ich", „sie" und „Wir"

Die Interaktionen zwischen dem Individuum („Ich") und den anderen („sie") erzeugen das „Wir"; als Ergebnis entsteht die Identifikation mit relevanten Dritten bzw. der Gruppe oder dem System.

G.2 Selbstorganisation als Herausforderung in der Organisationsentwicklung

Selbstorganisation beinhaltet die Fähigkeit, sich äußeren und inneren Anforderungen flexibler anpassen zu können.

Dazu notwendig sind eigenverantwortliches Entscheiden und Handeln. Die Grundidee dabei ist, die kreativen Potenziale aller Mitarbeiter (und Führungskräfte) von Beginn an bestmöglich zu nutzen. Hierarchische Strukturen funktionieren überwiegend top-down und binden Mitarbeiter i. d. R. nur punktuell ein. Ohne die Berücksichtigung individueller Ziele, Motive und Interessen der Mitarbeiter und Führungskräfte werden weder Prozesse noch Veränderungen in Unternehmen langfristig erfolgreich bzw. nachhaltig sein. Die Absichten und Bedürfnisse der Individuen sind mit den Zielen des Unternehmens[2] auszubalancieren. Inwieweit dies auch tatsächlich geschieht, hängt von den individuellen und gemeinsamen Lernprozessen ab, die das Hauptelement der selbstorganisierten Veränderung sind. Das potenzielle Ergebnis für die Organisation ist eine höhere Anpassungsfähigkeit, schnellere Reaktionsfähigkeit und bessere Erfüllung der Kundenbedürfnisse bzw. -anforderungen.

[2] Management bzw. Eigentümer sind gefordert, ihre persönlichen Ziele mit den Zielen, die sie in ihrer Funktion als Stake- oder Shareholder verfolgen, in Übereinstimmung zu bringen.

G.3 Voraussetzungen für Selbstorganisation: Psychologische Sicherheit und Vertrauensbildung

Psychologische Sicherheit und Vertrauen sind grundsätzlich für alle drei Interventionsebenen (Individuum, Organisationseinheit, Gesamtorganisation) ganz entscheidend. Die jeweiligen Interaktionen und die damit verbundenen Lernprozesse setzen voraus, dass sich die Individuen sicher fühlen, um das notwendige Vertrauen für die Zusammenarbeit aufzubringen. Psychologische Sicherheit ist das zentrale Kriterium für die Zusammenarbeit auf der Beziehungsebene und wirkt sowohl in Arbeitsgruppen als auch in der Zweier-Interaktion.

Für die oben aufgeführten Arbeits- und Lernsituationen sind Voraussetzungen zu schaffen, welche nicht (allein) durch Tools und Techniken oder sonstige methodische Ansätze zu erreichen sind. Sie entstehen erst durch die erlebte Veränderung der Beziehungsqualität.

Psychologische Sicherheit[3] ist somit eine der wesentlichen Voraussetzungen, um eine verbesserte Beziehung zu entwickeln:

> Sie dient der Reduktion von Angst und dem Gefühl, angreifbar bzw. verletzbar zu sein.

Definition

Ohne diese Angst kann ein Individuum viel besser mit negativen inneren Reaktionen (Resonanzen) auf äußere Anlässe (Personen, Situationen) umgehen und freier mit anderen interagieren.

Vertrauensbildung gilt generell als Voraussetzung für eine offene und kritische Kommunikation. Vertrauensbildung findet als Prozess der Beziehungsgestaltung auf individueller Ebene statt. Grundsätzlich sollte Vertrauen auch auf der diesbezüglich eher abstrakten oder weniger persönlichen Unternehmensebene erzeugt werden (Systemvertrauen). Hier handelt es sich um Aspekte wie z. B., der Geschäftsleitung (zu der keine persönliche Beziehung besteht) zu vertrauen oder offen über die Unternehmenskultur sprechen zu können.

> Vertrauensbildung ist ein sehr wirksamer Mechanismus der zwischenmenschlichen Beziehung und ist nicht nur entscheidend in Zweier-Beziehungen, sondern auch für das Verhalten in Teams.

Definition

Die Bildung von Vertrauen ist die Grundlage einer tragfähigen Beziehung. Vertrauen entsteht dadurch, dass das Gegenüber sich darauf verlassen kann, was gesagt wurde. Insbesondere in der Führungssituation geht es darum, dass die Führungskraft für den Mitarbeiter (im positiven Sinne) berechenbar ist. Das heißt, wenn „A“ gesagt wird, damit auch „A“ gemeint ist bzw. entsprechend gehandelt wird. Wenn in einer Situation „A“ gesagt, aber „B“ getan wird, geht Vertrauen verloren.

---

[3] Vgl. A. Edmondson 2018; Meyer et al. 2018: https://www.researchgate.net/publication/328031103

Vertrauen steht damit im Zusammenhang mit Zuverlässigkeit; inwieweit sich der Mitarbeiter auf seine Führungskraft verlassen kann, beeinflusst maßgeblich das Vertrauensverhältnis. „Wie weit kann ich mich auf meinen Chef verlassen?“ ist daher eine zentrale Frage für den Mitarbeiter.

Alles dies schließt Situationen, in denen kritische Verhaltensweisen oder mangelnde Ergebnisse thematisiert werden, nicht aus. Vielmehr ist Vertrauen die Grundlage, um Defizite ansprechen und bearbeiten zu können. Vertrauen ist daher wesentlicher Bestandteil der bereits erwähnten Psychologischen Sicherheit. Vertrauensvolle und als stabil und belastbar erlebte persönliche Beziehungen verstärken wiederum die wahrgenommene Psychologische Sicherheit. Es handelt sich um wechselseitig wirkende Faktoren, die sich positiv wie negativ beeinflussen können.

G.4 Die Intention dieses Buches

Das Buch soll eine Orientierung geben, auf welchen Ebenen Selbstorganisation und Veränderung in Organisationen/Unternehmen stattfinden kann.

Es wird beschrieben, welche Rollen hierbei eingenommen werden können, mit welcher Haltung bzw. Absicht diese Rollen ausgefüllt werden und welche Werkzeuge diese Entwicklungsprozesse unterstützen.

Der Nutzen dieses Buches

Das Buch vermittelt, wie Veränderungen in Organisationen unter dem Aspekt der Selbstorganisation auf allen Ebenen gestaltet werden können. Es liefert praktische Anregungen, wie – beginnend beim Individuum – selbstorganisiert im Unternehmen gearbeitet werden kann, und wann und in welchem Ausmaß dies sinnvoll ist. Dafür liefern wir konkrete Instrumente und Techniken zur Anwendung. – In welchem Umfang überhaupt selbstorganisiert gearbeitet werden sollte, ist für jedes Unternehmen und jedes Veränderungsvorhaben unterschiedlich zu beantworten.

Selbstorganisation erfordert die Stärkung der eigenen Kompetenzen hinsichtlich Selbstführung und Selbstreflexion (siehe Kapitel 5 Gestaltungselemente der Organisationsentwicklung). Sie sind gleichzeitig notwendig, um auch andere in ihrer Selbstorganisation und Selbstführung zu unterstützen. Diese Kompetenzen sind daher Voraussetzung für das Führen in sich selbstorganisierenden Systemen.

Denn:

> Führung heißt Beziehungsgestaltung.

Und damit gilt auch:

Selbstorganisation braucht Führung.

Selbstorganisation heißt:
Anpassungsfähigkeit von Individuen und Unternehmen an schnelle und z. T. drastische Veränderungen sowohl innerhalb der Organisation, als auch in Bezug auf die Organisationsumwelt sicherzustellen.

Definition

Wir liefern Antworten auf folgende Leitfragen zur Selbstorganisation:

Leitfragen zur Selbstorganisation

1. Wie gestalte und optimiere ich meine Selbstorganisation?
2. Wie unterstütze ich andere in deren Selbstorganisation?
3. Wie organisieren sich Teams selbst?
4. Wie begleite ich sich selbstorganisierende Teams?
5. Wie fördere ich eine Unternehmenskultur, die Selbstorganisation ermöglicht?
6. Wie sieht ein Vorgehen in einem selbstorganisierten Veränderungsprozess aus?

Somit wird die Fähigkeit zum Mindshift – als Lernprozess der persönlichen Entwicklung – zum entscheidenden Erfolgsfaktor für Unternehmen und gleichzeitig zur größten Herausforderung für jeden einzelnen Mitarbeiter und jede Führungskraft.

An dieser Stelle soll hervorgehoben werden, dass die Entwicklung von Selbstorganisation in Unternehmen eine Chance darstellt. Es muss in jedem Einzelfall in Bezug auf den Umfang und die Tiefe einer solchen Organisationsentwicklung entschieden werden, ob, wie, womit, wann und vor allem wozu dies geschehen soll.

Grundsätzlich kann gesagt werden, dass ein Mehr an Selbstorganisation in jeder Veränderung möglich ist, sowohl im Ergebnis als auch im Vorgehen der Veränderung. Selbstorganisation oder Agilität[4] sollte allerdings niemals als Selbstzweck verstanden oder genutzt werden.

[4] Zusammen mit dem o. g. ersten Postulat definiert für uns das dritte und vierte Agilität: „Zusammenarbeit mit dem Kunden (ist wichtiger) als Vertragsverhandlungen" und „das Reagieren auf Veränderung (ist wichtiger) als das Befolgen eines Plans" (Agiles Manifest 2001).

G.5 Ebenen der Organisationsentwicklung

Organisationale Veränderungen können auf den drei bekannten Ebenen stattfinden:

- Gesamtorganisation
- Organisationseinheit (Abteilung, Gruppe/Team)
- Individuum.

Veränderungen können in den folgenden Dimensionen beabsichtigt sein:

- Strategie
- Struktur
- Technik
- Kultur.

Damit ergeben sich drei mal vier Handlungsfelder für Veränderungsprozesse, welche in ihren Wechselwirkungen eine hohe Komplexität erzeugen. Die folgende Transformationsmatrix reduziert die tatsächliche Komplexität, um Handlungsansätze zu ermöglichen. Es werden beispielhaft Handlungsfelder auf jeder der drei Ebenen und in jeder der vier Dimensionen beschrieben. Der Nutzen aber auch die Nachteile bei der Anwendung der Matrix nach rein strukturellen bzw. methodischen Aspekten werden dargestellt. Anschließend wird das individuumzentrierte Vorgehen mit einer veränderten Perspektive erläutert.

	Gesamtorganisation	Org.-Einheit	Individuum
Strategie	Unternehmensziele (z. B. Kundenzufriedenheit, Produktinnovation, Qualitätsführerschaft)		
Struktur		Abteilungsabläufe (z. B. Produktionsqualität, Verwaltungseffizienz, Aufwandsreduktion)	

Abb. G.02: Transformationsmatrix als Rahmen für Veränderungsprozesse (Teil 1)

	Gesamt-organisation	Org.-Einheit	Individuum
Technik		Digitale Ausstattung der Teams (z. B. Erreichbarkeit, Reaktionszeit, Handhabbarkeit)	
Kultur			Einstellungen/ Haltungen (z. B. Identifikation mit dem Unternehmen/der Aufgabe, Engagement, Kritikfähigkeit)

Abb. G.02: Transformationsmatrix als Rahmen für Veränderungsprozesse (Teil 2)

Nutzen und Nachteile des klassischen Vorgehens

Diese Transformationsmatrix kann als Tool zur professionellen Auftragsklärung bei Veränderungsprozessen genutzt werden. Hiermit lassen sich die Schwerpunkte, Fragestellungen, Probleme und erwarteten Ergebnisse lokalisieren. Wie sie im Detail angewendet wird, zeigen Praxisbeispiele (Kapitel 2 und Kapitel 4), die Reflexion des Prozesses (Kapitel 3), sowie die Gestaltungselemente der Veränderung (Kapitel 5).

Die Abbildung G.02 zeigt, dass häufig auf einer operativen Strukturebene gearbeitet wird (hellrot). Es gibt aber auch Fälle, in denen strategische Veränderungen für das gesamte Unternehmen bearbeitet werden (rot). Individuelle Verhaltensaspekte bzw. der kulturelle Rahmen wird häufig zu wenig beachtet (grau).

„Widerstand" ist programmiert

In der gängigen Praxis werden meist Organisations- und Bereichsziele formuliert. Dabei wird kaum geprüft, inwieweit diese mit individuellen Bedürfnissen bzw. Zielen übereinstimmen. Diese Differenz erzeugt den sogenannten „Widerstand" von Mitarbeitern (und Führungskräften), den es dann im weiteren Vorgehen zu bearbeiten gilt. Dabei werden oft Symptome behandelt, weil die wirklichen Ursachen unbekannt sind. Dass die mangelhafte Berücksichtigung individueller Interessen die eigentliche Ursache des Widerstands ist, wird oft nicht wahrgenommen.

Da die Inhalte des Veränderungsvorhabens sehr oft aus der strukturellen bzw. technischen Perspektive betrachtet und bearbeitet werden, kommen in den Augen der betroffenen Mitarbeiter deren Ziele und Erwartungen zu kurz. Der niedrige Stellenwert, den häufig individuelle Interessen einnehmen, führt nicht nur zu einer Schieflage im Veränderungsprozess. Sondern Mitarbeiter werden zu Betroffenen gemacht. Sie werden oft nicht wirklich beteiligt, ihren individuellen Sichtweisen und Bewertungen wird kaum Raum gegeben. Dies findet häufig nicht oder nur unzureichend statt. Verwendete Tools, wie Stakeholder- und Betroffenheitsanalyse, haben – im Gegensatz zu ihrem möglichen Effekt – oft zur Folge, dass die Mitarbeiter sich als „Widerständler" oder „Opponenten" empfinden oder als solche wahrgenommen werden. In der kulturellen Dimension wird der Schwerpunkt auf den „Umgang mit Widerstand" gelegt. Dieser soll überwunden werden, indem versucht wird, mit rationalen Argumenten und Überzeugungsarbeit die Widerständler wieder auf Kurs zu bringen.

Schuldzuweisung

Schwierigkeiten und Misserfolge in Veränderungsprozessen werden damit häufig auf der Ebene Individuum lokalisiert, Mitarbeitern (und Führungskräften) wird die Schuld am Scheitern zugeschrieben. Unter anderem mit der Folge, dass sie sich nicht als Teil der Veränderung sehen, obwohl sie formal in den Veränderungsprozess eingebunden sind.

Werden Mitarbeiter unter diesen Voraussetzungen dann auch inhaltlich in den Veränderungsprozess involviert – was im Prinzip ja sehr gut ist –, entsteht aufgrund dieser Perspektive von Beginn an ein Prozess der Zusammenarbeit, der Defizite der Beteiligten unterstellt. Die Interaktionen zwischen den Beteiligten bleiben unter den bestehenden Möglichkeiten, da Eigenverantwortung und Motivation nicht ausreichend angesprochen werden. So wird die Qualität der Zusammenarbeit verringert. Potenziale von einzelnen Mitarbeitern sowie der von Teams können nicht optimal genutzt bzw. gefördert werden. Das kann erhebliche negative Auswirkungen auf das Ergebnis des Prozesses haben.

Die beschriebenen Phänomene sind Ausdruck einer nachträglichen und damit zu späten Einbindung von Mitarbeitern in den Veränderungsprozess – also nachdem „das Kind in den Brunnen gefallen ist" –, was zu entsprechend reaktiven, zum Teil destruktiven Verhaltensweisen der Mitarbeiter führen kann.

Teufelskreislauf

Werden unter diesen Umständen „kreative Tools und Werkzeuge" genutzt, führen sie oft nicht zu den gewünschten Ergebnissen, was wiederum den „Individuen im Workshop" zugeschrieben wird. So kann ein Teufelskreislauf, die negative Spirale eines erfolglosen Veränderungsprozesses, beginnen; der Makel wird auf der Ebene Individuum zementiert.

Zusammenfassend bedeutet dies:

Zusammenfassung

- In vielen Veränderungsvorhaben sitzen in der Initiierungsphase hierarchisch zugordnete Individuen zusammen – in der Regel Geschäftsführer oder von diesen beauftragte Führungskräfte – und formulieren Ziele und Auftrag. Andere Individuen (nachgeordnete Führungskräfte und Mitarbeiter) werden erst in den folgenden Schritten der Auftragsbearbeitung – mit eingeschränkter Beteiligung – hinzugezogen, was bedeutet, dass viele individuelle Ziele und Absichten unberücksichtigt bleiben.
- Vorgegebene Auftrags- und Zielformulierungen beinhalten eher operativ-strukturelle Ergebnisse. Die Formulierung von Lernzielen für die Verbesserung der Zusammenarbeit und persönlicher Entwicklung werden dabei oft wenig berücksichtigt oder gar ausgeblendet. Daher gilt:

  So wie Du anfängst, wirst Du enden!

G.6 Rahmenbedingungen für Organisationsentwicklung und angepasstes Vorgehen

Es gibt zwei zentrale Dimensionen, welche die Rahmenbedingungen für Veränderungsprozesse darstellen:

- Die Vorgehensweise: Wer sitzt wann mit wem zu welchen Themen zusammen (systemischer Handlungsrahmen)? – Die Dimension wird durch die Pole rangorientiert vs. gleichwertig definiert.
- Die Veränderungsziele: Welche Themen sind Gegenstand der Veränderung und Reflexion (Gestaltung der Lern- und Reflexionsfähigkeit)? – Die Dimension wird durch die Pole inhaltlich ergebnisorientiert vs. individuell und interaktionsbezogen entwicklungsorientiert definiert.

Es geht eben nicht nur um inhaltliche Ergebnisse, sondern auch um die Initiierung von persönlichen Lernprozessen, soll ein Veränderungsvorhaben erfolgreich sein. Daher sind beide Dimensionen – sowohl die inhaltliche Ebene der gewünschten Ergebnisse, als auch die individuellen Lernprozesse – wichtig für den Erfolg. Sie stellen deswegen keinen Selbstzweck dar, sondern verfolgen im besten Sinne die Unternehmensziele (Ergebnisse/Output für Kunden); es handelt sich also um das übergeordnete (Meta-)Ziel der Organisationsentwicklung:

Ziel der Organisationsentwicklung

Die Fähigkeit von Individuen, Teams und der Gesamtorganisation, sich an mehr oder weniger ständig ändernde interne wie externe Anforderungen anzupassen, um das Überleben der Organisation sicherzustellen.

Beide Dimensionen sind wechselseitig voneinander abhängig und haben maßgeblichen Einfluss auf Veränderungen. Zur Orientierung und Einordnung der aktuellen Ausgangslage einer Organisation und deren potenzieller Entwicklung dient die folgende Zuordnung (Abbildung G.03):

Abb. G.03: Zuordnungsschema organisationale Ausgangslage und Entwicklungspotenzial; eigene Anpassung des ComTeam-Schemas[5]

Voraussetzungen für Nachhaltigkeit

Veränderungen in Systemen werden also nur dann nachhaltig wirksam, wenn damit auch individuelle Lern-, Entwicklungs- und kulturelle Interaktionsprozesse berücksichtigt werden.

So wird es auch aus der Sicht aktueller methodischer Vorgehensweisen immer wichtiger, die beiden genannten Veränderungsdimensionen (Abbildung G.03) zu beachten und entsprechend zu gestalten.

Das bedeutet nun konkret, dass individuelle Lern- und Entwicklungsziele ebenso Gegenstand der Auftragsklärung sein sollten wie der kulturelle Handlungsrahmen – also die formalen und informellen Handlungsregeln der Organisation.

G.6.1 Die veränderte Transformationsmatrix

Mit den individuellen und organisationalen Lern- und Entwicklungszielen als Gegenstand der Auftragsklärung ändert sich die Betrachtungsweise der Transformationsmatrix, von bislang eher hierarchisch-organisiert/rangorientiert (siehe Abbildung G.03) zu individuum-fokussiert/gleichwertig.

[5] Vgl.https://comteamgroup.com/fileadmin/contents/comteamgroup/Unternehmen_und_Menschen/Presse/wiwei_0214_50-51_com_team_kulturprofilindikator.pdf

Diese Veränderung in der Anwendung der Matrix beinhaltet wesentlich mehr als nur die formale Änderung ihrer Struktur.

Kommunikation und Selbstorganisation

Die Kommunikation auf Augenhöhe zwischen Initiator und Beteiligten sowie die Perspektive in Bezug auf die Veränderung – nämlich: Lernen als persönlicher Entwicklungsprozess – verändert die Interaktion zwischen den handelnden Individuen in Richtung Selbstorganisation.

	INDIVIDUUM	Org.-Einheit	Gesamtorganisation
KULTUR	Einstellungen/Haltungen (z. B. Identifikation mit dem Unternehmen/der Aufgabe, Engagement, Kritikfähigkeit)		
Technik		digitale Ausstattung der Teams (z. B. Erreichbarkeit, Reaktionszeit, Handhabbarkeit)	
Struktur		Abteilungsabläufe (z. B. Produktionsqualität, Verwaltungseffizienz, Aufwandsreduktion)	
Strategie			Unternehmensziele (z. B. Kundenzufriedenheit, Produktinnovation, Qualitätsführerschaft)

Abb. G.04: Individuum-fokussierte Transformationsmatrix

Bereits in der Initiierungsphase eines Veränderungsvorhabens rückt nun das Individuum in den Fokus.

Definition Individuum

Wichtig zum Verständnis dieser Matrix (Abb. G.04) ist, dass die drei Ebenen Gesamtorganisation, Organisationseinheit und Individuum im Sinne der Veränderungsnotwendigkeit NICHT hierarchisch (Geschäftsführer, Abteilungsleiter, Mitarbeiter) zu sehen sind. Vielmehr ist auf der Ebene Individuum jeder Einzelne, von der Geschäftsleitung bis zum Mitarbeiter, gemeint.

Zu Beginn eines Transformationsprozesses sollten alle zwölf Handlungsfelder aus der Perspektive der Organisation, also der Führungskräfte und Mitarbeiter, gefüllt werden. Anschließend sind die Wechselwirkungen zwischen den Feldern zu beschreiben. Drittens sollte möglichst gemeinsam entschieden werden, welche Handlungsfelder zunächst bearbeitet werden. Nach dem Start bei einem Feld sind die beschriebenen Wechselwirkungen zu relevanten anderen Feldern in die Bearbeitung zu integrieren. Die Reihenfolge der weiteren Arbeitsschritte folgt aus den jeweiligen Ergebnissen. Der gemeinsame Lernprozess läuft dann selbstorganisiert ab: An jedem Punkt, an dem Ergebnisse mit gewünschten Sollzuständen mit allen Beteiligten abgeglichen werden, findet eine Bewertung des Resultats UND des Lernprozesses statt. Die Erkenntnisse daraus bestimmen dann das weitere Vorgehen:

Es erfolgt ein iteratives Vorgehen in kleinen Schritten.

Die folgende Abbildung G.05 ist beispielhaft gefüllt; es sind die Handlungsfelder markiert, die in diesem Buch bearbeitet werden:

	Individuum	Org.-Einheit	Gesamt-organisation
Kultur	Einstellungen/ Überzeugungen: Wandel (= Mindshift) zu Selbstorganisation	Beziehungen/ Zusammenarbeit: Selbstbestimmung und Autonomie	Unternehmenskultur: Lern- und Führungskultur der Selbstorganisation
Technik	Funktionalitäten: individuelle elektronische Lernformate	Anwendungen: digitale Plattformen und Instrumente	IT-Architektur: digitale Infrastruktur
Struktur	Fachliche Kompetenz: Methoden Selbstlernkompetenz	Aufgaben/Rollen: Rollen in der Selbstorganisation	Organisationsstruktur: Rahmenbedingungen für Selbstlernprozesse
Strategie	Individuelle Ziele: Selbstführung	Bereichsziele: Selbstorganisation der Einheiten	Unternehmensstrategie: Lernstrategien zur Selbstorganisation

Abb. G.05: Individuum-fokussierte Transformationsmatrix mit definierten Handlungsfeldern (Themen, die in diesem Buch bearbeitet werden, sind markiert)

G.7 Grundannahmen für die Gestaltung von Organisationsentwicklung

Die o. g. Überlegungen führen uns zu folgenden Grundannahmen für die Gestaltung von Veränderungsprozessen.

Gestaltungsannahmen:

Das Individuum steht im Mittelpunkt der Organisationsentwicklung.

- Damit stehen die Interaktionen der Einzelnen im Zentrum von Veränderungsprozessen. Der Fokus liegt dabei auf der Gestaltung der zwischenmenschlichen Interaktion.
- Der Lernprozess in der Interaktion ist genauso wichtig wie die Ergebnisse (als Resultate des Zusammenwirkens).
- Die Verbesserung der Zusammenarbeit erzeugt die Verbesserung der Ergebnisse – der Lernprozess des Individuums ist somit nicht Selbstzweck, sondern notwendige Voraussetzung für die Verbesserung der Arbeitsresultate.
- Die persönliche Weiterentwicklung des Individuums beginnt mit der Innenschau (siehe Kapitel 5 Gestaltungselemente). Dieses Lernen – als (Persönlichkeits-)Entwicklung – unterscheidet sich diametral davon, neue Inhalte (oder Wissen) zu erwerben.

Die Bedeutung individueller kognitiver Wahrnehmungs- und Bewertungsprozesse für Veränderung wird durch umfangreiche Erfahrungen auch an anderen Stellen bestätigt.

> „Studien haben gezeigt, dass 90 % der Gedankenfehler auf Wahrnehmungsfehler zurückzuführen sind. Wenn man seine Wahrnehmung verändern kann, kann man seine Gefühle ändern und dies kann zu neuen Überlegungen führen. Logik wird niemals Gefühle oder Wahrnehmungen ändern." (Edward de Bono[6])

Wahrnehmung ist entscheidend

Im Umkehrschluss bedeutet dies, dass Veränderungen NICHT durch Argumente – und seien sie noch so zwingend – erzielt werden können. Erst die veränderte Perspektive und die daraus folgenden neuen Bewertungen führen zu einer nachhaltigen Änderung des Denkens und Handelns.

---

[6] Vgl. de Bono 2007; Übersetzung und Hervorhebung durch die Autoren.

G.7.1 Der Wahrnehmungsprozess

Der Wahrnehmungsprozess und seine Bedeutung für die Veränderung eigenen Denkens und Handelns:

Abb. G.06: Wahrnehmungsprozess, Handlungsfolge und Rückkopplung

Durch die Rückkopplung vom Handeln zum Beobachten soll deutlich werden, dass spätestens das Handeln eine Perspektive auf die andere Person bzw. eine nachfolgende ähnliche Situation prägt: Je nachdem wie die Person bzw. Situation bewertet und/oder anschließend gehandelt wird, wird die Wahrnehmung beim nächsten Mal bereits voreingestellt sein. Je häufiger sich dieser Vorgang wiederholt, desto stabiler wird das Vorurteil.

Der Lernprozess besteht darin, sich beim Wahrnehmen zu beobachten und den Vorgang zu prüfen: Wozu dient meine Urteilsbildung (und mein entsprechendes Verhalten)? Und woran hindert mich meine Urteilsbildung (und mein Verhalten)?

Wahrnehmung prüfen

Der nächste Schritt im Lernprozess ist das Bilden von alternativen Bewertungen (wie im Beispiel in Abbildung G.06 genannt) und den entsprechenden Handlungen. Deren Ergebnisse – die Reaktionen der relevanten anderen Person(en) – dienen dann als Grundlage für den darauffolgenden Lernschritt im Sinne einer erneuten Prüfung und weiteren Anpassung.

Bei den vier aufgeführten Gestaltungsannahmen für Veränderungen wird die Bedeutung des individuellen Lernprozesses für Selbstorganisation bereits beschrieben:

Der individuelle Lernprozess ist die Basis und Voraussetzung für Selbstorganisation auf der jeweiligen Interventionsebene.

Voraussetzung für Selbstorganisation

Dieser persönliche Lernprozess findet statt durch Selbstreflexion und Selbstführung (siehe Kapitel 1 und Kapitel 5).

Auf der jeweiligen Interventionsebene erfüllt der individuelle Lernprozess die folgenden Funktionen (Abbildung G.07).

Selbstorganisation		
Interventionsebene	**Kontext**	**Prämisse**
Individuum	Interaktionen und Lernprozesse auf persönlicher Ebene: Selbstführung und Coaching (als Unterstützung der Selbstführung)	„Das Experiment beginnt bei mir!“
Organisationseinheit	Interaktionen und Lernprozesse in formalen Arbeitseinheiten: Selbstorganisation von Teams	„Das Ich gestaltet das Wir!“
Gesamtorganisation	Interaktionen und Lernprozesse bei organisationsübergreifenden Aufgaben: Entwicklung der Unternehmenskultur	„Das Individuum ist der Ausgangspunkt der Veränderung!“

Abb. G.07: Selbstorganisation auf den jeweiligen Interventionsebenen

Im folgenden Kapitel 1 werden ausgewählte Rollen im Rahmen der Selbstorganisation auf jeder Interventionsebene im jeweiligen Kontext definiert.

Das erste Unternehmensbeispiel (Kapitel 2) zeigt die Interaktionen der Beteiligten detailliert auf sowie ihre individuellen und gemeinsamen Lernfortschritte.

In Kapitel 3 wird der Lern- und Veränderungsprozess analysiert und in Bezug zu den Handlungsfeldern der Transformationsmatrix gesetzt.

Weitere Beispiele aus der Praxis verdeutlichen in Kapitel 4 auf den verschiedenen Interventionsebenen das Vorgehen.

Die verwendeten Instrumente werden in Kapitel 5 (Gestaltungselemente der Organisationsentwicklung) eingehend erklärt.

Kapitel 6 schließt mit den Sieben Prinzipien der Veränderung und fasst das vorher Beschriebene zusammen.

Zur Orientierung des Lesers und zum leichteren Erkennen zentraler Aussagen sind Schlagworte in rot gesetzt, einzelne Hervorhebungen bzw. längere Passagen sind grau unterlegt; Definitionen sind als solche gekennzeichnet.

1 Ebenen, Kontexte und Rollen in der Selbstorganisation

Nach der Gliederung unseres Ansatzes nach den drei Interventionsebenen der Veränderung Individuum, Organisationseinheit, Gesamtorganisation beschreiben wir im Folgenden die jeweils zugehörigen Kontexte bzw. Lern-Themen und die damit verbundenen Rollen.

Interventionsebene	Kontexte	Rollen
A. Individuum	Interaktionen und Lernprozesse auf persönlicher Ebene: Führung und Selbstführung, sowie Coaching als Unterstützung der Selbstführung	Führungskraft, Mitarbeiter, Coach
B. Organisationseinheit	Interaktionen und Lernprozesse in formalen Arbeitseinheiten: Führung und Coaching als Unterstützung der Selbstorganisation von Teams	(agiler) Coach, Teamentwickler, Moderator, Trainer, Berater, Teammitglied
C. Gesamtorganisation	Interaktionen und Lernprozess bei organisationsübergreifenden Aufgaben: Entwicklung der Unternehmenskultur	Change-Manager, Berater/Organisationsentwickler

Abb. 1.01: Ausgewählte Rollen und Kontexte der Selbstorganisation

Im Folgenden werden die genannten Kontexte und ausgewählte Rollen beschrieben, welche bei Selbstorganisation und Veränderung besonders relevant sind (vgl. Reflexion des Prozesses, Kapitel 3, anhand unseres ersten Unternehmensbeispiels).

1.1 Ebene Individuum

1.1.1 Kontext

Individuelle Lernprozesse in Organisationen beziehen sich häufig auf Methoden (z. B. Projektmanagement) oder Inhalte (z. B. Einkauf, Produktentwicklung, Produktion, Vertrieb, Steuerung, Rechnungswesen). Veränderungsvorhaben erfordern demgegenüber nicht nur die Auseinandersetzung mit neuen Inhalten und Vorgehensweisen (Prozessen), sondern auch und gerade die Anpassung bzw. Neugestaltung von Denken und Handeln. Dies gilt insbesondere hinsichtlich der eigenen Überzeugungen von richtig und falsch, sinnvoll oder nutzlos. Gerade dann, wenn kleine oder größere Transformationen die eigene Sichtweise infrage stellen oder ihr widersprechen, entstehen grundlegende Konflikte, die dazu führen, dass Veränderungen nicht akzeptiert werden oder dass die Identifikation mit dem Vorhaben fehlt.

Bedeutung der Führungsrolle

In Veränderungsprozessen im Allgemeinen und bei Selbstorganisation im Besonderen ist die Rolle der Führungskraft daher entscheidend.

- Nur wenn die Führungskraft sich selbst führen und damit organisieren kann, kann die Selbstorganisation des Unternehmens erreicht werden.
- Nur wenn die Führungskraft ihren Mitarbeitern als Vorbild dienen kann und es ihr gelingt, die Mitarbeiter bei ihrer Selbstführung zu unterstützen, können Individuen und organisatorische Teileinheiten wie auch das gesamte Unternehmen sich selbst organisieren.

Der Lernprozess der Mitarbeiter setzt dann voraus, dass sie die folgenden Fragen beantworten können:

- Was sind meine persönlichen Lernziele?
- Was benötige ich dazu?
- Von wem kann ich beim Lernen Unterstützung erhalten?
- Wie gehe ich methodisch vor?
- Wie erkenne ich meine Fortschritte und meine Lücken? Von wem kann ich welches Feedback erhalten? Wie nehme ich mein Denken und Handeln besser wahr?

Selbstorganisation und Selbstführung

Selbstorganisation benötigt die Selbstführung der Führungskräfte und Mitarbeiter, sowie die Fähigkeit der Vorgesetzten, ihre Mitarbeiter in deren Selbstführung zu unterstützen.

1.1.2 Rolle des Individuums (Führungskraft und Mitarbeiter): Selbstführung

Ein Sich-Selbst-Führender

- kennt seine Aufgaben (und die Unternehmensziele)
- sucht und findet eigenständig Störungen oder Abweichungen in Arbeitsvorgängen, Prozessen und Ergebnissen

- geht diese selbstständig an und besitzt dazu die notwendigen Fähigkeiten und Fertigkeiten[1]
- informiert seine Führungskraft aus eigener Initiative über den Sachstand seiner Aufgaben
- macht von sich aus entsprechende Vorschläge zur Bearbeitung bzw. Lösung
- kennt die Nahtstellen zu vor- und nachgelagerten Bereichen oder Abläufen (aufgrund seiner Kenntnis der Unternehmensziele und -strukturen)
- widerspricht seiner Führungskraft, wenn diese sich aus seiner Sicht irrt
- setzt sich eigene Ziele bzgl. Fähigkeiten, Zusammenarbeit mit Kollegen und Vorgesetzten, sowie zu seiner eigenen beruflichen und persönlichen Entwicklung.

Damit wird ein anderes Verständnis der eigenen Rolle im Unternehmen geschaffen. Dies unterscheidet sich qualitativ vom reinen Delegationsprinzip: Dort werden Aufgaben, Kompetenzen (Befugnisse) und Verantwortung dem Mitarbeiter übergeben; allerdings nicht in der o. g. Form. Die klassische Form der Delegation bezieht sich auf die Inhalte und Methoden der Arbeit bzw. des Vorgehens, nicht jedoch auf das Selbstverständnis im Sinne einer Mitgestaltung bzw. Selbstführung. Die Haltung bzw. das Verhalten bleiben dann prinzipiell (im Sinne der Aufgabenerfüllung und des Rollenverständnisses) reaktiv, wenn auch die inhaltliche Umsetzung im Rahmen der übertragenen Aufgaben oder eines Auftrags eigenständig erfolgt.

Bedeutung der Selbstführung

Je besser ein Mitarbeiter in der Lage ist, sich selbst zu führen, desto mehr entsteht ein Verständnis für die Unternehmensziele und dafür, welchen eigenen Beitrag der Mitarbeiter dazu leisten kann.

Die bekannten Begriffe „Empowerment" und „Commitment" bleiben demgegenüber Schlagworte ohne nachhaltige Wirkung, solange keine veränderte Haltung oder Einstellung entwickelt wird. Diese Entwicklung lässt sich nicht durch schöne Bilder oder plakative Sätze ersetzen oder auch nur abkürzen, wenn die veränderte Einstellung nicht mit den Betroffenen gemeinsam entwickelt wird.

„Commitment" als vorgegebenes Ziel für Mitarbeiter oder gar als vermeintlich selbstverständliche Voraussetzung für die Wahrnehmung der Mitarbeiterrolle verschärft eher das Problem (den entsprechenden Mangel daran), als eine Lösung (die Realisierung) zu sein. Und die Aufforderung: „Sie sind

[1] Ohne die fachliche Befähigung zur Aufgabenerfüllung kann der Mitarbeiter seine Rolle nicht wahrnehmen. Die entsprechende Qualifizierung ist somit eine unumgängliche Voraussetzung dafür.

empowert!“ erinnert eher an die Szene aus Asterix und Obelix, in welcher der römische Zenturio vor seinen Legionären steht und befiehlt: „Ihr seid Freiwillige!“ (als es gegen das gallische Dorf zu Felde ging).

Führungskräfte können Mitarbeiter nicht „empowern“, da sie dies grundsätzlich aus der hierarchisch übergeordneten Rolle heraus tun: Es stellt damit einen Widerspruch in sich dar. Führungskräfte können dagegen Eigenständigkeit und Motivation ihrer Mitarbeiter verhindern, oder sogar ins Gegenteil umkehren[2]. Daher können aus Mitarbeitern nur Sich-selbst-Führende werden, wenn diese Behinderungen durch die Führungskraft entfallen.

Vorausetzung für Selbstführung

David Marquet[3] nennt dies „Loslassen oder Befreiung“[4]. Befreiung von den Behinderungen, die die Führungskraft – bewusst oder unbewusst – durch ihr Handeln erzeugt.

1.1.3 Die selbstaufmerksame Haltung des Individuums

Selbstaufmerksamkeit ist eine Voraussetzung für die individuelle Selbstorganisation: Es geht darum, die Aufmerksamkeit auf sich selbst zu lenken[5]. Dazu gehört zum einen, das eigene Denken und Handeln zu beobachten. Weiterhin gilt die Aufmerksamkeit dem eigenen Körper:

Resonanzen

Er kann uns jederzeit über seine physiologischen Funktionen Rückmeldungen zu äußeren Reizen (Personen und Situationen) sowie inneren Prozessen (Gedanken, Gefühle, Motive, Absichten) geben.

Unsere Physis dient daher im doppelten Sinne als Resonanzkörper. Die Körpersignale (z. B. Anspannung, Schwitzen, Bewegungsdrang oder Erstarrung) können in Verbindung mit mentalen Signalen wie Aufregung, Angst, gefühlte Überforderung/Bedrohung wichtige Hinweise für den Umgang mit der aktuellen Herausforderung sein. Beide Resonanzquellen, Körper und Geist, abzugleichen und dabei die jeweiligen Informationen zu integrieren, hilft dabei, die Situation adäquater einzuschätzen und entsprechend zu reagieren[6].

Selbstaufmerksamkeit und Selbststeuerung

Darüber hinaus können sich Körper und Geist gegenseitig beeinflussen: In dem Moment, in dem wir unsere Körpersignale wahrnehmen und unsere Aufmerksamkeit darauf richten, besteht die Möglichkeit, die physiologischen Prozesse zu verstärken oder zu reduzieren und damit wiederum Aufmerksamkeit, Konzentration und Handlungsfähigkeit zu erhöhen.

---

[2] Vgl. Sprenger 2014: Mythos Motivation.
[3] Vgl. Marquet 2020: Reiß das Ruder rum!
[4] „Loslassen“ in dem hier gemeinten Sinne ist nicht zu verwechseln mit einer Laissez-faire-Haltung.
[5] Selbstaufmerksamkeit wird in anderen Kontexten auch als „Achtsamkeit“ bezeichnet.
[6] Vgl. Zürcher Ressourcen Modell (https://zrm.ch).

In Stresssituationen kann dies eine erste Maßnahme zum besseren Umgang mit anderen Personen oder sonstigen Auslösereizen sein. Bekanntermaßen dienen unterschiedliche Verfahren zur routinemäßigen Beeinflussung unserer physiologischen und mentalen Funktionen und damit der Verbesserung unserer geistigen und körperlichen Gesundheit, wie z. B. Autogenes Training, Progressive Muskelentspannung, Tai-Chi, Yoga, Zen-Meditation.

Die Aufmerksamkeit auf geistige und körperliche Prozesse erhöht das Sich-Selbst-Bewusst-Sein. Dies gilt es ebenfalls zu lernen. Dadurch wird wiederum die Selbstführung unterstützt:

Funktion von Selbstaufmerksamkeit

> Aufmerksamkeit ermöglicht es, im jeweiligen Moment auf die gewünschten Aktivitäten – mental wie physisch – zu fokussieren. Die Konzentration auf den einzelnen Gedanken bzw. die konkrete Verhaltensweise steigert die Leistungsfähigkeit von Individuen.

Die folgenden vier Prinzipien unterstützen eine effektive Selbstaufmerksamkeit; in Kapitel 5 (Gestaltungselemente der Organisationsentwicklung) werden dazu entsprechende Instrumente vorgestellt.

Vier Prinzipien[7]

- Gegenwärtigkeit (Präsenz im Hier und Jetzt)

  Die Basis für Selbstaufmerksamkeit ist die Präsenz im Hier und Jetzt. Konkret bedeutet dies, jeden anderen Gedanken bzw. Tätigkeit einzustellen (z. B. keine E-Mails lesen beim Telefonieren), insbesondere Gedanken an vergangene oder an zukünftige Situationen, die von der momentanen Konzentration ablenken (z. B. ein ungelöstes Problem oder auch die Geburtstagsfeier am Wochenende). Das bedeutet, dass das Individuum sein Denken und Handeln aktiv beeinflusst und damit die eigene Selbstführung unterstützt.

- Bewusste Lenkung der Aufmerksamkeit

  Es gilt, die ungeteilte Aufmerksamkeit auf die gewünschten Handlungen bzw. geistigen und körperlichen Aktivitäten zu fokussieren. Die Entwicklung dieser Fähigkeit zur Aufmerksamkeitsfokussierung ist vergleichbar mit dem Trainieren einer Muskelgruppe, die bei kontinuierlichem Üben spürbare Ergebnisse zeigt. Alltagsregeln aus der Zen-Meditation dazu lauten:

  Aufmerksamkeitsfokussierung

  > „Wenn ich gehe, dann gehe ich. Wenn ich spreche, dann spreche ich. Wenn ich esse, dann esse ich."

  Gemeint ist damit die jeweilige Ausschließlichkeit des Handelns und Denkens.

[7] Vgl. Mindful Leadership Modell (https://www.mindful-leadership-institut.com)

- Akzeptanz der aktuellen Rahmenbedingungen

  Dieses Prinzip beschreibt die momentane Bereitschaft, die vorhandenen Rahmenbedingungen (z. B. auf Team- oder Organisationsebene) anzunehmen. Es geht darum, sich bei der Selbstaufmerksamkeit auch von kritischen und ggf. zu ändernden Bedingungen nicht ablenken zu lassen. Ziel ist es, die Selbstaufmerksamkeit auch unter negativen Einflüssen[8] aufrechtzuerhalten. Solange das Individuum mit bestimmten Aspekten der Situation hadert, findet in diesem Moment eher eine defizitorientierte Aufmerksamkeit statt. Die Herausforderung besteht darin, die Bewertung von Situationen und eigenen Gedanken – auch und gerade bei intensiver Betroffenheit – bewusst wahrzunehmen und zu steuern.

- Die Beobachtungsperspektive einnehmen

  Indem das eigene Denken und Handeln beobachtet wird, entsteht eine neue Perspektive. Mit dieser Beobachtungsperspektive erzeugt das Individuum eine Distanz zu sich selbst: Die Wahrnehmung von Gedanken und Verhaltensweisen erfolgt prinzipiell so, als ob jemand von außen darauf sieht. In einem weiteren Schritt kann die Sichtweise auf das Denken und Handeln überprüft werden, z. B. durch die Fragen: Welche Informationen erzeugen diese Blickrichtung und welche nicht? Welche Schlussfolgerungen (Bewertungen) werden dadurch ermöglicht und welche verhindert? – Das Individuum erhält dadurch neue Erkenntnisse, die es ins Verhältnis zu den bisherigen Bewertungen setzen kann. Durch diesen Vergleich besteht die Möglichkeit, die bisherigen Bewertungen zu überprüfen und ggf. zu ändern. Dieser Prozess wird auch als Selbstreflexion bezeichnet (siehe Kapitel 3.8).

1.1.4 Rolle der Führungskraft: Unterstützung der Selbstführung

Umdenken

> Selbstorganisation erfordert die Abkehr vom üblichen Vorgesetzten-Mitarbeiter-Verhältnis.

Es ist erforderlich, sich vom hierarchischem Denken und Handeln zu lösen und stattdessen auf Augenhöhe zu interagieren, auch wenn alle formalen Rollenverhältnisse und Strukturen beibehalten werden:

---

[8] Die Selbstaufmerksamkeit unter negativen Rahmenbedingungen aufrechtzuerhalten bedeutet nicht, die als notwendig erkannten Veränderungen auf Team- bzw. Organisationsebene zu ignorieren. Diese sollen vielmehr zu gegebener Zeit am passenden Ort bearbeitet werden. Die Wechselwirksamkeit von Person und Situation gilt analog zu derjenigen von Körper und Geist.

Von der Beziehung
Führungskraft und Mitarbeiter
zu
Führungskraft und Sich-Selbst-Führender.

Oder englisch: von Leader – Follower zu Leader – Leader[9]: Der zu entwickelnde Führungsstil wird auch als „intent-based leadership“ (Aufmerksamkeitsbasierte Führung) bezeichnet.

Letzteres wird auch durch die Formulierung verdeutlicht: „Schlechte Führungskräfte erzeugen Mitarbeiter. Gute Führungskräfte bilden Führungskräfte[10] heran.“ Führung im Rahmen von Selbstorganisation verändert seine Qualität. Das klassische Verhältnis von Vorgesetztem und Mitarbeiter ist prinzipiell geprägt durch Auftragserteilung und dementsprechender Umsetzung. Der Mitarbeiter tut das, was ihm gesagt wird. Es ist grundsätzlich eine hierarchisch gedachte Beziehung (Abb. 1.02a):

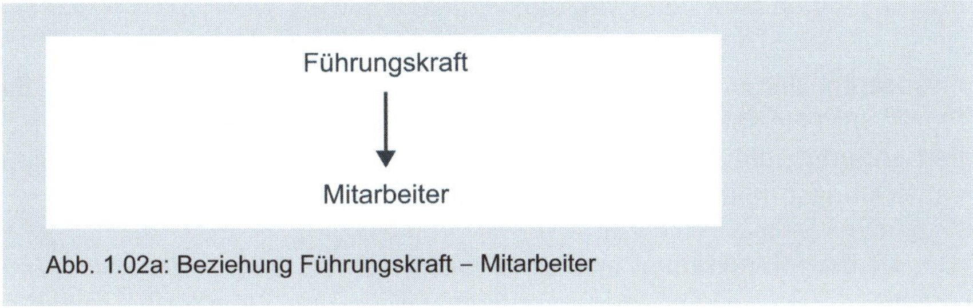

Abb. 1.02a: Beziehung Führungskraft – Mitarbeiter

Natürlich gibt es auch Rückkopplungsschleifen durch Information, Ergebnispräsentation und Korrekturen (Abbildung 1.02b):

Abb. 1.02b: Beziehung Führungskraft – Mitarbeiter mit Rückkopplungsschleifen

Diese – meist inhaltlichen bzw. ergebnisbezogenen – Rückkopplungen ändern jedoch nichts an der Grundstruktur der Beziehung. Eine Interaktion auf Augenhöhe verändert die Beziehung zu einer zwischen Führungskraft und einem Sich-Selbst-Führenden (Abbildung 1.02c):

[9] www.leader-leader.com
[10] Im Sinne der Selbstführung.

Abb. 1.02c: Beziehung Führungskraft – Sich-Selbst-Führender

Die formale Vorgesetztenfunktion (und ggf. hierarchische Struktur) bleibt erhalten: Entscheidungen über Urlaub, Gehalt oder Versetzungen bleiben weiterhin in der Hand der Führungskraft. Auch bleibt die Gesamtverantwortung für alles, was der Sich-Selbst-Führende tut und welche Folgen bzw. Ergebnisse er bewirkt, bei der Führungskraft.

Beispiel

Der Vorgesetzte greift eine Störung im Arbeitsablauf auf und fragt nach einer Lösungsidee. Der Mitarbeiter beschreibt eine solche nach seinen Vorstellungen. Der Vorgesetzte versteht das entsprechende Vorgehen und überlässt dem Mitarbeiter die Umsetzung.

In unserem ersten Unternehmensbeispiel (siehe Kapitel 2 Einstieg in die Praxis) wird ein solches individuumbezogenes interaktives Vorgehen detailliert erläutert; die Beteiligten verstehen sich als gleichwertig und arbeiten entwicklungsorientiert (vgl. Kapitel G, Abbildung G.03).

Wesentliche Veränderungseffekte

Die Art der Interaktionen erzeugt ein anderes Verständnis der Rolle. Und dieses veränderte Verständnis ermöglicht wiederum veränderte Interaktionen. Und damit eine neue Haltung bzw. ein neues Mindset.

Was sich ändert, ist eine qualitativ andere Beziehung durch die tatsächliche Entwicklung des Mitarbeiters zum Sich-Selbst-Führenden. Dieser erhält nicht nur weitestgehende Befugnisse oder Kompetenzen, um seine Aufgaben bzw. seinen Auftrag zu erfüllen. Er wird – ganz selbstverständlich – aktiv in der eigenverantwortlichen Wahrnehmung seiner Tätigkeit und Rolle. Dieser Lernprozess kann in der veränderten Zusammenarbeit zwischen Führungskraft und Sich-Selbst-Führendem nachvollzogen werden:

Neue Führungsrolle

Die Führungskraft verzichtet auf eine Demonstration von Macht, sie bietet eine partnerschaftliche Beziehung an, nimmt Kritik ernst und ohne Rechtfertigung entgegen, sie ermöglicht dem Mitarbeiter, seine Position und Betroffenheit auszudrücken.

In Summe praktiziert die Führungskraft die notwendigen Gestaltungselemente, welche in ihrem Verantwortungsbereich und dem jeweiligen situativen Kontext angemessen sind. Darüber hinaus

- lässt die Führungskraft jeden Mitarbeiter seinen Verantwortungsbereich eigenständig gestalten
- schafft gemeinsam mit dem Mitarbeiter das entsprechende Verständnis vom eigenen Verantwortungsbereich als Basis der Zusammenarbeit
- vereinbart die Führungskraft mit jedem einzelnen Mitarbeiter die individuelle Umsetzung der o. g. Aspekte der Mitgestaltung
- finden bei jedem gegebenen Anlass (z. B. Aufgabenverständnis, Problemerkennung, Lösungsvorschlag, Vorgehensweise, Ergebnis, Auswirkungen, Art der Kommunikation) Gespräche auf Augenhöhe statt
- nimmt die Führungskraft eine Haltung ein, welche
  - durch Neugier bestimmt ist (und nicht von Fehlersuche im Sinne einer Zielvorgabe) und damit auch offen für Überraschungen – also eigene Lösungsansätze des Mitarbeiters – ist
  - Interesse an der Person des Mitarbeiters signalisiert
  - selbst lernbereit ist (und damit den Mitarbeiter als potenziellen „Lehrer“ sieht)
  - dem Mitarbeiter die Fähigkeit zum Handeln unterstellt
  - den Mut aufbringt, Fehler bzw. ein Misslingen des Auftrags in Kauf zu nehmen, um das eigenverantwortliche Handeln des Mitarbeiters – und damit den gesamten Lernprozesses – zu ermöglichen.

Der Vorgesetzte, welcher individuumzentriert führt, „führt“ also weniger im herkömmlichen Sinne, sondern handelt so, dass die Selbstorganisation der Mitarbeiter unterstützt wird:

- Er weist weniger an, sondern vergleicht Ergebnis mit Ziel
- er redet weniger, sondern lässt mehr handeln
- er ist (mehr oder weniger) permanent im Kontakt mit dem Mitarbeiter, um direkt und unmittelbar reagieren zu können (mit Bestätigung genauso wie mit dem Hinterfragen von Abweichungen)
- er handelt bewusst im Sinne von Effektivität, sowohl inhaltlich bzgl. der Zielerreichung, als auch beziehungsmäßig durch seine eigene Selbstführung.
- er fördert Kritikfähigkeit der Mitarbeiter durch die Akzeptanz derselben und eine selbstkritische Reaktion auf eigene Fehler.

Neues Beziehungsmuster

Situativ kehrt sich die Beziehung zwischen Führungskraft und Mitarbeiter funktional[11] um. In stabilen und gesunden Beziehungen ist ein vorübergehender Rollentausch möglich und sinnvoll.

[11] Alle formalen wie hierarchischen Aspekte der Rollen bleiben auch hierbei erhalten.

Der Sich-Selbst-Führende ist der „Lehrer“, die Führungkraft der „Lernende“:

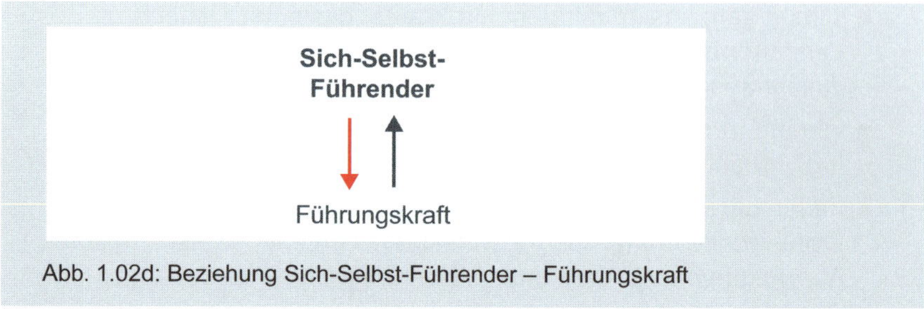

Abb. 1.02d: Beziehung Sich-Selbst-Führender – Führungskraft

Die Herausforderung, die sich aus dieser neuen Rollenverteilung ergibt, ist nicht leicht zu bewältigen.

Beispiel

Ein Mitarbeiter nimmt für sich in Anspruch, eine komplexe Aufgabe im Rahmen des Produktmarketings eigenständig umzusetzen. Nach Rückfragen durch die Bereichsleitung wird für den Gesamtverantwortlichen deutlich, dass die Realisierung noch nicht einmal begonnen hat. Der – vom Anspruch her – Sich-Selbst-Führende erklärt die Gründe, welche ihn bisher daran gehindert haben, und sagt die Umsetzung bis zum vereinbarten Datum zu. – Der Verweis auf die Gründe scheint sachlich angebracht zu sein; tatsächlich erfüllt er im Gesamtablauf die Funktion, das Nicht-Tun zu rechtfertigen. Dies erhöht die Problematik, da der Mitarbeiter sich dadurch weiter von seiner Verantwortung distanziert, anstatt sie aufzugreifen und in entsprechendes Handeln umzusetzen. Die mangelnde Reflexionsfähigkeit und das dadurch nicht stattfindende Lernen des Sich-Selbst-Führenden hält einen negativen Kreislauf in Gang. Die Unterstützung des notwendigen Lernprozesses beim Sich-Selbst-Führenden durch seine Führungskraft bleibt offensichtlich zu gering oder erfolglos. – Trotz wiederholter Rücksprache wird die Aufgabe nicht erledigt. Am Ende führt der Vorgesetzte selbst das aus, was der Mitarbeiter hätte tun sollen.

Ein weiteres konkretes Beispiel wird in Kapitel 2 ausführlich behandelt.

Wir möchten an dieser Stelle noch einmal betonen, dass es bei selbstorganisierter Führung gerade nicht um die hierarchische Funktion in der Beziehung Führungskraft – Sich-Selbst-Führender geht. Vielmehr bietet der Vorgesetzte seinem Mitarbeiter eine Beziehung auf Augenhöhe an: Diese beinhaltet die Möglichkeit der eigenen Positionierung, sowie von Widerspruch und Kritik. Dieses Verhalten des Sich-Selbst-Führenden sollte explizit vom Vorgesetzten bestätigt werden.

> Führung im Rahmen von Selbstorganisation erfordert deshalb von der Führungskraft mehr als vom Sich-Selbst-Führenden. Allerdings gehört zu dieser Rolle eben auch die Übernahme der Verantwortung für das eigene Tun.

Neue Herausforderungen

Dieses Beziehungsangebot soll gerade die o. g. „Befreiung“ (D. Marquet 2020) von hierarchischem Denken bewirken. Ohne den entsprechenden Lernprozess auf Seiten der Führungskraft kann der notwendige Lernprozess des Sich-Selbst-Führenden kaum gelingen. Tatsächlich stellen beide Veränderungen einen prinzipiell ergebnisoffenen Prozess dar.

Im Ergebnis kann das Handeln des Sich-Selbst-Führenden zu einem anderen Resultat führen, als die Führungskraft erwartet hat. Entscheidend ist dabei, ob das gemeinsam vereinbarte Ziel erreicht wurde. Möglicherweise hat der Sich-Selbst-Führende eine bessere Lösung entwickelt, als zunächst gedacht war.

Die Neugestaltung sowie die bewusste Überprüfung der Beziehung zwischen Führungskraft und Mitarbeiter (aus der bisherigen Rolle) gehört daher immer zu einer sich selbstorganisierenden Führung dazu. Die veränderte Interaktion zwischen den Individuen, das Gespräch auf Augenhöhe, wird somit zum Ziel der Unternehmenskultur. Und sollte ein Kriterium der Zielerreichung der Führungskraft sein. Diese Zielüberprüfung findet statt durch das Feedback (siehe Kapitel 5) von unten nach oben (Sich-Selbst-Führender – Führungskraft), als kollegiales Feedback zwischen den Führungskräften sowie als Feedback durch den eigenen Vorgesetzten. Im Vergleich der verschiedenen Ebenen und Rückmeldungen ergibt sich somit ein Gesamtbild für die einzelne Führungskraft. Dies hilft bei der Selbstreflexion der Führungskraft wie auch der Weiterentwicklung der Interaktionen zwischen Führungskraft und Sich-Selbst-Führenden.

Die Führungskraft übernimmt also nicht die klassische Rolle des (externen) Coaches, sondern nutzt eine Coaching-Haltung und wendet Coaching-Instrumente an, um seine Mitarbeiter bei deren Selbstführung und Selbstorganisation zu unterstützen (siehe Kapitel 5, Gestaltungselemente der Organisationsentwicklung).

1.1.4.1 Coaching-Haltung der Führungskraft

Um Rollenklarheit herzustellen bzw. zu erhalten, trennen wir die Coach-Rolle von der Rolle der Führungskraft. Auch wenn umgangssprachlich mittlerweile häufig von der „Führungskraft als Coach“ gesprochen wird, führt dies eher zu Unklarheiten und Verständnisproblemen. Für den Mitarbeiter – auch als ein Sich-Selbst-Führender – entsteht unvermeidlich eine Konfusion:

Abgrenzungen

Der Vorgesetzte ist und bleibt fast ausnahmslos der Entscheider über Urlaub, Gehalt und Beförderung, nur um einige zentrale Funktionen (und Machtkriterien) seiner Rolle darzustellen. Dies zu erwähnen wäre trivial, wenn nicht der o. g. missverständliche Gebrauch alltäglich aufträte. Darüber hinaus geht es natürlich auch darum, die Rolle des (externen) Coachs von der der Führungskraft abzugrenzen; denn jener arbeitet faktisch und beziehungstechnisch in einem hierarchiefreien Kontext mit seinen Kunden und verfügt über keine der genannten Machtaspekte.

Für die Führungskraft ist es sehr hilfreich, wenn sie Coaching-Kompetenzen besitzt und in ihrer Rolle nutzt. Dadurch kann die Beziehungsqualität zum Mitarbeiter verbessert werden.

In der Gegenüberstellung bzw. Veränderung der Arbeitsbeziehungen werden die genannten Unterschiede im Rollenverständnis veranschaulicht:

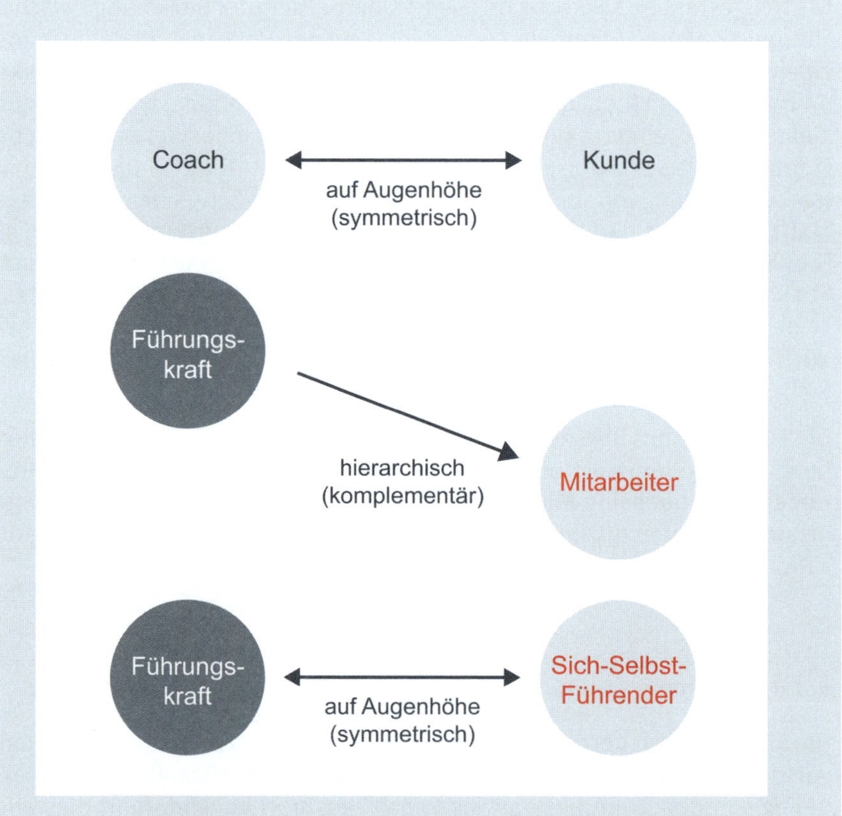

Abb. 1.03: Unterschiedliche Interaktionsmuster zwischen Coaching und Führung sowie veränderte Kommunikation durch weiterentwickeltes Mindset der Führungskraft und des Mitarbeiters/Sich-Selbst-Führenden

Symmetrische Interaktionsmuster erzeugen eher eine gleichberechtigte Beziehung – als Partner auf Augenhöhe – gegenüber hierarchischen bzw. komplementären Mustern. Komplementär bedeutet in einer hierarchischen Ordnung, dass die eine Position (hier: die Führungskraft) über der anderen (hier: der Mitarbeiter) steht und dass sich beide Rollen funktional ergänzen. Dies ist in Organisationen, welche hierarchisch aufgebaut sind, die Regel. Damit wird eine notwendige Funktion erfüllt:

Funktion von Komplementarität

> Die obere Position ist weisungsbefugt, die untere hat die Vorgaben auszuführen. Diese Regel stellt das Funktionieren von Abläufen sicher.

In einem System, welches die Selbstorganisation der Mitglieder anstrebt, kann sich dies jedoch hinderlich auswirken.

Dysfunktionale Komplementarität

> Dort, wo eigenständiges und eigenverantwortliches Handeln gewollt ist, werden Anweisungen und hierarchische Strukturen dysfunktional, wenn die Führungskraft nicht den notwendigen Freiraum für die Mitarbeiter zulässt.

In einem sich selbstorganisierenden Unternehmen muss Gelegenheit für experimentelles Vorgehen sein: Es wird geprüft, ob der gewünschte Zustand eingetreten ist; vorhandene Unterschiede sollten dann reflektiert und weiter bearbeitet werden. Daher ist eine entsprechende Unternehmenskultur die Voraussetzung für Selbstorganisation. Das Führungsverhalten ändert sich dementsprechend:

- Die Führungskraft lässt dem Mitarbeiter nicht nur freie Hand, sondern nimmt in Kauf, dass dieser Fehler macht. Und dass möglicherweise ein anderes Ergebnis herauskommt, als der Vorgesetzte erwartet hat. Inwieweit das angestrebte Ziel dabei erreicht wird, ist zwischen Führungskraft und Mitarbeiter zu klären. Und hier kommt die gleichberechtigte Position des Mitarbeiters ins Spiel.
- Der Mitarbeiter erläutert sein Vorgehen und das Ergebnis; die Führungskraft hört zu und vergleicht dieses mit seinen Erwartungen. Wenn nun das Ziel auf anderem Wege bzw. mit einem anderem als dem gedachten Ergebnis erreicht wird, sollte der Vorgesetzte dies akzeptieren. Und er akzeptiert damit die gleichberechtigte Position des Mitarbeiters. Dies soll durch die symmetrische Beziehung zwischen beiden in Abbildung 1.03 bildlich dargestellt werden. Für die Führungskraft ergibt sich damit ein neues Rollenverständnis und verändertes Verhalten.

Symmetrische Beziehung

> Er muss – in den Augen seines Mitarbeiters(!) – auf Augenhöhe auftreten und damit den hierarchischen Unterschied (welcher natürlich weiterhin existiert) im Rahmen seiner Kommunikation soweit reduzieren, dass der Mitarbeiter die Interaktion als symmetrisch wahrnimmt.

Es handelt sich hierbei um die subjektive Wahrnehmung der Beziehung zwischen beiden. Diese ist fragil und immer wieder neu herzustellen. Auch die kommunikative Augenhöhe hebt nicht die hierarchischen Unterschiede zwischen Führungskraft (mit Coaching-Kompetenz) und sich-selbst-führendem Mitarbeiter auf. Dies ist auch bedeutsam für die unterschiedlichen Beziehungsangebote auf der Arbeitsebene:

- Wie tritt der Mitarbeiter auf und wie reagiert die Führungskraft darauf?
- Welches der Beziehungsangebote für die Zusammenarbeit wird wie beantwortet?

Generell können drei Angebote für die Arbeitsbeziehung beschrieben werden:

- Sich-selbst-Führender bzw. Kunde eines (externen) Coachs
- Besucher (Unbeteiligter) oder
- Sich-Beschwerender.

Grundsätzlich wird ein Auftreten als Sich-Selbst-Führender oder als Kunde bei einem externen Coach dementsprechend angenommen. Dadurch entsteht eine symmetrische Beziehung (s. o.). Der individuelle Lernprozess kann so besonders gut gelingen. Andere Typen von Klienten sind der Besucher oder der Sich-Beschwerende.

Ein Besucher ist dadurch gekennzeichnet, dass er kein Problem hat, welches er bearbeiten möchte. Die Führungskraft/der Coach kann trotzdem ein Arbeitsangebot auf Augenhöhe anbieten. Der (externe) Coach bleibt dabei und kann zusätzlich noch ein Gespräch bzw. eine Zusammenarbeit mit relevanten anderen Personen (Vorgesetzter, Kollegen) anbieten. Die Entscheidung liegt beim Mitarbeiter, ob er das Angebot annimmt oder nicht. In diesem Fall hat die Führungskraft im Rahmen der Selbstorganisation kaum Einfluss auf den Mitarbeiter; die Entwicklung zur Selbstführung kann damit bereits am Anfang deutlich eingeschränkt sein bzw. verhindert werden:

Dilemma

> Es handelt sich um eine paradoxe Situation in der Rolle des Vorgesetzten – das o. g. Dilemma tritt damit konkret zutage: Als Coach könnte er nur Angebote unterbreiten, als Führungskraft kann er zwar anweisen – aber gerade nicht, dass der Mitarbeiter etwas eigenverantwortlich bzw. aus eigener Initiative tut.

Die Führungskraft hat noch die Alternative, zum klassischen Führungsverständnis der unterschiedlichen Führungsstile zurückzukehren. Parallel bleibt das Angebot an den Mitarbeiter zur Reflexion und Veränderung der eigenen Perspektive und die entsprechende Unterstützung durch den Vorgesetzten (oder einen Coach) bestehen.

Als Sich-Beschwerender klagt der Mitarbeiter (oder Klient) über Dritte. Er möchte, dass die Führungskraft (bzw. der Coach) diese anderen Personen verändert. Der Sich-Beschwerdende hat, vergleichbar mit dem Besucher, keine Veränderungs- oder Lernmotivation. Er sieht das Problem oder die Herausforderung nicht bei sich; vielmehr sieht er sich selbst als Opfer der Verhältnisse.

Hier geht es darum, dem Mitarbeiter (Klienten) anzubieten, sich als Teil der Situation (des Systems) zu sehen und die eigenen Anteile daran sowie die Verantwortung dafür zu erkennen und anzunehmen. Diese neue Perspektive kann auch nur vom Gesprächspartner selbst eingenommen werden. Rhetorische Überredungskünste helfen dabei nicht. Ein vordergründiges Eingehen auf eine Arbeitsbeziehung, welche das Denken und Handeln des Mitarbeiters (Klienten) nur vermeintlich zeigt, führt zu keiner Reflexion oder Selbstorganisation im hier gemeinten Sinne. Damit wird eine weitere Grenze der Machbarkeit deutlich, wenn es darum geht, Selbstführung zu entwickeln. Auch hier ist der lange Atem der Führungskraft gefragt, um das Angebot zur persönlichen Weiterentwicklung an den Mitarbeiter aufrecht zu erhalten.

1.1.4.2 Coaching als angeleiteter Lernprozess

Im Folgenden definieren wir Coaching als angeleiteten Lernprozess, der von der Führungskraft unterstützt werden kann.

Definition

Coaching bedeutet die Fähigkeit, zielgerichtet die Selbstreflexion und die Veränderung des Denkens und Handelns eines Gesprächspartners professionell zu unterstützen. Dazu ist eine neutrale Position zum Denken und Handeln des Gegenübers erforderlich. Darauf basierend werden Ziele, Vorgehensweise und die Auswirkungen der entsprechenden Handlungen bearbeitet und überprüft. Es handelt sich um einen methodisch unterstützten Lernprozess des Gesprächspartners. Coaching bearbeitet das gesamte Spektrum von operativen Handlungen (z. B. Projektleitung, Budgetverhandlung, Gesprächsführung) über psychologische Mechanismen (Konfliktbearbeitung, Beziehungsgestaltung, Führung) bis zur biografischen Selbstreflexion und Persönlichkeitsentwicklung einschließlich der Bearbeitung von Sinnfragen.

Zur Übersicht über das Vorgehen soll der ibo-Coaching-Kompass® dienen:

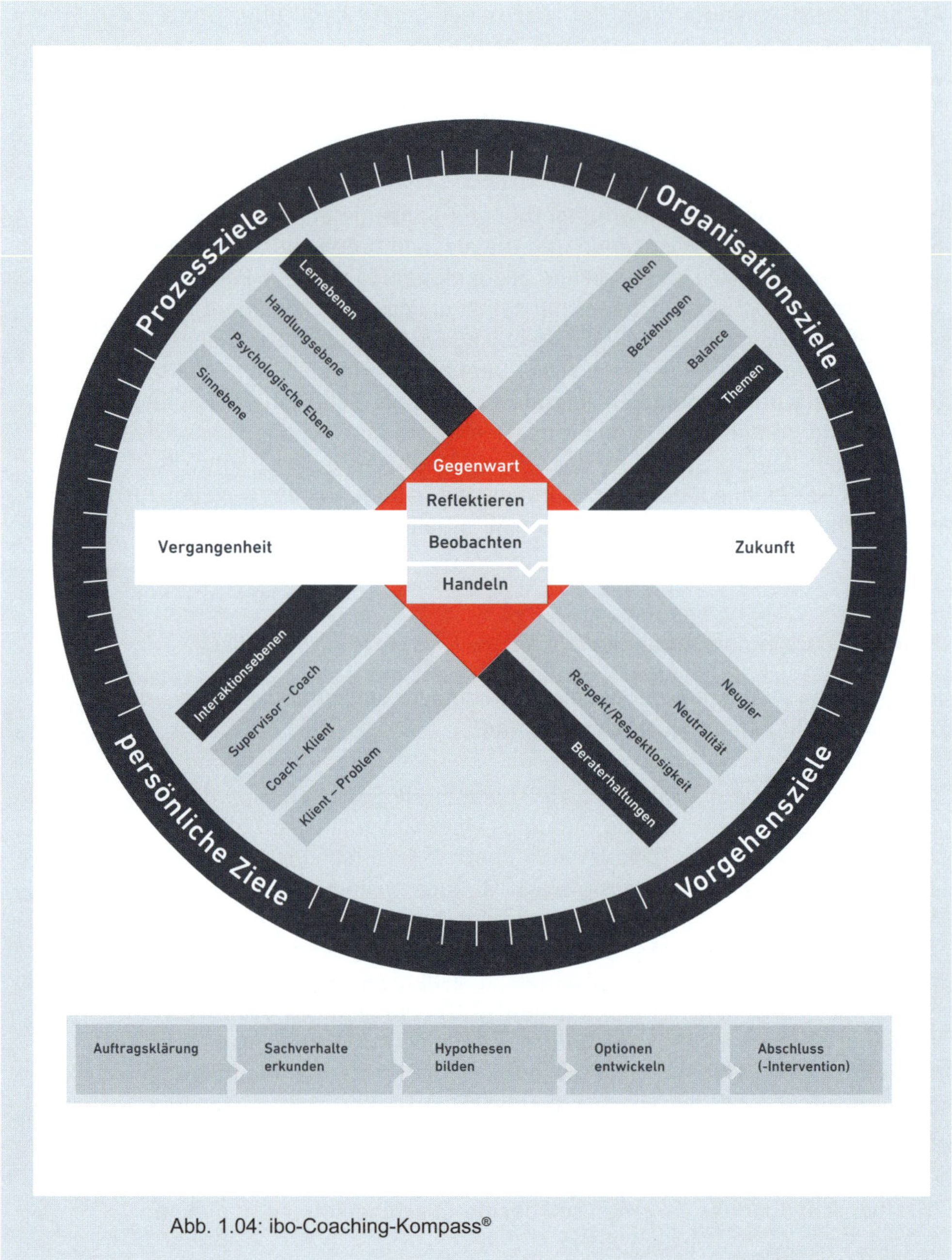

Abb. 1.04: ibo-Coaching-Kompass®

1.1.4.3 Personen und Interaktionen im Coaching

Die beteiligten Personen füllen im Coaching ihre Rollen aus; durch ihre Interaktionen gestalten sie ihre Beziehungen.

Definition

Durch diese Definition betonen wir den Primat der Person vor der Rolle wie auch die Bedeutung der Interaktion für die Beziehungsgestaltung. Beides, Person wie Interaktion, prägen den Coaching-Prozess mehr als formale Rollen und Arbeitsbeziehungen. Die jeweils konkrete Situation und die darin stattfindenden gegenseitigen Wahrnehmungen – vor dem Hintergrund der individuellen Erfahrungen – prägen das Denken, Wollen, Fühlen und Handeln der Beteiligten.

Methodische Richtlinien und instrumentelle Hilfsmittel unterstützen eine Begegnung. Tools und Techniken können jedoch immer nur so weit wirken, wie es die in der Interaktion geschaffene Beziehung zulässt.

Grundsätzlich kann Coaching am wirksamsten sein, wenn Coach wie Kunde formal unabhängig zueinander stehen.

Eine hierarchiefreie Beziehung – oder um es noch deutlicher zu sagen, eine angstfreie Beziehung – ermöglicht am ehesten einen Lernprozess, in welchem Selbstreflexion stattfinden kann.

Angstfreie Beziehung

An dieser Stelle wird deutlich, dass eine immer wieder zu hörende Aussage von Führungskräften „Meine Mitarbeiter brauchen doch keine Angst vor mir zu haben!“ lediglich Ausdruck unvollständiger Wahrnehmung bzw. mangelnder Reflexion ist. Verunsicherung, Angst vor Versagen oder das Gefühl, überfordert zu sein, wird in unseren Beispielen mehrfach deutlich. Eine Person, die damit im Zusammenhang steht, wird dann schwerlich als neutral wahrgenommen.

Wenn Coaching als angeleitete Selbstreflexion verstanden wird, unterstützt ein unabhängiger Coach diesen Lernprozess wesentlich leichter, als dies in einer (formal) abhängigen Beziehung möglich ist. – Die Gespräche einer Führungskraft mit ihrem Kollegen in unserem ersten Unternehmensbeispiel (Kapitel 2) verdeutlichen diesen Effekt, auch wenn es sich nicht um eine explizit als Coaching definierte Interaktion handelt.

Der kulturelle Kontext bestimmt die Rollenwahrnehmung von Führungskraft und Mitarbeiter. Erst wenn der Vorgesetzte sein Selbstverständnis und sein entsprechendes Führungsverhalten ändert, kann eine Interaktion auf Augenhöhe stattfinden. Eine dementsprechend entwickelte Sichtweise ist somit Voraussetzung für veränderte Führung. Ein Vorgesetzter kann den Lernprozess seines Mitarbeiters fördern, indem er durch die Form der Interaktion die Selbstreflexion unterstützt. Entscheidend ist dabei, wie sich die Interaktionen und damit die Qualität der Beziehung verändert.

1.1.5 Der in- oder externe Coach

Interne Coachs sind z. B. als „agiler Coach“ tätig. Sie unterstützen die methodischen und sich selbst steuernden Lernprozesse der Mitarbeiter und Führungskräfte, welche gemeinsam in einem entsprechenden Projekt tätig sind oder agiles Arbeiten in der Linie umsetzen. Sie besitzen i. d. R. keine Befugnisse, um z. B. Anweisungen zu erteilen oder Entscheidungen zu treffen. Sie sind – mit allen Vor- und Nachteilen – im System lediglich beratend tätig.

Externe Coachs arbeiten von außen an der Organisation mit einem oder mehreren ihrer Mitglieder und bieten daher ihrem Kunden eine entsprechende Arbeitsbeziehung an. Sie können somit die Coaching-Grundhaltungen am ehesten realisieren:

- Neugier
- Neutralität
- Respekt (vor der Person) und Respektlosigkeit (vor der Sichtweise auf das Problem).

Definition

> Neugier meint, neuen und fremden Sicht- und Verhaltensweisen offen gegenüber zu sein.

Diese Haltung bedeutet, die eigene Bewertung zu diesen Gedanken, Meinungen und Überzeugungen des Anderen zurückzustellen und gerade nicht als Grundlage der Interaktion zu verwenden. Dies stellt eine besondere Herausforderung dar, wenn der Sich-Selbst-Führende bzw. der in-/oder externe Kunde kritische, störende oder gar ablehnende Verhaltensweisen zeigt. Denn es geht im Coaching nicht (nur) um inhaltliche Fragen, sondern auch und vor allem um die Eigenverantwortung und Selbstständigkeit des Kunden. An dieser Stelle ist der Coach besonders gefordert: Die inhaltliche Frage oder Aufgabenstellung kann nur selbstorganisiert bearbeitet werden, wenn der Kunde bereit und fähig ist, sich selbst zu führen.

Selbstführung als Voraussetzung

> Daher ist ist im Rahmen der Selbstorganisation die Fähigkeit zur Selbstführung elementare Voraussetzung für selbstgesteuertes Arbeiten.

Neutralität ist die zweite notwendige Haltung, um die Selbststeuerung des Kunden zu unterstützen:

Definition

> Neutralität bedeutet, nicht als Anwalt des Vorgesetzten aufzutreten, sondern als Berater, der mit seinem Kunden arbeitet.

Damit entscheidet der Kunde, was er will und tut. Er bewertet Ziele und Aufgaben und entscheidet, welche Mittel (Methoden, Ressourcen) er dafür einsetzt bzw. am sinnvollsten hält. Diese Haltung sollte auch für den Vorgesetzten in der klassischen Führungsrolle gelten. Das erfordert oft einen erheblichen Lernprozess der Führungskraft.

Respekt vor der Person ist elementare Grundlage für eine Arbeitsbeziehung auf Augenhöhe.

Definition

Unabhängig von als kritisch oder konfliktär empfundenen Verhaltensweisen auf Seiten des Kunden zollt der Coach dem Gegenüber seinen Respekt. Gleichzeitig nimmt der Coach eine respektlose Haltung gegenüber der Situations- bzw. Problembeschreibung des Kunden ein. Dies ist notwendig, um eine professionelle Distanz zur Fragestellung einzunehmen. Und nur aus dieser Distanz kann der Coach dem Kunden eine Unterstützung zur Selbstführung bzw. Selbstorganisation anbieten. Denn die Entscheidung, ob diese Unterstützung angenommen wird oder nicht, trifft der Kunde. Und wenn der Coach aufgrund der Nähe zum Problem sowohl inhaltlich wie persönlich betroffen bzw. beteiligt ist, kann keine hilfreiche Coaching-Haltung eingenommen werden, solange sich der Coach nicht innerlich von seiner Meinung oder Haltung distanzieren kann.

1.2 Ebene Organisationseinheit (Gruppe/Team, Abteilung, Bereich)

1.2.1 Kontext

Auf der Ebene Organisationseinheit – in der Linie wie im Projekt – ergeben Aufgaben und Rollen sowie Kommunikation und Zusammenarbeit die Rahmenbedingungen für die Interaktion der Führungskräfte und Mitarbeiter. Die Lernanforderungen entsprechen zum einen denen des Individuums (vgl. Kapitel 1.1.), zum anderen erhalten sie eine eigene Qualität durch die Anforderungen, welche durch Kommunikation, Kooperation und Konfliktbehandlung in Arbeitsgruppen entstehen.

Ein wesentlicher Einflussfaktor stellt die Gruppendynamik dar. Bei den Interaktionen in Gruppen geht es sowohl um formale Rollen, Aufgaben und Verantwortung als auch um die informellen Dimensionen von Akzeptanz, Bedeutung, Einfluss und persönlichen Zielen, welche prinzipiell unabhängig von der gemeinsamen Aufgabe sind, diese jedoch maßgeblich beeinflussen können.

Erst wenn eine Klärung und ein gemeinsames Verständnis über informelle Rollen, Regeln, Kommunikations- und Entscheidungsverhalten hergestellt werden können, ist die Voraussetzung für eine positive, d. h. konstruktive Gruppendynamik geschaffen. Darauf aufbauend können die inhaltlichen Herausforderungen zielführend bearbeitet werden.

Parallele Prozesse

Selbstverständlich sind beide Prozesse – der formale Arbeitsvorgang und die informellen Interaktionen – nicht getrennt: Sie finden permanent und parallel zueinander statt. Dies stellt die besondere Herausforderung an jede Führungskraft und gleichzeitig an die Arbeitsgruppe selbst dar, wenn letztere ein sogenanntes „echtes Team“ werden will.

Die entsprechende Lernaufgabe kann durch Teamentwicklungsmaßnahmen (siehe Kapitel 5) unterstützt werden. Hierbei geht es vor allem um die Selbstorganisation einer Arbeitsgruppe, um sich zu einem Team zu verändern. Dabei sollten sich selbstorganisierende Teams drei Kriterien berücksichtigen, die im Rahmen des Vorgehens relevant sind:

- hierarchiefrei kommunizieren und interagieren
- selbst für die Abläufe und die Ergebnisse ihrer Zusammenarbeit verantwortlich sein
- die Verantwortung für den Prozess der eigenen Teamentwicklung übernehmen.

1.2.2 Teammitglied

Das Individuum wird auf der Ebene Organisationseinheit zum Teammitglied. Der individuelle Entwicklungsprozess wird nun um den gemeinsamen Lernprozess in der Arbeitsgruppe erweitert.

Das Teammitglied soll in der Lage sein, ein Bild von sich und seinem Beitrag zur Teamarbeit zu beschreiben. Darauf basierend formuliert jedes Teammitglied, was es sich diesbezüglich vornimmt, um den gemeinsamen Entwicklungsprozess zu unterstützen, und was es dazu von anderen benötigen.

1.2.3 Weitere Rollen auf der Ebene Organisationseinheit: Moderator, Trainer, Teamentwickler

Diese Rollen sind bekannt und werden vielfältig verwendet. Wir unterstreichen hier die Bedeutung, welche sie für unser Verständnis im Rahmen von Selbstorganisation besitzen.

Der Moderator eines sich selbstorganisierenden Teams trifft keine Entscheidungen, sondern moderiert die Projektbesprechung, Arbeitsgruppe oder Teamsitzung. Letztlich gelten die o. g. Coaching-Haltungen prinzipiell auch für diese Rolle. Wir betonen die Notwendigkeit der tatsächlichen Moderationsfunktion, um die Selbstorganisation der Projekt- bzw. Arbeitsgruppe zu fördern.

Die Verantwortung für die Priorisierung der Inhalte und die jeweiligen Entscheidungen liegen eindeutig bei der handelnden Gruppe und gerade nicht beim Moderator. Dieser steuert vielmehr die Zusammenarbeit der Teilnehmer, damit diese selbstständig sowohl inhaltlich zielführende Ergebnisse erarbeiten als auch ihre Interaktionen erkennen, analysieren und verbessern können (Feedback, Entscheidungsfindung).

Moderatorenrolle

Der Trainer vermittelt zum einen Wissen und leitet zum anderen zur Reflexion des Lernprozesses an (siehe Kapitel 5 Gestaltungselemente der Organisationsentwicklung). Im Rahmen der Selbstorganisation bedeutet dies, dass die Teilnehmer einer Lerngruppe lernen, ihre Beiträge und ihr Verhalten einzuschätzen und ggf. zu verändern.

Der Trainer unterstützt diesen Lernprozess, indem er die dazu notwendigen Instrumente einsetzt (Feedback, Reflexion des Prozesses).

Trainerrolle

Er nutzt dazu im Rahmen der Selbstorganisation Methoden und Techniken, die auch im Coaching verwendet werden.

Der Teamentwickler unterstützt explizit die Interaktionen und die Reflexionsfähigkeit einer Arbeitsgruppe, die sich zu einem Team entwickeln möchte (Unterscheidungskriterien siehe Kapitel 5).

Teamentwicklerrolle

Er moderiert die Gruppe in ihrem Bemühen, ein „echtes" Team zu werden. Dazu setzt er die entsprechenden Instrumente (Soziogramm, Teamaufstellung, Reflexion inkl. Feedback) ein. Auch hier sind wiederum, wie in den vorangegangenen Rollen, Coaching-Kompetenzen sinnvoll und hilfreich.

1.2.4 Arbeitsprinzipien und Muster für Selbstorganisation

Da das Individuum verschiedenen Rollen auf den jeweiligen Interventionsebenen (s. o. Abbildung 1.01) wahrnimmt, wird in der folgenden Abbildung 1.05 exemplarisch dargestellt, welche Veränderungen in Verhaltensmustern möglich sind.

Starre Muster	Muster für Selbstorganisation
Wissen & Verstehen	Mutig ins Handeln kommen und Entscheidung ohne vollständige Information treffen, Intuition nutzen, im Tun lernen
Planen	Ohne sicheren Gesamtplan Verantwortung für das Handeln übernehmen, die nächsten Schritte planen, planvoll experimentieren
Organisieren	Systemisches Reflektieren und Lernen organisieren, adaptieren und sich eigenverantwortlich weiter entwickeln
Vorgaben umsetzen in der Hierarchie	Eigenständiges Handeln, Freiräume aktiv nutzen, unternehmerisch denken und handeln, arbeiten im Netzwerk
Alles richtig machen	Die richtigen Dinge machen; aus Fehlern lernen

Abb. 1.05: Arbeitsprinzipien und Muster für Selbstorganisation (FREYTH & BALTES 2017)

Die Veränderung weg von starren Mustern zu flexiblen (agilen) und selbstorganisierten Denk- und Verhaltensweisen bezieht sich auf verschiedene Aspekte des Lernens. Entsprechende Entwicklungsschritte unterstützen dabei:

- Überzeugungen prüfen und anpassen (z. B. „alles richtig machen“)
- Handlungsfähigkeit in einer hierarchischen Struktur entwickeln („Vorgaben umsetzen in der Hierarchie“)
- sich selbst organisieren und führen („Organisieren“)
- unter Unsicherheit Verantwortung übernehmen („Planen“) und dabei
- Entscheiden und Handeln („Wissen und Verstehen“).

1.2.5 Phasen und Entwicklungsstufen der Selbstorganisation auf der Ebene Organisationseinheit (Bereich, Abteilung, Gruppe/Team)

Selbstorganisation auf der Ebene Organisationseinheit wird bereits seit langem praktiziert. Im Rahmen von Teamentwicklung werden Phasen bzw. Entwicklungsstufen einer Gruppe durchlaufen; dieser Phasenverlauf ist auch als Gruppendynamik[12] bekannt.

[12] Vgl. B. W. TUCKMANN & M. A. JENSEN 1977, B. W. TUCKMANN 1965.

Definition

Vor dem Hintergrund einer Aufgabe oder Fragestellung soll die Zusammenarbeit verbessert werden, um ein gemeinsames Ergebnis zu erreichen. Teamentwicklung ist daher niemals Selbstzweck, sondern wird als Mittel zur Verbesserung der Interaktionen innerhalb einer Gruppe angewandt. Dies dient dem Ziel, die Arbeitsresultate zu optimieren.

Im Verlauf des Prozesses sind unterschiedliche Stufen zu bewältigen, die sich mit dem Aufgabenverständnis, der eigenen Rolle in der Gruppe, dem Umgang mit Konflikten und schließlich der Zusammenarbeit befassen. Jedes Individuum ist dabei gefordert, sich selbst zu beobachten und zu reflektieren, um damit die Selbstorganisation der Gruppe zu fördern. Die entsprechenden Interaktionen verlaufen meist dynamisch und sollten daher durch einen professionellen Teamentwickler unterstützt werden.

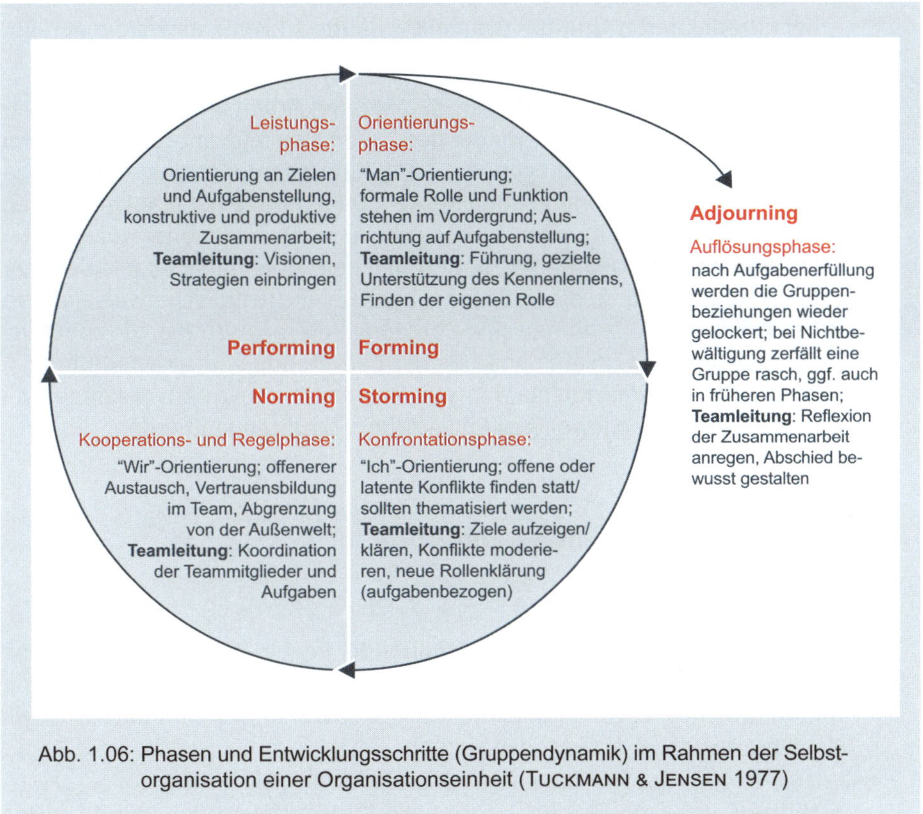

Abb. 1.06: Phasen und Entwicklungsschritte (Gruppendynamik) im Rahmen der Selbstorganisation einer Organisationseinheit (Tuckmann & Jensen 1977)

Gruppendynamik in der Zusammenarbeit von Teams findet immer statt. Es besteht daher für die Führungskraft lediglich die Alternative, sich mit diesem Phänomen auseinanderzusetzen oder nicht. Neben alltäglichen Problemen, wie z. B. Konflikte in Projektgruppen oder suboptimale Arbeitsergebnisse in

Abteilungen durch mangelnde Kooperation, können extreme Entwicklungen bis hin zu Katastrophen die Folge unbearbeiteter Gruppendynamik sein.

Beispiel

Laut D. Dörner 2003 ist z. B. Groupthink[13] (gedankliche Gleichschaltung) ein Faktor gewesen, der zum Reaktorunfall in Tschernobyl wesentlich beigetragen hat: Die Unterdrückung einer Außenseitermeinung – die Warnung vor leichtsinnigem Verhalten – hat den Rest der Reaktorführungsmannschaft vermutlich dazu gebracht, die Notabschaltung zu umgehen und das Atomkraftwerk bis in einen instabilen Zustand herunterzufahren. Diese Gruppendynamik führte dazu, dass das Leitungsteam es nicht für notwendig hielt, sich an die Sicherheitsrichtlinien zu halten, die sie lediglich für unerfahrene Mannschaften als geboten erachtete.

Selbstüberschätzung und das Ignorieren von Kritik sind typische Merkmale geistiger Abschottung bzw. von „Gruppendenken". Diese Faktoren führen – bei unreflektierter Gruppendynamik – häufig zu Fehlentscheidungen und Misserfolgen.

Wie an dem Beispiel zu sehen ist, durchlaufen Arbeitsgruppen die Phasen der Gruppendynamik immer wieder neu, wenn sich relevante Einflussgrößen ändern: z. B. Rahmenbedingungen, Ziele, Kundenanforderungen, Zeitvorgaben, Wechsel der Teammitglieder, Risiken. Dann entsteht die Notwendigkeit, die entsprechenden Themen in der jeweiligen Phase wieder aufzugreifen und gemeinsam zu bearbeiten. In Gruppen oder Abteilungen der Linienorganisation entfällt i. d. R. die Auflösungsphase, welche typischerweise für Projektgruppen gilt. Ausnahmen sind abteilungsinterne Aufträge, die zu zeitlich begrenzter engerer Zusammenarbeit der betreffenden Mitarbeiter führen. Je häufiger die Phasen durchlaufen werden, umso konstruktiver können die Lernprozesse in den jeweiligen Entwicklungsschritten stattfinden.

1.3 Ebene Gesamtorganisation

1.3.1 Kontext

Eine Unternehmenskultur ist das Produkt der Regeln, Sicht- und Verhaltensweisen einer Organisation. Sie ist das – nur teilweise sichtbare – Bindemittel, welches eine Organisation im Inneren zusammenhält. Oder wie Hofstede, Hofstede & Minkov 2010 sagen:

„Software of the mind, which distinguishes one group from another." (Das Denken, welches eine Gruppe von der anderen unterscheidet.)

Die Kommunikations- und Entscheidungsregeln einer Organisation sind ein zentraler Ausdruck ihrer Kultur (siehe Abbildung 1.07).

[13] Vgl. I. Janis 1972; W.H. Whyte 2002.

Transparenz

Sollen diese und weitere ausgewählte Kulturthemen überprüft und verändert werden, müssen sie transparent gemacht werden. Die Thematisierung im Rahmen einer Kulturdiagnose ermöglicht es zu bewerten, wie nützlich bzw. hinderlich die jeweiligen Ausprägungen sind.

Prinzipiell können alle Mitarbeiter daran beteiligt werden, sowohl die Konsequenzen der Entscheidungen als auch die zugrundeliegenden Regeln zu behandeln oder neu zu definieren. Unsere Unternehmensbeispiele (siehe Kapitel 2.4 Vierter Zyklus; Kapitel 4.3.2 Programm Unternehmenskultur) zeigen exemplarisch die mögliche Anwendung.

Die Themen, in denen sich Unternehmenskultur widerspiegelt, werden in der folgenden Abbildung 1.07 exemplarisch aufgezeigt. Sie sind entsprechend gegliedert, um auf ihre unterschiedlichen Qualitäten hinzuweisen: Der innere Kreis umfasst sogenannte weiche Faktoren, wie Kommunikation und Führungsverhalten; der mittlere Kreis beschreibt schriftlich fixierte Standards, Strukturen und Prozesse sowie Produkte (harte Faktoren); der äußere Kreis umfasst das Erscheinungsbild der Organisation, wie und wo das Unternehmen präsent ist.

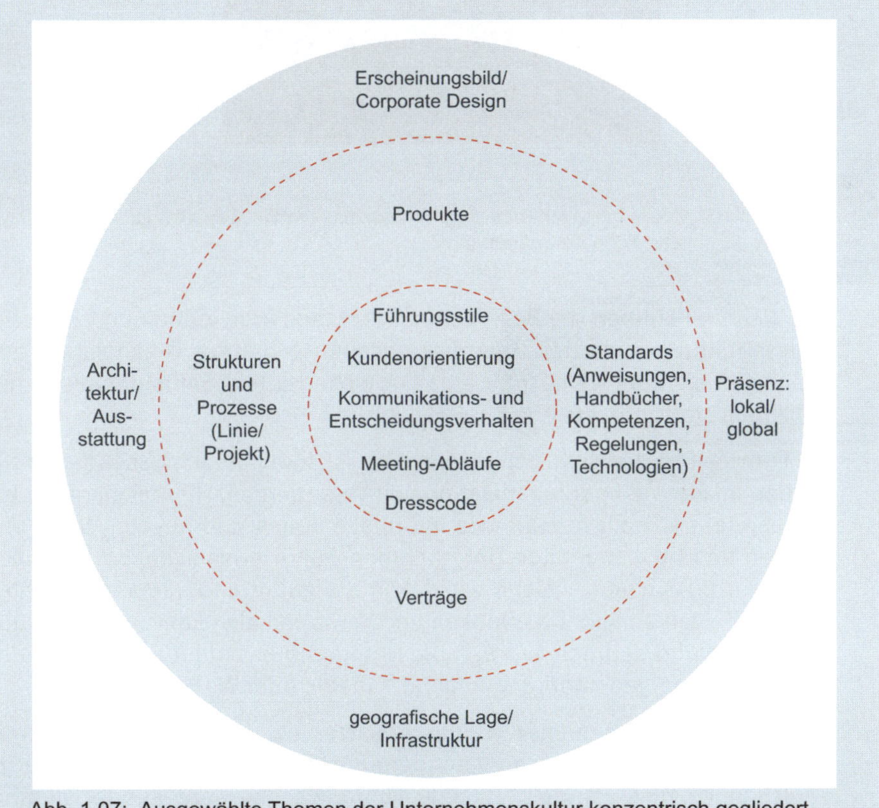

Abb. 1.07: Ausgewählte Themen der Unternehmenskultur konzentrisch gegliedert (Schulungsmaterial ibo Akademie)

In Verbindung mit den 2x2 Entwicklungdimensionen (siehe Kapitel G, Abbildung G.03) ergibt sich ein Zuordnungsschema für die Ausprägungen von Unternehmenskultur. In der Abbildung 1.08 werden exemplarisch Aussagen zu Kulturthemen in den vier Feldern dargestellt.

Abb. 1.08: Zuordnungsschema Unternehmenskultur mit Beispielen zu den jeweiligen Ausprägungen

Des Weiteren können die Beziehungen zwischen Individuen und die Beziehungsstrukturen zwischen Organisationseinheiten durch Organisationsaufstellungen sichtbar gemacht werden, welche mittels Selbstorganisationsprinzipien stattfinden (siehe Kapitel 5.18).

Die Entwicklung der Unternehmungskultur ist somit die umfassendste Intervention im Rahmen der organisationalen Veränderung. Hierbei gilt es zu beachten, dass sowohl formale wie informelle Rollen und Regeln, Werte und Normen das Gesamtgebilde Unternehmenskultur ausmachen. Wir können uns nicht aussuchen, welche wir davon als gültig und wirksam erachten wollen. Sie wirken alle. Das Denken und Verhalten aller Führungskräfte und Mitarbeiter wird dadurch geprägt. Die Unternehmenskultur stellt somit eine unabhängige (eigenständig wirksame) Variable oder Wirkfaktor dar.

Gleichzeitig gibt es immer wieder Ansätze, die Unternehmenskultur in einem gewünschten Sinne zu verändern, um damit ein bestimmtes Ziel zu erreichen („agiles Handeln“, „agile Führung“, „bessere Kundenorientierung“). Da aufgrund der genannten Faktoren jede Unternehmenskultur eine eigene Dynamik besitzt, kann diese nicht willkürlich oder gar per Anordnung – z.B. durch die Formulierung von „Leitsätzen" – verändert werden. Sie kann allerdings durch einzelne Individuen (sog. „key player"[14]) beeinflusst werden; allerdings nicht beliebig und nicht immer in die gewünschte Richtung. Bei diesen Ansätzen wird die Unternehmenskultur zur abhängigen Variable, d. h. zu einer Dimension der Gesamtorganisation, welche verändert werden soll. Wie das geschehen kann, wird in der Prozessreflexion eines weiteren Praxisbeispiels (Kapitel 3.9.2) und mit den entsprechenden Gestaltungselementen (Kapitel 5) dargelegt.

P. F. Drucker[15] betont die Bedeutung der Unternehmenskultur, indem er ihr einen maßgeblichen Einfluss auf die Unternehmensstrategie einräumt. Ihm wird folgendes Zitat zugeschrieben: „Culture eats management for breakfast" (die Kultur isst die Strategie zum Frühstück) – wenn sie nicht entsprechend berücksichtigt wird.

Wir sehen dies als weiteren Beleg dafür, die Dimension Unternehmenskultur besonders zu betonen (siehe Kapitel G, Abbildung G.04).

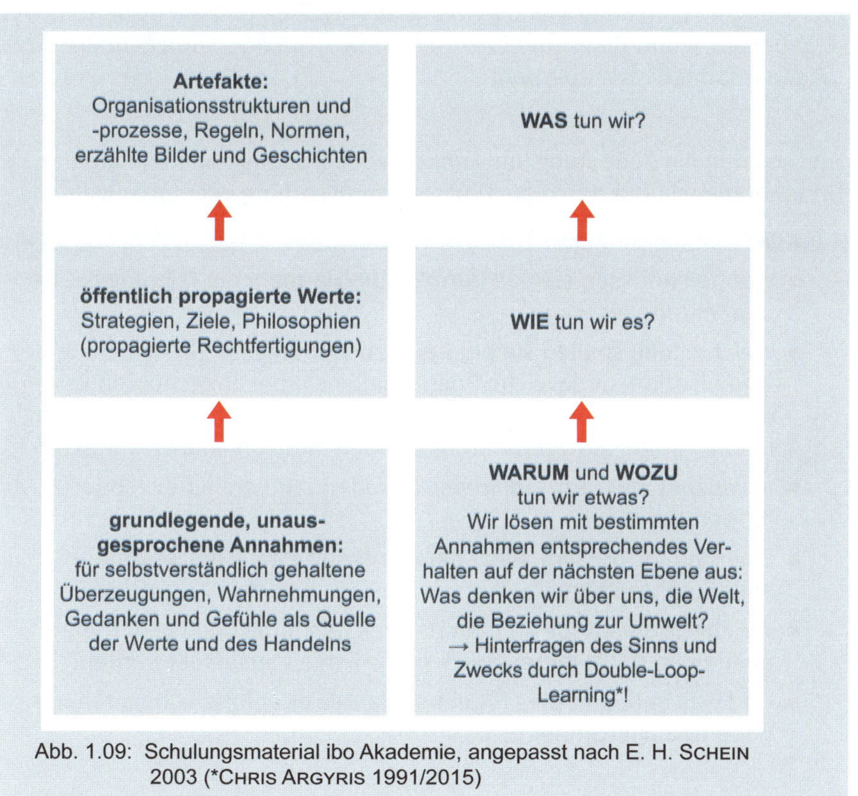

Abb. 1.09: Schulungsmaterial ibo Akademie, angepasst nach E. H. Schein 2003 (*Chris Argyris 1991/2015)

---

[14] Personen, welche durch ihre Funktion, ihr Fachwissen oder ihren kommunikativen Einfluss mehr beachtet werden als andere.

[15] Vgl. https://www.brandeins.de/magazine/brand-eins-wirtschaftsmagazin/2016/vorbilder/peter-drucker

Wir haben somit drei Ebenen, auf denen wir die Ausprägungen bzw. Grundlagen der Unternehmenskultur identifizieren können:

1. Artefakte
2. Öffentlich propagierte Werte
3. Grundlegende unausgesprochene Annahmen.

Unter der letztgenannten Ebene der Unternehmenskultur weisen wir auf einen bedeutsamen methodischen Aspekt hin:

Um die Grundannahmen zu überprüfen, welche das Denken und Handeln der Organisations-Mitglieder wesentlich beeinflussen, führt Chris Argyris 1991 das „Double-Loop-Learning“ ein.

Definition

Das Double-Loop-Learning unterscheidet sich vom Single-Loop-Learning darin, dass nicht nur die Ergebnisse eines Arbeitsprozesses mit den ursprünglichen Zielen verglichen werden, sondern es werden die Entscheidungsregeln („Mentale Modelle“) für das Vorgehen und die Bewertung der Ergebnisse – und damit der Zielerreichung – anhand von Feedback bzw. neuen Informationen überprüft.

Hier soll nun die Bedeutung und Funktion der grundlegenden Annahmen der Unternehmenskultur durch ein Double-Loop-Learning erkennbar werden:

- Was ist der Sinn und Zweck der Annahmen?
- Wie beeinflussen sie das Denken und Handeln der Führungskräfte und Mitarbeiter?
- Welche Rolle spielen sie bei der – notwendigen – Stabilisierung der Organisation, und welche Rolle spielen sie bei angestrebten Veränderungen, also der grundlegenden oder partiellen Destabilisierung (siehe Kapitel 3.8 Veränderungsmodell und Vorgehensarchitektur)?
- In welcher Situation sind diese Grundannahmen hilfreich oder hinderlich?
- Was kann es bringen, nach dem Sinn und Zweck dieser Grundannahmen zu fragen?
- Welche Widerstände können bei welchen Individuen aller Hierarchieebenen im Unternhmen durch diese Fragen ausgelöst werden?
- Und was bedeutet dies für ein geplantes oder bereits begonnenes Veränderungsvorhaben?

Die Antworten ergeben wichtige Erkenntnisse über die Voraussetzungen einer Unternehmenskulturentwicklung.

Zur weiteren Veranschaulichung der Wirkung von Unternehmenskultur soll eine bekannte Metapher dienen:

Beispiel

Das Affen-Experiment[16]

Fünf Affen werden in einen Käfig gesetzt. In der Mitte des Käfigs steht eine Leiter, auf welcher ganz oben eine Banane liegt. Logischerweise wird bald ein Affe auf die Idee kommen, sich diese Banane zu holen. Doch sobald er sich anschickt die Leiter zu erklimmen, werden alle Affen im Käfig mit Eiswasser besprüht. Nach und nach wird vermutlich jeder Affe einen Versuch unternehmen, an die begehrte Frucht zu kommen, doch jedes Mal bekommen alle Affen die Eiswasserdusche. Schließlich werden die Affen beginnen, denjenigen Affen, welcher immer noch versucht an die Banane zu gelangen, mit Gewalt davon abzuhalten. Ab diesem Moment wird aber nie wieder Eiswasser gespritzt. Dennoch werden die Affen weiterhin jede Annäherung eines ihrer Gefährten an die Leiter mit Schlägen unterbinden. Irgendwann probiert kein Affe es mehr, an die Banane zu gelangen. Ab diesem Moment wird ein Affe der Gruppe ausgetauscht. Selbstverständlich möchte der neue Affe sofort an die immer noch offensichtlich platzierte Frucht gelangen. Die vier „alten“ Affen werden das in gewohnter Manier unterbinden, bis der neue Affe seine Versuche aufgibt. Affe für Affe werden dann die ursprünglichen Gruppenmitglieder ausgetauscht, bis sich schließlich keiner der Affen mehr im Käfig befindet, welcher jemals eine Eisdusche kennengelernt hat. Wenn dann abermals ein Affe, sozusagen der 2. Generation, durch einen Affen der 3. Generation ausgetauscht wird, werden dennoch alle Affen, jeden Versuch des Neuen an die Banane zu kommen mit Schlägen verhindern. Keiner von ihnen hat je eine Eisdusche erlebt und keiner weiß, dass es keine Eisduschen mehr geben wird.

Würden die Affen sprechen können und man würde sie fragen, warum sie jeden Versuch, die Leiter zur Banane zu erklimmen, so vehement verhindern, würde die Antwort vermutlich lauten „Das machen wir hier eben so!“ oder „Das machen eben alle so!“[17]

[16] Vgl. https://blog.metahr.de/2016/03/21/was-uns-fuenf-affen-ueber-unternehmenskultur-lehren

[17] Zum Wahrheitsgehalt des Affen-Experiments: Die Geschichte rund um dieses Affen-Experiment hat ein wenig Fabel-Charakter, doch ist sie im Kern wahr. Allerdings hat es nie einen Versuchsaufbau mit Leiter und Banane in genau dieser Form gegeben. Aber: Der Primatenforscher G.R. Stephenson hat 1967 ein grob ähnliches Experiment mit Rhesusaffen unternommen, bei welchem er die Weitergabe von kulturellen Learnings und dabei eben auch das aktive Verhindern von abweichenden Handlungen durch Altmitglieder der Affengruppe gegenüber neuen Affen nachweisen konnte. Die Banane-auf-der-Leiter-Story erwuchs aus diesen Vorkommnissen und hält sich bis heute, vermutlich da sie einfach so wunderbar anschaulich ist.
Vgl. FIVE MONKEYS. This story originated with the research of G.R. Stephenson. (Stephenson, G. R. (1967). Cultural acquisition of a specific learned response among rhesus monkeys. In: Starek, D., Schneider, R., and Kuhn, H. J. (eds.), Progress in Primatology, Stuttgart: Fischer, pp. 279-288.

1.3.2 Change-Manager

Der Entscheider bzw. Auftraggeber für ein Veränderungsvorhaben ist der Change-Manager. Denn:

Definition

> Verantwortung ist unteilbar – „es kann nur Einen geben" (es gilt quasi das „Highlander"-Prinzip).

Im Wort „Manager" liegen die Führungs- und Entscheidungskompetenzen. Die Rolle des Change-Managers sollte daher ausschließlich vom Auftraggeber für die jeweilige Veränderung wahrgenommen werden. Dies kann somit auf jeder hierarchischen Ebene der Organisation erfolgen, vom Gruppenleiter bis zum Vorstand.

1.3.3 Organisationsberater/-entwickler

Ein Organisationsberater oder -entwickler ist in einer vergleichbaren Rolle wie ein Coach (oder Moderator): Er leistet Unterstützung, wo sie gewollt bzw. angenommen wird. Er setzt keine Ziele. Er trifft keine Entscheidungen. Er ersetzt nicht die Führungsfunktion des Auftraggebers, sondern unterstützt die Selbstorganisation aller Einheiten im Unternehmen. Er arbeitet dabei im Auftrag des Change-Managers, indem er individuell und teambezogen das Erreichen der Entwicklungsziele methodisch fördert. Er moderiert somit Arbeitsgruppen und berät einzelne Mitarbeiter und Führungskräfte bei ihren jeweiligen Lernprozessen über die gesamte Organisation hinweg. Er unterstützt die individuelle Selbstreflexion und die gemeinsame Reflexion von Teams. Durch Arbeitsgruppen, welche sich über mehrere oder idealerweise alle Hierarchieebenen zusammensetzen (z. B. Resonanzgruppen[18], „Sounding-Boards"), kann der Organisationsberater eine Analyse und Reflexion der Unternehmenskultur moderieren:

Definition

> Der Organisationsberater bringt die beteiligten Organisationsmitglieder ins Gespräch und ermöglicht, die Ausprägungen der aktuellen Unternehmenskultur zu erkennen und Schritte zu deren Veränderung einzuleiten (siehe Kapitel 5).

Nachdem die Rollen und Kontexte auf den jeweiligen Interventionsebenen definiert sind, können die handelnden Personen in unserem ersten Unternehmensbeispiel im folgenden Kapitel leichter eingeordnet werden. Die detailliert geschilderten Interaktionen sollen verdeutlichen, in welcher Komplexität und mit welcher Dynamik eine gezielte Veränderung in Richtung Selbstorganisation (hier: „agiles Arbeiten") stattfindet.

---

18 Vgl. W. Berner 2015.

2 Einstieg in die Praxis

Willkommen in der Wirklichkeit!

Selbstorganisiertes Arbeiten in einem mittelständischen Unternehmen – warum Erfolg nicht programmierbar ist

2.0 Ausgangslage

Ein mittelständisches Unternehmen plant, „agile Arbeitsweisen" einzuführen, um schneller auf Kundenbedürfnisse reagieren zu können. Die Geschäftsführung hat dazu die Führungskräfte beauftragt, ihre Teams erste Ideen sammeln zu lassen. Die Teamleiter sind aufgefordert, entsprechende Meetings durchzuführen und die Ergebnisse den Abteilungsleitern vorzustellen.

2.1 Erste Aktivitäten (Erster Zyklus)

2.1.1 Die Teamsitzung

Eine Teamleiterin hat einen Workshop mit ihren Mitarbeitern einberufen:

Magdalena (TL):
„Hallo zusammen! Ihr habt ja schon gehört, die Geschäftsleitung hat beschlossen, dass wir alle agil werden sollen. Dazu sitzen wir heute zusammen. Wir haben die Möglichkeit, unsere Vorstellungen einzubringen. – Wie wollen wir vorgehen?"

Klaus (MA 1):
„Dazu wüsste ich gerne, wozu das Ganze eigentlich sein soll."

Magdalena (TL):
„Um besser unsere Kunden zu bedienen, ist es notwendig, dass Ihr Euch selbstständig und eigenverantwortlich bezüglich Eurer Aufgaben absprecht. Das erfordert allerdings, sich gemeinsam damit auseinanderzusetzen."

Torben (MA 2):
„Das klingt ja toll! Und wie soll das geschehen?"

Klaus (MA 1):
„Na ja, das bedeutet, dass wir uns selbst organisieren."

Dorothea (MA 3):
„Finde ich eine prima Idee! Dann können wir unsere Aufgaben selbstständig durchführen."

Torben (MA 2):
„... und dazu gehört, dass diese Abstimmung funktioniert! Bisher kriegen wir ja nicht mal die Routinetätigkeiten reibungslos auf die Reihe!“

Magdalena (TL):
„Ja, deshalb soll es ja für Euch besser werden! Und dazu muss jeder von Euch seinen Beitrag leisten.“

Karin (MA 4):
„Was heißt das?“

Magdalena (TL):
„Dass Ihr Euch selbst und gemeinsam als Team organisiert. Das ist der beste Weg, um optimal zusammenzuarbeiten.“

Torben (MA 2):
„Klasse! Wir schaffen es noch nicht mal, die selbstverständlichen Dinge zu organisieren. Und dann sollen wir auch noch komplett eigenständig arbeiten. Wozu gibt's dann eigentlich eine Teamleitung?“

Magdalena (TL):
„Um genau das anzuleiten.“

Karin (MA 4):
„Und was machen wir jetzt?“

Torben (MA 2):
„Jeder, was er will!“

Magdalena (TL):
„Nein. Sondern jeder überlegt sich, wie er sich am besten in das Team einbringen kann. Und was die anderen von ihm brauchen.“

Klaus (MA 1):
„O. K. – Wie gehen wir vor?“

Magdalena (TL):
„Indem Ihr untereinander die Aufgaben und Eure Rollen definiert. Dann prüft Ihr, wo es Unstimmigkeiten gibt und sprecht die ab.“

Torben (MA 2):
„Ich kenne meine Aufgaben. Und die anderen auch. Es wird nur nicht eingehalten. Und wenn es Probleme mit den Kunden gibt, sind wir die Dummen!“

Magdalena (TL):
„Niemand ist der Dumme! Ich will nicht vorschreiben, wie Ihr am besten arbeitet. Das könnt Ihr selbst am besten regeln. Ihr müsst dazu nur in der Lage sein, darüber miteinander zu reden.“

Torben (MA 2):
„Die Probleme in der Hotline sind doch seit langem bekannt: Die Wartezeiten der Kunden sind deshalb so hoch, weil einige Wenige die meisten Anfragen bearbeiten müssen!“

Magdalena (TL):
„Dazu bekommt Ihr ja jetzt die Möglichkeit, Euch entsprechend selbst zu organisieren!“

Dorothea (MA 3):
„Das funktionierte bisher nicht. Dazu brauchen wir eine Koordination.“

Magdalena (TL):
„Und genau das sollt Ihr zukünftig selbst machen.“

Dorothea schweigt.

Magdalena (TL):
„Und ich helfe Euch dabei, indem ich Euch moderiere.“

Dorothea (MA 3):
„Und was sollen wir dabei genau tun?“

Torben (MA 2):
„Du siehst doch, wie gerade moderiert wird!“

Die Teamleiterin beendet das Meeting mit dem Hinweis, dass es in der nächsten Woche fortgesetzt wird. Sie bittet Torben noch, in ihr Büro zu kommen.

Magdalena (TL):
„Ich möchte gerne mit Dir über die heute Sitzung sprechen. Wir hatten eine klare Agenda und ich hatte den Eindruck, dass Du nicht zu den Themen argumentiert hast. Ich empfand Dein Verhalten darüber hinaus auch als persönlichen Angriff.“

Torben (MA):
„Wieso? Ich habe lediglich versucht, meinen Standpunkt zu verdeutlichen.“

Magdalena:
„Du hast gesagt, dass unser Vorgehen in der Hotline für die Kunden inakzeptabel wäre. Die Wartezeiten sind angeblich deshalb so hoch, weil die Arbeit ungleichmäßig im Team verteilt ist. Das wäre zwischen euch zu organisieren.“

Torben:
„Ja, genau. So ist es! Was ist daran falsch?“

Magdalena:

„Dass die Arbeit ungleich verteilt wäre und ich dafür verantwortlich bin. Ich achte genau darauf, dass die Kollegen die Freiheit haben, dies zu regeln. Weiterhin hat die Kundenzufriedenheit oberste Priorität. Daher soll die Zuordnung zu den Anfragen den Kompetenzen der Kollegen entsprechen. Es sind nicht alle gleich und jeder soll so arbeiten, wie er es optimal kann."

Torben:

„Das ist ja lächerlich! Da frage ich mich, was daran dann gleichmäßig verteilt sein soll? Da frage ich mich eher, wie´s um die Kompetenz des Teamleiters bestellt ist?!"

Magdalena:

„Das ist gar nicht das Thema. Es geht doch um die Art, wie das Team zusammenarbeitet!"

Torben:

„Ja, eben! Genau das ist mein Thema. – Aber hier wohl deplaziert!"

Der Mitarbeiter verlässt wutentbrannt das Büro. Die Führungskraft bleibt hilflos zurück. Der Mitarbeiter beschwert sich beim Personalchef und dem Abteilungsleiter. Beide gehen auf ihn ein. Beide sprechen die Teamleiterin an und erwarten von ihr Verständnis für die Reaktion des Mitarbeiters.

2.1.1.1 Draufsicht – was ist passiert?

Es wird deutlich, dass die beiden ersten Leitfragen zur Selbstorganisation (s. o. Kapitel G) nicht ausreichend von der Teamleiterin beantwortet wurden:

1. Wie gestalte und optimiere ich meine Selbstorganisation?
2. Wie unterstütze ich andere in deren Selbstorganisation?

Überforderung der Teamleiterin

Die Reaktionen der Mitarbeiter sind nicht überraschend. Und diese überfordern die Teamleiterin zusätzlich. Sie spürt, dass ihr sowohl die Übersicht über das Geschehen als auch die zur Bearbeitung des Auftrags notwendigen Instrumente fehlen.

2.1.2 Teamleiterin Magdalena sucht sich Hilfe und spricht mit einem Kollegen über das Team-Meeting

Magdalena ist enttäuscht und fühlt sich hilflos. Um sich aussprechen zu können, sucht sie das Gespräch mit einem befreundeten Kollegen:

Robert:

„Wie geht's Dir?"

Magdalena:
„Ach – ziemlich mies ...“

Robert:
„Das klingt ja nicht so toll.“

Magdalena:
„Ja. So fühle ich mich auch.“

Robert:
„Na dann erzähl mal.“

Magdalena:
„Ich weiß eigentlich gar nicht, wo ich anfangen soll ... Unser Team-Meeting lief schief ... und keiner weiß wirklich, was mit dieser neuen Arbeitsorganisation passieren soll.“

Robert:
„Mhm. Kann ich nachvollziehen. In meinem Admin-Job bin ich ja als Einzelkämpfer unterwegs. Da hab´ ich ´ne andere Situation als Du.“

Magdalena:
„Da könnte ich Dich jetzt ´drum beneiden!“

Robert:
„Na ja, das hat auch seine Schattenseiten.“

Magdalena:
„Aber ich steh´ momentan fast völlig im Dunkeln ...“

Robert:
„Was sollst Du eigentlich tun?“

Magdalena:
„Die Mitarbeiter sollen „agil“ arbeiten. Also schneller als bisher die Aufträge erledigen.“

Robert:
„Und wie soll das passieren?“

Magdalena:
„Indem sie sich selbst organisieren. – Wie das auch immer geschehen soll ...“

Robert:
„Hast Du dazu ´ne Idee?“

Magdalena:
„Nicht so wirklich ... Ich könnte mir zwar vorstellen, was idealerweise geschehen sollte, aber dazu fehlen die Voraussetzungen.“

Robert:
„Dann sag mal, was Du Dir vorstellst."

Magdalena:
„Also, die Kollegen legen untereinander fest, wer was macht. – Aber da fängt das Problem schon an: Sie können sich gemeinsam nicht darauf verständigen, weil z. B. Torben das Ganze sabotiert!"

Robert:
„Was heißt das?"

Magdalena:
„Er verweigert sich. Und greift mich an ..."

Robert:
„Hast Du ihn ´mal gefragt, wie er sich die Sache vorstellt?"

Magdalena:
Denkt nach. – *„Dazu ist es in dem Tumult nicht gekommen ..."*

Robert:
„O. K. – Das wäre vielleicht hilfreich. Wenn er sagen kann, was ihm nicht passt, hast Du wenigsten die Chance, darauf einzugehen."

Magdalena:
„Und dann? Wenn er unerfüllbare Forderungen stellt? – Was mach´ ich dann?"

Robert:
„Du kannst doch das Ziel erläutern. – Und die Bedingungen, die dazu gegeben sind."

Magdalena:
„Mhm. – Ich glaube, ich bin mir nicht ganz sicher, welche das sind oder wie die zu regeln sind ..."

Robert:
„Dann wäre das vielleicht ein erster Schritt, den Du für Dich klären kannst."

Veränderte Perspektive der Teamleiterin

Magdalena ist nachdenklich und dabei merklich entspannter als zu Beginn des Gesprächs. Sie hat zwar noch nicht alle Fragen geklärt und auch ihre Unsicherheit noch nicht komplett überwunden, aber sie fühlt sich gestärkt und sieht ihre Aufgabe positiver.

2.1.3 Das Gespräch zwischen Abteilungs- und Teamleiterin

Magdalena vereinbart einen Termin mit ihrem Abteilungsleiter und versucht, ihm gegenüber ihre Situation darzustellen und seine Unterstützung zu erhalten.

Carsten (AL):
„Worum geht´s?"

Magdalena (TL):
„Ich weiß nicht. – Die ganze Sache gefällt mir nicht. Ich gebe dem Team die Chance, sich selbst zu organisieren ..., aber es wird nur bedingt angenommen."

Carsten:
„Warum? Was ist denn passiert?"

Magdalena:
„Die meisten waren ja offen oder neugierig und zum Teil sogar echt motiviert! – Aber Torben hat das Ganze vor die Wand gefahren. Er ist renitent und versucht bei jeder Gelegenheit, mich zu kritisieren."

Carsten:
„Also, ich weiß nicht ... Lag es jetzt am Thema oder an Torben oder woran?"

Magdalena:
„Das hab ich doch gesagt: Er sabotiert jedes Meeting!"

Carsten:
„Also dann liegt es nicht am zukünftigen agilen Arbeiten, sondern an Eurem Verhältnis."

Magdalena:
„So einfach ist das auch wieder nicht. Torben widerspricht grundsätzlich und bei allem."

Carsten:
„Woran liegt das denn?"

Magdalena:
„Er glaubt, alles besser zu wissen und zu können."

Carsten:
„Was will er denn damit zeigen?"

Magdalena:
„Dass er der bessere Teamleiter ist!"

Carsten:
„Dann musst Du klarstellen, dass Du die Chefin bist. Das gehört ja zu Deiner Führungsaufgabe."

Magdalena:

„Ja. – Aber es ist immer das Gleiche bei Neuerungen: Es gibt immer jemanden, der nur kritisiert und sich verweigert. Es kommt erst gar kein konstruktiver Ansatz zustande …“

Carsten:

„Dann solltest Du Dir überlegen, was Du anders machen musst.“

Magdalena verlässt resigniert das Büro.

2.1.3.1 Draufsicht – was ist passiert im Gespräch zwischen Abteilungsleiter und Teamleiterin?

Magdalena hat nicht die erwartete Unterstützung von ihrem Abteilungsleiter erhalten. Sie hat ihm gegenüber auch nicht deutlich genug gemacht, wobei sie Hilfe benötigt. Ihr Vorgesetzter hat sie allerdings auch eher formell und auf einer inhaltlichen Ebene angesprochen.

Hier fehlt die Offenheit und das Vertrauen, kritische Punkte oder Fehler ansprechen zu können, insbesondere wenn es sich um Verhaltensaspekte handelt.

Vertauschte Ebenen in der Kommunikation

Die Beziehungsebene und damit die entsprechenden Interaktionen stehen im Hintergrund, die Inhalte im Vordergrund – genau umgekehrt, wie es bei einer unterstützenden Kommunikation notwendig ist.

In der folgenden Teamleiter-Sitzung begegnen sich alle Teamleiter das erste Mal gemeinsam nach dem Start des Veränderungsvorhabens.

2.1.4 Der Abteilungsleiter spricht mit seinen Teamleitern

Nachdem die ersten Team-Meetings stattgefunden haben, lädt der Abteilungsleiter seine Führungskräfte zu einem Austausch über ihre dabei gemachten Erfahrungen ein.

Carsten (AL):

„Freue mich, Eure Erfahrungen mit der Einführung von agilem Arbeiten zu hören!“

Brigitte (TL 1):

„Ja, wir haben einige Punkte gesammelt, die wir als Rahmenbedingungen für die neue Teamorganisation als notwendig erachten.“

Hans (TL 2):
„Wir haben zunächst – nach ein paar grundsätzlichen Aspekten – die offenen Punkte aufgelistet, die wir hier ansprechen und idealerweise klären möchten."

Magdalena (TL 3) schweigt zunächst. Auf den fragenden Blick des Abteilungsleiters seufzt sie:
„Ich hatte Dir doch bereits in unserem Gespräch gesagt, wie es gelaufen ist. – Also gut: Wir hatten am Ende einen Eklat, weil ein Kollege, wie immer, quergeschossen hat."

Brigitte (TL 1):
„Wenn Du willst, können wir auch darüber sprechen."

Die übrigen Teamleiter-Kollegen sehen sie etwas mitleidig an und schweigen.

Magdalena (TL 3):
„Nun, ich habe festgestellt, dass wir im Team noch nicht ausreichend geklärt haben, wie wir die neue Arbeitsorganisation umsetzen wollen. Ich habe das Gefühl, es fehlen noch ein paar Voraussetzungen, bevor wir inhaltlich loslegen können."

Carsten (AL):
„O. K. Dann solltest Du diese schaffen. – Wir schauen uns jetzt mal die Ergebnisse an, die die anderen mitgebracht haben und sehen dann, wie daraus die nächsten Schritte abgeleitet werden können. – Und Magdalena: Vielleicht kannst Du die Ergebnisse der Kollegen für Euch nutzen."

Brigitte (TL 1):
„Also – wir haben eine To-Do-Liste erstellt, in denen die Aufgaben jedes Einzelnen erfasst werden. Die Kollegen füllen die Liste bis zum nächsten Meeting aus."

Hans (TL 2):
„Es haben sich zunächst ein paar Fragen ergeben, die die Zusammenarbeit betreffen. Ich habe die Liste mitgebracht; vielleicht sind die Punkte für Euch auch interessant."

Carsten (AL):
„Dann zeig´ uns mal, womit Ihr Euch beschäftigt habt. Wir schauen dann zusammen, was noch zu klären ist."

In der folgenden Diskussion werden die methodischen Aspekte der Arbeitsorganisation abgehandelt. Es geht dabei um Fragen, wie die Aufgaben umgesetzt werden sollen. Anschließend präsentiert Brigitte die geplante Vorgehensweise ihres Teams.

Die gesammelten Ideen werden inhaltlich diskutiert und mit kleinen Anpassungen verabschiedet. Die offenen Punkte werden methodisch beantwortet bzw. als To-do für das nächste Meeting auf die Agenda gesetzt. Der Abteilungsleiter freut sich über die Ergebnisse und fordert die Teamleiter auf, so weiterzumachen.

Das Wesentliche bleibt außen vor

Das Führungsverhalten wird nicht als ein eigenständiger Punkt behandelt, geschweige denn eine Auseinandersetzung über diesbezüglich notwendige Veränderungen geführt.

Magdalena schaut verdrossen drein und schüttelt unmerklich den Kopf. Keiner nimmt das wahr.

2.1.4.1 Draufsicht – was ist in der Teamleiter-Sitzung passiert?

Die Sitzung verläuft ähnlich wie das vorausgegangene Gespräch zwischen Magdalena und Carsten: Inhalte werden behandelt, Erwartungen bestätigt, das Vorgehen wird strukturell bestimmt. Die Leitfragen 3 und 4 (siehe Kapitel G) wurden in der Teamleiter-Sitzung nicht behandelt:

3. Wie organisieren sich Teams selbst?
4. Wie begleite ich sich selbst organisierende Teams?

Magdalena hat daher nicht die notwendige Hilfestellung erhalten und hofft, dass Robert ihr noch einmal zuhört und sie dadurch handlungsfähiger wird und sich etwas sicherer fühlt.

2.1.5 Teamleiterin Magdalena wendet sich wieder an ihren Kollegen Robert

Magdalena:
„Ich glaube, die Kollegen haben kein Problem mit der Umsetzung. Jeder hat Ergebnisse vorgestellt, die Carsten zufriedenstellen."

Robert:
„Was waren das denn für Ergebnisse?"

Magdalena:
„Offene Punkte, die sich aus dem Auftrag ergeben haben; erste Aufgaben, die sie im Team verteilt haben, und Fragen zur Zusammenarbeit."

Robert:
„Und waren das hilfreiche Dinge?"

Magdalena:
„Für mich nicht. Das ist ja der Punkt: Bevor ich mit meinen Kollegen soweit komme, fehlen ja noch die Voraussetzungen – wie wir das letzte Mal festgestellt haben."

Robert:
„Konntest Du denn für Dich daraus etwas ableiten?"

Magdalena:
„Nun – ich hab´ mir schon einiges zurechtgelegt, was ich im nächsten Meeting anders machen will."

Robert:
„Und was wäre das?"

Magdalena:
„Ich werde jedem die Gelegenheit bieten, seine Vorstellung von selbstorganisiertem Arbeiten zu nennen. Und Torben soll sagen, was er eigentlich von mir erwartet. Dann werde ich ihm sagen, was ich ihm anbieten kann."

Robert:
„Das klingt doch gut."

Magdalena:
„Ja – aber ich bin mir nicht sicher, ob es das ist, was Carsten will. Und wie er damit umgehen wird, wenn es nicht seinen Vorstellungen entspricht."

Robert:
„Verstehe. Ich würde die beiden Situationen zunächst getrennt betrachten; auch wenn sie natürlich zusammenhängen."

Magdalena:
„Ich befürchte, dass ich in die falsche Richtung laufe und dann von Carsten kritisiert werde."

Robert:
„Kannst Du Dir vorstellen, mit ihm zu klären, wie Du vorgehen willst? Er könnte ja dann immer noch sagen, was ihm nicht gefällt."

Magdalena:
„Ja, ich glaube, ich starre ein bißchen wie das Kaninchen auf die Schlange ..."

und lächelt dabei etwas verlegen.

Robert:
„Jetzt, wo Du es sagst, habe ich auch das Bild vor Augen"

und lacht leise.

Magdalena:
„Wahrscheinlich ist es notwendig. – Ich werde mit Carsten einen Termin vereinbaren."

Neue Sichtweise der Teamleiterin

Magdalena erkennt, dass sie etwas tun kann, was sie vorher nicht gesehen hatte. Es fühlt sich für sie an, als ob sich ein Fenster geöffnet hätte.

In der Zwischenzeit verschafft sich der Geschäftsführer einen ersten Eindruck davon, wie seine Abteilungsleiter den Veränderungsauftrag umsetzen. Das erste Gespräch findet mit Carsten statt.

2.1.6 Der Geschäftsführer spricht mit dem Abteilungsleiter

Der Geschäftsführer möchte in Einzelgesprächen von seinen Abteilungsleitern wissen, inwieweit sie den Auftrag zur Einführung von „agilem Arbeiten" begonnen haben. Dazu bittet er Carsten zu einem Gespräch:

GF:
„Carsten, ich möchte gerne wissen, wie Du in Deinem Verantwortungsbereich agiles Arbeiten eingeleitet hast."

AL:
„Gerne. Ich glaube, wir haben den richtigen Ansatz gewählt."

GF:
„Freut mich, dass wir uns darüber einig sind! Und – welche Erfahrungen habt Ihr bisher gemacht?"

AL:
„Nun ja, es läuft an. Die Teams sind natürlich noch unterschiedlich weit; die einen haben es verstanden und legen konstruktiv los, andere tun sich noch etwas schwer mit dem Thema."

GF:
„Was heißt das konkret?"

AL:
„Brigitte ist mit ihren Leuten gut am Start; sie haben verstanden, worum es geht und geben sich Mühe. Magdalena hat immer noch daran zu arbeiten, ihre Rolle als Teamleiterin zu festigen; aber sie ist auf dem richtigen Weg."

GF:
„Dann freue ich mich, wenn Du jedem die notwendige Unterstützung geben kannst."

AL:
„Sicherlich. Alles noch eine Frage der Zeit."

GF:
„Ich denke, es ist mehr als nur eine Zeitfrage. – Wir sollten auch die Führung im Unternehmen bei dieser Veränderung in Betracht ziehen."

AL:
„Ja, wie bei allen solchen Anlässen."

GF:
„Das ist genau der Punkt: Ich denke, es ist kein Anlass wie andere."

AL:
„Wie meinst Du das?"

GF:
„Ich denke, wir müssen unseren Führungsstil der neuen Arbeitsweise anpassen."

AL:
„Na ja, das scheint mir selbstverständlich."

GF:
„Klingt fast banal. Ist es aber nicht."

AL:
„Worum geht's Dir genau?"

GF:
„Dass wir die Mitarbeiter selbstständiger arbeiten lassen als bisher."

AL:
„Ja, gut. Aber was ist daran so besonders?"

GF:
„Nun, mein Eindruck ist, dass die meisten Mitarbeiter mehr oder weniger auf eine Vorgabe warten."

AL:
„Das ist doch verständlich."

GF:
„Im alten Stil schon. Wenn aber jetzt mehr Eigenverantwortung und Selbstständigkeit gefordert ist, benötigen wir auch mehr Eigeninitiative auf Seiten der Mitarbeiter."

AL:
„Nun ja, das fordere ich grundsätzlich ein."

GF:
„Aber das ist genau der entscheidende Punkt: Solange wir das aus der Führungsrolle heraus fordern, entsteht daraus nicht automatisch eine Eigeninitiative und -verantwortung."

AL:
„Aber wie soll das denn sonst gehen?"

GF:
„Indem wir uns weiter zurücknehmen als bisher. Wir setzen die Rahmenbedingungen und überlassen den Mitarbeitern den Weg zum Ziel."

AL:
„O. K. Und wie kontrollieren wir die Arbeit, außer dass wir das Ergebnis präsentiert bekommen?"

GF:
„Das ist genau der springende Punkt: Nur in Bezug auf die Einhaltung der Regeln. Nicht bei der Umsetzung."

AL:
„Mhm. Und wozu soll ich dann führen, wenn ich eigentlich überflüssig bin?"

GF:
„Damit die Mitarbeiter lernen, sich selbst zu organisieren und zu führen."

AL:
„Aha. Das könnte ja ziemlich chaotisch werden ... so wie das bei Magdalena gerade läuft."

GF:
„Wahrscheinlich wird das im Einzelfall auch so sein. Wir müssen das lernen."

AL:
Schweigt und macht ein nachdenkliches Gesicht.

GF:
„Und was benötigt Magdalena, damit sie mit ihrem Team vorankommt?"

AL:
„Na ja, sie muss eben immer noch an ihrer Führungsrolle arbeiten. Ihr fehlt einfach die Akzeptanz als Vorgesetzte – zumindest bei einzelnen Mitarbeitern."

GF:
„Dann überlege bitte, wie Du sie dabei unterstützen kannst. Gerade jetzt scheint mir das besonders wichtig zu sein."

AL:
Denkt nach. – *„Nun gut, ich werde mit ihr sprechen."*

GF:
„Prima – danke! Dann bitte ich Dich noch, mir bis nächste Woche aufzuzeigen, wie Du Dir die Art von Führung vorstellst, die wir zukünftig benötigen. Wir können dann gerne Deine und meine Überlegungen vergleichen und ein gemeinsames Vorgehen festlegen."

Der Geschäftsführer bittet seinen Abteilungsleiter, ihm einen weiteren Gesprächstermin in der nächsten Woche zu nennen. Carsten verlässt irritiert das Büro.

2.1.6.1 Draufsicht – was geschah im Management-Gespräch?

Der Ansatz des Geschäftsführers wird noch nicht vom Abteilungsleiter in der Form verstanden, wie es notwendig ist, um diesen im eigenen Verantwortungsbereich umzusetzen.

Es werden zwar die Hürden allgemein erkannt und besprochen, allerdings keine konkreten Maßnahmen für die aktuelle Situation im Team von Magdalena definiert.

Fehlende Konkretisierung

Der Auftrag des GF an den AL bleibt allgemein und bezieht sich nicht auf die erwähnte Problematik. Die Leitfragen 5 und 6 (siehe Kapitel G) sind nicht thematisiert worden:

5. Wie fördere ich eine Unternehmenskultur, die Selbstorganisation ermöglicht?
6. Wie sieht ein Vorgehen in einem selbstorganisierten Veränderungsprozess aus?

Im Folgenden werden die einzelnen Situationen betrachtet und Gestaltungsmaßnahmen zur Bearbeitung der jeweiligen Herausforderungen vorgeschlagen.

2.1.7 Reflexion des Starts der Veränderung

Die Handlungsfelder auf den verschiedenen Unternehmensebenen (siehe Kapitel G, Abbildung G.01 und G.04) dienen dazu, Interventionen zielgenau und angemessen zuzuordnen und zu gestalten. Im konkreten Fall besteht jedoch eine Vermischung der verschiedenen Ebenen und Dimensionen. Diese Vermischung lässt sich zwar konzeptionell bzw. theoretisch auflösen – und dazu dienen die oben genannten Abbildungen ja gerade –, allerdings bewegen wir uns praktisch in einem mehrdimensionalen Raum, in welchem die genannten 3 x 4 Felder alle mehr oder weniger Einfluss ausüben und umgekehrt Interventionen wiederum in diesem Raum gewollt wie ungewollt in den vorhandenen zwölf Feldern wirksam werden.

2.1.7.1 Reflexion des Team-Meetings

Die Selbstwahrnehmung der Teamleiterin Magdalena ist noch nicht ausreichend; dies zeigt sich in den jeweiligen Interaktionen. Ihre grundsätzlich richtige Idee und das prinzipiell angemessene Vorgehen sind zunächst gescheitert, weil mehrere Faktoren dem gegenüberstehen:

- Der Kaltstart einer Organisationsentwicklungsmaßnahme hat die untere Führungsebene (Teamleitung) ebenso wie die Mitarbeiter (als Team) überfordert.
- Die Teamleiterin ist sich nicht ausreichend klar darüber, wie sie ihre Rolle wahrnehmen soll. Hierzu gehören, neben der methodischen Anleitung, in erster Linie ihre innere Haltung und ihr Auftreten gegenüber dem Team.
- Die unterschiedlichen Reaktionen der Teammitglieder sind zu erwarten gewesen: Bestehende bzw. latente Konflikte werden in die neue Situation übertragen.
- Die aufgetretene Störung (als möglicher Beziehungskonflikt) wurde nicht aufgegriffen und behandelt.
- Die Teamleiterin will methodisch das Richtige tun, übersieht jedoch die Beziehungsebene bzw. übergeht ihre fehlende Akzeptanz bei einem Mitarbeiter, der in der Lage ist, ein Meeting zu sprengen.

Die Teamleiterin benötigt aktuell Unterstützung für die erfolgreiche Wahrnehmung ihrer Führungsrolle. Es geht um ihre Orientierung in zwei jeweils unterschiedlichen Perspektiven. Die beiden Dimensionen, welche vier Handlungsstrategien bilden, sind (siehe Kapitel G, Abbildung G.03):

1. Rangorientiert vs. gleichwertig
2. ergebnis- vs. entwicklungsorientiert.

Wenn das Ziel – hier: die Selbstorganisation von Teams – erreicht werden soll, ist es zum einen notwendig, dass die Mitarbeiter dies auch selbst wollen, und zum anderen, dass sie dies auch können. Drittens sollte das Beziehungsangebot der Führungskraft widerspruchsfrei sein:

Der klassische Fehler, welcher bereits vor Jahrzehnten mit dem Begriff „Empowerment" gemacht wurde, bestand darin, den Mitarbeitern bzw. Führungskräften zu sagen: „Ihr seid jetzt bevollmächtigt, eigenständig zu handeln!" – aber faktisch konterkariert wird durch die Beziehungsgestaltung:

Paradoxie

Ich als Vorgesetzter gestatte Euch als Nachgeordnete dieses. Ergo: Es liegt an meiner Großzügigkeit, Euch diese Freiräume zuzugestehen. – Es ist ein Gnadenakt und keine Beziehung auf Augenhöhe.

Dieses Paradox: „Ihr seid unabhängig und frei in Eurem Handeln – aber nur so, wie ich es will", bringt jeden Nachgeordneten in eine Zwickmühle:

Dilemma

Wieweit bzw. wie lange gilt nun diese – verordnete – Freiheit? Und was passiert, wenn ich etwas tue, was dem Chef nicht gefällt?

Diese Effekte zeigen sich ebenfalls in den Interaktionen auf den Führungsebenen, sowohl mit ihrem Abteilungsleiter als auch im Teamleiter-Meeting.

Das Teamleiter-Meeting ist die Interventionsebene, bei der diejenigen beteiligt werden sollten, die operativ eine neue Arbeitsweise umsetzen und einen dadurch notwendigerweise veränderten Führungsstil leben sollen. Tatsächlich wurde diese Interaktion hier methodisch-inhaltlich genauso abgehandelt wie eine Standardsitzung zu Routinethemen: Also im besten Falle partizipativ-inhaltlich, jedoch nicht individuumbezogen interaktiv (vgl. Abbildung G.03, Kapitel G).

Diese fehlende Perspektive (und das entsprechende Handeln) auf Teamleiter-Seite behindert die individuelle und eigenverantwortliche Initiative der Teammitglieder. Für die Verbesserung der Interaktion – und damit des Ergebnisses – wäre eine Veränderung in diese Richtung daher notwendig.

Fehlende Sichtweise für Veränderung

Dass eine Veränderung des Führungsverständnisses von Führung zu Selbstführung im Rahmen selbstorganisierten Arbeitens notwendig ist, wird – mit Ausnahme von Magdalena – niemandem der hier Beteiligten bewusst.

Im zweiten Schritt (und parallel) sind die Phänomene im Team zu behandeln:

- Wer hat in welchem Moment aufgrund negativer Resonanzen wie reagiert?
- Wozu hat das bei den anderen geführt?
- Wie haben diese wiederum ihre inneren Reaktionen (negative Gefühle) bearbeitet?
- Zu welchen Reaktionen hat dies geführt und welche Wirkungen hat es wiederum auf die Kollegen gehabt?
- Wurde dieser „Teufelskreis" unterbrochen oder verstärkt?
- Was ist notwendig, um beim nächsten Mal die Negativ-Spirale anzuhalten und idealerweise umzudrehen?

Erst die gemeinsame Beantwortung dieser Fragen und die sich daraus ergebenden notwendigen Maßnahmen zu deren Behandlung schaffen die Voraussetzung für eine erfolgreiche Umsetzung.

Fehlende Thematisierung kritischer Wahrnehmungen

2.1.7.2 Reflexion des Führungskräftegesprächs zwischen Abteilungsleiter und Teamleiterin

Die Rollen und die dazu gehörende Haltung in einem Veränderungsprozess sind den beiden Beteiligten nicht klar genug. Der Abteilungsleiter erwartet eine Handlungsfähigkeit bei seiner Teamleiterin, welche diese für sich selbst noch nicht geschaffen hat. Und ihm selbst ist nicht bewusst, dass er ihr nicht die erwartete Hilfe bei diesem Entwicklungsschritt gibt. Dies liegt auch daran, dass er noch nicht wahrgenommen hat, was er in diesem Lernprozess noch zu leisten hat und welche Konsequenzen für seine Rolle sich daraus ergeben.

Auf der Management-Ebene – also dem Handlungsfeld „Strategie/Gesamtunternehmen" – zeigt sich, welche Bedeutung eine stabile Unternehmenskultur haben kann: Sie lässt es in diesem konkreten Fall nicht zu, das der Abteilungsleiter bestehende Regeln und Vorgaben, etwa die geplanten Änderungen im Verhalten (und Denken), hinterfragt. Eine weitere Paradoxie wird deutlich:

Paradoxie

„Wir wollen uns verändern – aber die Rahmenbedingungen sollen so bleiben wie sie sind!"

In der Folge stoßen neue Ziele und alte Handlungsweisen aufeinander. Unbefriedigende Ergebnisse sind zu erwarten.

Persönlicher Sinn und Nutzen

Besser wäre es, bei den individuellen Sichtweisen auf die Veränderung zu beginnen – und damit die individuellen Ziele zu erkennen. Der persönliche Sinn und Nutzen entscheidet darüber, inwieweit jeder Einzelne die Veränderungsziele engagiert verfolgt. Verändertes Handeln entsteht eigeninitiativ erst durch Ziele, die als sinnvoll wahrgenommen werden.

2.1.7.3 Reflexion des Teamleiter-Meetings

Der Fokus des Meetings liegt auf methodisch-technischen Aspekten der geplanten neuen Arbeitsweise. Der Abteilungsleiter ist damit zufrieden und sieht sich auf dem richtigen Weg. Einzelne Abweichungen im Vorgehen, wie die Situation in Magdalenas Team, hält er für die üblichen Widerstände, die vor Ort zu klären sind. Dass sowohl der rein methodische Ansatz (in Form der Anwendung von Moderationstechniken) unvollständig bleibt, als auch zwingend die Führungsrolle neu wahrzunehmen ist, wenn die Veränderung gelingen soll, wird – außer von Magdalena – von niemandem gesehen.

Der Zusammenhang zwischen unterer Führungsebene und oberem Management wird durch das Gespräch des Abteilungsleiters mit seinem Geschäftsführer deutlich. Hierbei wird auch erkennbar, dass das Delegationsprinzip ein zweischneidiges Schwert sein kann:

Problemfall Delegation

Der Delegierende kann sich im Zweifel der Aufgabe (und der Verantwortung) dadurch entledigen, dass er diese an die nachfolgende Hierarchie-Ebene weitergibt. Dann kann den Nachgeordneten die Umsetzung überlassen und am Ende sogar noch (bei einem Misserfolg) die Schuld zugewiesen werden.

2.1.7.4 Reflexion des Management-Gesprächs

Der Geschäftsführer erkennt zwar die Notwendigkeit eines veränderten Führungsverhaltens, um die neue Arbeitsorganisation umzusetzen, und er spürt auch die diesbezüglichen „blinden Flecken" seines Abteilungsleiters. Allerdings lässt er diesen zunächst mit dem Führungsproblem seiner Teamleiterin allein und bezieht sich lediglich auf grundsätzliche Fragen zur „neuen Führung". Der Abteilungsleiter wiederum versteht offensichtlich noch gar nicht, worum es geht:

Um ein anderes Verständnis von und um das entsprechende Verhalten in der Führungsrolle.

Notwendige Unterstützung

> Es ist naheliegend, dass die Führungskräfte in diesem Veränderungsprozess nicht auf sich alleingestellt sein sollten, sondern durch ihre eigenen Vorgesetzten (und im Bedarfsfall durch einen Coach) die notwendige Unterstützung erhalten.

Da die notwendigen Gestaltungsmaßnahmen (siehe Kapitel 5) in den verschiedenen Gesprächen bisher nicht ausreichend entwickelt bzw. angewendet worden sind, hat Magdalena einen „bypass" genutzt, um für sich Sicherheit und Orientierung – in kleinen Schritten – herzustellen: Dies waren die Gespräche mit ihrem Kollegen Robert.

2.1.7.5 Reflexion der kollegialen Gespräche

Magdalena konnte durch Gespräche auf Augenhöhe ungefiltert ihre Sichtweisen und Gefühle äußern. Sie fühlte sich nicht bedroht oder unter Druck gesetzt. Das ermöglichte ihr wiederum zu erkennen, was sie für sich selbst zunächst zu klären hat.

Schlussfolgerungen:

Lernen im Sinne von Veränderung findet nicht automatisch statt, selbst wenn ein entsprechender Auftrag erteilt wird.

Nicht-Veränderung als Ergebnis

> Solange der Gegenstand des Lernens – hier: die Reflexion des eigenen Handelns und die Notwendigkeit der Überprüfung – nicht klar ist, lernen wir lediglich Inhalte oder Methoden, ohne deren Voraussetzung zu prüfen; und wir lernen, uns NICHT zu verändern.

Wir stellen die Rahmenbedingungen nicht infrage und sind uns dessen nicht einmal bewusst. Dadurch bestätigen wir diese Rahmenbedingungen und uns selbst: Wir brauchen nichts an unserer grundlegenden (!) Perspektive zu ändern. Es geht lediglich um neue Inhalte, nicht um unsere Sichtweise auf die Situation und deren Bedingungen.

Das Wesentliche bleibt unsichtbar

Daraus folgt:

Wir stellen das Wesentliche nicht infrage und blenden damit die zentrale Voraussetzung für Veränderungen aus.

Veränderungslernen unterscheidet sich somit qualitativ vom Lernen neuer Inhalte, Kenntnisse und (methodisch-technischen) Fertigkeiten. Notwendig ist die Reflexion des eigenen Denkens und Handelns. Und dies führt dazu, eigene blinde Flecken zu erkennen.

Fazit

Die Führungskraft übernimmt zwar nicht die Rolle des Coaches (siehe Kapitel 1), jedoch die Funktion des Fragestellers und des Zuhörers, um dem Mitarbeiter die Möglichkeit zu geben, zu erkennen, was er selbst bisher nicht gesehen hat. Und darüber hinaus die Funktion des Feedback-Gebers (ohne dabei Erwartungen zu formulieren), damit der Mitarbeiter die notwendigen Hinweise zur Orientierung erhält. – Für die Führungskraft gilt sinngemäß das Gleiche; dazu arbeitet sie entsprechend mit ihrem Vorgesetzten bzw. einem Coach zusammen.

2.1.8 Die Bedeutung der Leitfragen

Selbstorganisation beginnt bei mir! Das Individuum als Ausgangspunkt der Veränderung

Das „Agile Manifest“ (2001) hat mit seinen Aussagen nachhaltig die Zusammenarbeit von Menschen in Organisationen geprägt. Die dort genannten Prinzipien müssten andere Schwerpunkte in der Führung und der Zusammenarbeit sowie andere Vorgehensweisen in Transformationsprozessen zur Folge haben.

Daraus leiten wir ab, dass

Schlussfolgerung

keine methodisch neue Vorgehensweise, wie z. B. Scrum[1], etabliert werden sollte, sondern elementare Veränderungen in Führung und Zusammenarbeit entwickelt werden.

Bei der Aussage aus dem Agilen Manifest handelt es sich im Kern um Folgendes: Nicht die Qualität von Prozessen und Tools ist entscheidend für die Ergebnisse, sondern die Qualität der Interaktion der Individuen prägt die Qualität der Ergebnisse. Denn: Diese veränderten Interaktionen führen zu einem verbesserten Umgang mit Prozessen und Tools – welche wiederum die Qualität der Ergebnisse prägen.

[1] Vgl. Petry & Konz 2021.

Deswegen fordert das Agile Manifest, neue Formen der Zusammenarbeit zu finden und nicht einfach neue Tools und Techniken einzuführen.

Forderung

Die häufig gehörte Forderung nach einem neuen, „agilen Mindset" als Voraussetzung für neue Formen der Zusammenarbeit geht auch daher ins Leere. Eine neue Einstellung wird zwar gefordert, aber nicht allein durch die Definition von neuen „agilen Werten" erzeugt.

Diese rein kognitiven Ansätze führen selten zu den gewünschten Verhaltensänderungen. (Hier gilt Einsteins Aussage: „Es ist leichter ein Atom zu spalten, als ein Vorurteil (= Mindset) zu ändern.") Eine neue Einstellung, Haltung oder Mindset entsteht erst durch die Erfahrung in der Anwendung von Prozessen und Tools zur Verbesserung der Interaktion (= Zusammenarbeit) von Individuen in den Unternehmen. Also geht es nicht darum, das richtige – z. B. agile – Mindset zu haben, sondern das Mindset zu entwickeln, das für die Veränderung notwendig ist.

Beispielhaft hierfür gilt die Definition von Carol S. Dweck (Mindset – The New Psychology of Success, 2007):

Ein „Growth Mindset" beschreibt die Realisierung des persönlichen Entwicklungspotenzials. Hiermit ist die Fähigkeit zu Lernen gemeint. Und zwar weniger das Erlernen neuer Wissensinhalte als vielmehr die Fähigkeit, Neues zu erfassen, was vorher hinter meinem Horizont bzw. jenseits meiner Sicht- und Überzeugungsgrenzen lag.

Definition

Das Gegenteil des „Growth Mindset" ist nach Dweck das „Fixed Mindset": Bei letzterem handelt es sich um einen Zustand – im Unterschied zum o. g. Prozess –, welcher gekennzeichnet ist durch ein statisches Verständnis von Wahrnehmen, Beschreiben und Bewerten; das Denken tritt quasi auf der Stelle und begnügt sich mit seinem Status Quo. Wir bestätigen und erhalten daher selbst unsere Bewertungsmuster, anstatt diese perspektivisch zu verändern. Dies geschieht nicht nur, weil es subjektiv bequem ist, sondern auch neurophysiologisch[2] effizient – aber leider nicht effektiv!

Da nun nicht beliebig Mitarbeiter mit solchen idealtypischen Mindsets zu haben sind, ist nicht nur die Forderung nach z. B. einem „agilen Mindset" bei Jedermann unsinnig, sondern verfolgt vor allem einen völlig falschen Ansatz.

Nicht das „richtige" Mindset steht am Anfang der Veränderung, sondern vielmehr der Lernprozess in Richtung eines offenen oder „Growth Mindset" schafft überhaupt erst die notwendige Voraussetzung für nachhaltige Veränderungen.

Voraussetzung für Veränderung

[2] Da das Gehirn in seinen basalen Funktionen dem Überleben und der Fortpflanzung dient, spart es Energie, wenn keine dementsprechende Aktivität notwendig erscheint bzw. keine bewusste kognitive Aktivierung erfolgt.

Devise

Die Devise lautet daher: Vom Mindset zum Mindshift.

Was bedeutet dies konkret? An dieser Stelle greifen wir die beiden ersten der sechs eingangs gestellten Leitfragen auf:

1. Wie gestalte und optimiere ich meine Selbstorganisation?
2. Wie unterstütze ich andere in deren Selbstorganisation?

Folgende Detailfragen helfen dabei, konkrete Antworten zu geben:

Ad 1:

- Wie gestalte ich meine Selbstführung (mein Denken und Handeln)?
- Wie eigenverantwortlich erlebe ich meine Selbstführung (meine Handlungsspielräume)?
- Wann, wo und wie nehme ich mir Zeit dafür?
- Wie gestalte ich meine Selbstreflexion (die Überprüfung meines Denkens und Handelns)?
- Wie lerne ich, mich selbst zu reflektieren? – Welche Hilfsmittel kann ich hierzu einsetzen?
- Wie gehe ich mit Feedback/Rückmeldungen um?
- Zu welchen Anlässen führe ich eine Selbstreflexion durch?
- Wieviel Zeit für Reflexion plane ich ein?

Ad 2:

- Wie kann ich andere unterstützen (Instrumente, Methoden, Grundhaltung, Beziehungsgestaltung)?
- In welchen Rollen kann ich unterstützen (Kollege, Führungskraft, Coach)?
- Wie kann Führung bei der Selbstführung unterstützen?

Wer vermittelt nun wem im Unternehmen zunächst diese Fragen und steht dann weiterhin als Reflexionspartner bei der Beantwortung zur Verfügung?

Hinweis

So wie Selbstorganisation bottom-up entwickelt werden sollte, ist es notwendig, dass Führungskräfte und Mitarbeiter top-down dabei unterstützt werden.

Durch die mehr oder weniger ständigen Rückkopplungen in den Interaktionen der einzelnen Mitarbeiter und Führungskräfte über alle Organisationsebenen hinweg (siehe Kapitel 3) ergibt sich ein Gegenstromverfahren, welches von der Geschäftsführung initiiert und von den Teams und Individuen realisiert wird:

Gegenstromverfahren

> Die nachgeordneten Führungskräfte und Mitarbeiter dokumentieren ihr Vorgehen und ihre Ergebnisse, die wiederum an die nächsthöhere Organisationsebene zurückgeführt werden. Gleichzeitig erfolgt die Unterstützung durch die jeweilige Führungsebene für die darunter liegende.

Daraus ergibt sich die Notwendigkeit, dass ggf. die Geschäftsleitung selbst durch einen Coach in der Anleitung zur Selbstorganisation sowie der Reflexion des Prozesses unterstützt wird[3].

Nach den individuellen Sichtweisen werden (u. U. zeitgleich) die Abläufe auf Teamebene bearbeitet. Dazu sollen die dritte und vierte der im Kapitel G genannten Leitfragen weiter konkretisiert werden:

3. Wie organisieren sich Teams selbst?
4. Wie begleite ich sich selbstorganisierende Teams?

Ad 3:

- Welche Rollen gibt es und wie werden diese definiert und verteilt?
- Wie werden Entscheidungen getroffen?
- Wie entstehen kreative Lernprozesse im Team?
- Wie werden Kommunikations- und Reflexionsprozesse gestaltet?

Ad 4:

- Wie unterstütze ich das Team bei der Behandlung dieser Fragen?
- Wie definiere ich meine Führungsrolle dabei?

In der Praxis entsteht meist die Forderung an die Beteiligten, sich „anders zu verhalten“. Dies wird – formal korrekt, jedoch funktional kontraproduktiv – über ein Feedback mitgeteilt.[4]

---

[3] Für die (Neu-)Gestaltung der Vorgesetzten-Mitarbeiter-Beziehung bietet sich das „Zwiegespräch“ (Moeller 2010) an, in welchem die Selbstwahrnehmung des einen Gesprächspartners durch das konzentrierte Zuhören – ohne Kommentare – des anderen ergänzt wird. Es werden dabei ausschließlich „Ich“-Botschaften vermittelt, welche vom Partner idealerweise nachvollzogen werden.

[4] Feedback wird üblicherweise als hierarchiefrei und kollegial verstanden; tatsächlich erfolgen über die Äußerung von „Wünschen“ bzw. „Erwartungen“ an das Gegenüber (in-)direkte Aufforderungen, dessen Verhalten zu ändern. Dies setzt den Empfänger der Botschaft unter einen Erwartungsdruck.

Dieser Teil des Feedbacks (siehe Kapitel 5), aus dem hervorgeht, wie sich andere zukünftig verhalten sollen (auch mittels Ich-Botschaft), entspricht nicht der hier gemeinten Selbstorganisation. Stattdessen sollte eine Form der Selbstreflexion, des sich selbst Prüfens, entstehen:

> Sie baut konsequent darauf auf, selbst in sich hineinzuschauen und eigene negative Erfahrungswerte zu bearbeiten, sodass eine andere, konstruktive Zusammenarbeit mit Dritten möglich wird.

Diese Beschreibung der eigenen Wahrnehmung und Wirkung von Verhaltensweisen in der Zusammenarbeit mit anderen kann zu nachhaltig veränderten Verhaltensweisen führen. Durch die konsequente Beschreibung eigener Wahrnehmungs- und Bewertungsprozesse kann innerhalb des Teams eine andere Vertrautheit (psychologische Sicherheit) entstehen. Das jeweilige Individuum kann sich darauf konzentrieren, die anderen Teammitglieder zu verstehen anstatt zu versuchen, das eigene, von den anderen nicht gewünschte Verhalten, zu erklären.

Selbstwahrnehmung

> Es handelt sich dabei um eine Form von Selbsterkenntnis eines Individuums, also des besseren Kennenlernens der eigenen Person und Persönlichkeit in Beziehung zu anderen Personen. Über diesen Weg wird die Arbeitsbeziehung und damit die Zusammenarbeit (das „Wir") in der Organisationseinheit neu gestaltet.

Ziele sind Vertrauensbildung, Psychologische Sicherheit und die Weiterentwicklung des Teams.

Der übergeordnete Rahmen wird von der Unternehmenskultur definiert. Es besteht daher eine direkte, unmittelbare Verbindung zwischen individuellem Denken und Handeln und den formalen wie informellen Regeln und Wertvorstellungen innerhalb der Organisation. Somit werden die Leitfragen fünf und sechs entscheidend für die Umsetzung der Veränderung:

5. Wie fördere ich eine Unternehmenskultur, die Selbstorganisation ermöglicht?
6. Wie sieht ein Vorgehen in einem sich selbstorganisierenden Veränderungsprozess aus?

Weiter konkretisiert heißen diese Fragen:

Ad 5:

- Worin und wie manifestiert sich die vorhandene Unternehmenskultur (Verhaltensweisen, Kommunikation, Führungsstile, Leitsätze, Regeln und Handbücher, Architektur und Lage)?
- Was soll wo und wann verändert werden?
- An welchen Stellen können Geschäftsführung, Führungskräfte und Mitarbeiter jeder für sich und gemeinsam etwas verändern (Art des Feedbacks, Meetingstruktur und -verlauf, Entscheidungsfindung, Informationsweitergabe, Rückkopplungsschleifen)?

Ad 6:

- In welchen Schritten wollen wir vorgehen (z. B. PDCA-Zyklus, s. u. Abbildung 2.01)?
- Wie werden die einzelnen Schritte durchlaufen (wer plant was mit wem, wie werden Ziele formuliert, wie konkret wird das Handeln beschrieben (operationalisiert), wie wird das Ergebnis gemessen, wie werden Schlussfolgerungen daraus abgeleitet und welche Konsequenzen haben diese)?
- Wer überprüft,

  a) inwieweit die inhaltlichen Ergebnisse erreicht werden?

  b) wie die vier Schritte des PDCA-Zyklus eingehalten werden?

  c) wie mit Abweichungen in beiden Fällen umgegangen wird?

Hier greift der vierte Punkt im zweiten Absatz des Agilen Manifests:

Dass das Reagieren auf Veränderung mehr als das Befolgen eines Plans „geschätzt“ wird und damit einen „höheren Wert“ darstellt, welcher konsequenterweise zu verfolgen ist. Die flexible Anpassung (= Agilität) an neue – und zum Teil unerwartete – Ergebnisse ist zielführender, als einem einmal festgelegten Plan zu folgen.

2.2 Zweiter Zyklus

Der iterative, sich wiederholende Verlauf eines Lernzyklus erscheint uns daher als das ideale Modell für ein Veränderungsvorgehen. In diesem Sinne betrachten wir die bisherigen Ereignisse (Meetings, Gespräche) als ersten (PDCA-)Zyklus, welcher in jeder Interaktion durchlaufen wurde.

Lern- und Veränderungsprozesse lassen sich mit dem PDCA-Zyklus[5] beschreiben, der aus dem industriellen Qualitätsmanagement stammt.

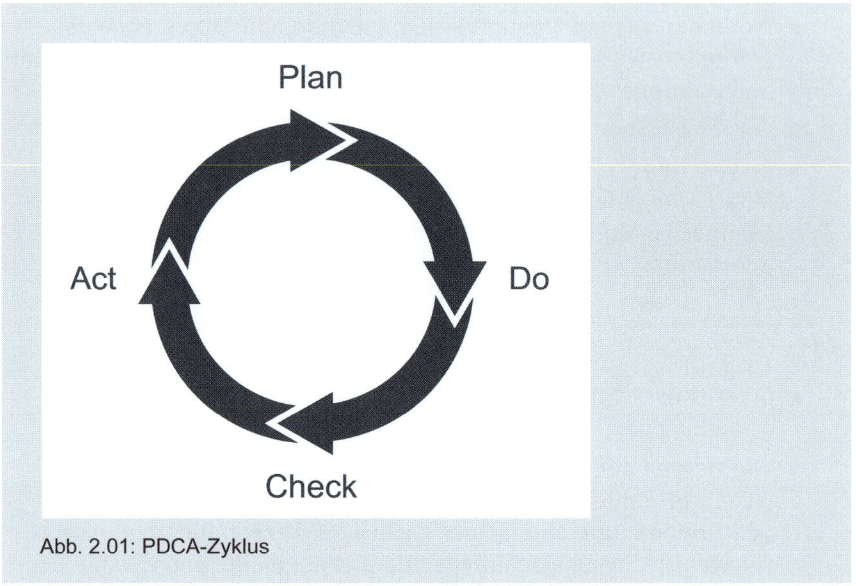

Abb. 2.01: PDCA-Zyklus

Definition

Zur Verbesserung der Qualität wurde die Idee der direkten Änderung von Abläufen (einzelnen Tätigkeiten) und der Anpassung von Arbeitsmitteln (Geräten, Maschinen) eingeführt. Eine Idee, welche diesen Effekt zum Ziel hat, wird konkret formuliert („Plan") und sodann unmittelbar umgesetzt („Do"). Eine erste Prüfung („Check") nach Anwendung der Änderung zeigt, ob das gewünschte Ziel bereits erreicht oder eine weitere Anpassung notwendig ist. Auf diese folgt dann die nächste Handlung („Act"), welche wiederum mit dem „Plan" verglichen wird. Der Zyklus wiederholt sich solange, bis das gewünschte Ergebnis erzielt worden ist.

Der Veränderungsprozess in unserem Unternehmensbeispiel zeigt, dass im oben beschriebenen ersten Zyklus nicht alle Schritte vollzogen bzw. ausreichend oft durchlaufen wurden:

Der „Check" der ersten Handlungen („Do") ist ansatzweise in den kollegialen Gesprächen der Teamleiterin mit ihrem Kollegen erfolgt. Daraus sind bislang noch keine Folgeaktivitäten („Act") entstanden. – Außerdem gab es keinen explizit formulierten „Plan"[6], nach dem gehandelt werden sollte. Darauf wird später noch eingegangen.

[5] Plan-Do-Check-Act: Deming 2000, Shewhart 1986.

[6] Der hier gemeinte „Plan" bezieht sich auf eine konkrete Aktivität und ist nicht mit einem Projekt- oder Businessplan zu verwechseln.

2.2.1 Die Teamleiterin spricht ein weiteres Mal mit ihrem Mitarbeiter

Magdalena (TL):
„Es freut mich, Torben, dass wir unser Gespräch fortsetzen!"

Torben (MA):
„Dann bin ich mal gespannt ..."

Magdalena:
„Ja – ich auch" (lächelt). *„Ich würde gerne hören, was Dir seit unserem letztem Gespräch durch den Kopf gegangen ist."*

Torben (überlegt):
„Tja ... mhm. Vieles. Ich weiß gar nicht, wo ich anfangen soll ..."

Magdalena:
„Am besten mit dem, was für Dich am wichtigsten ist."

Torben:
„Am wichtigsten? – Also, das wäre ... nun ja, ich meine, wenn wir einfach ins kalte Wasser geworfen werden, hilft das keinem. Und die Probleme werden dadurch auch nicht gelöst!"

Magdalena:
„Kannst Du mir denn sagen, was Dir helfen würde, um ein Problem zu lösen?"

Torben (verärgert):
„Wozu soll das Ganze denn eigentlich gut sein? Wir sollen jetzt auf einmal alles selbst entscheiden – und die Führung guckt zu!?"

Magdalena:
„Nun, so ist das natürlich nicht gemeint. – Ihr sollt die Möglichkeit bekommen, so zu arbeiten, dass Ihr Eure Aufgaben möglichst optimal erledigen könnt. Und dass heißt, dass Ihr selbst entscheiden könnt, wie Ihr das am besten macht."

Torben:
„Wenn ich meinen Job so erledigen würde, wie ich es mir vorstelle, müsste sich einiges ändern ..."

Magdalena:
„Ja – und was?"

Torben (resigniert):
„Das sind so viele Dinge ... also, allein schon mal die Menge der eintreffenden Anfragen; dann die unterschiedliche Art der Bearbeitung durch jeden Einzelnen; dann die unterschiedliche Dauer der Bearbeitung; die unterschiedliche Qualität der Bearbeitung – es kommen immer wieder erneute Anfragen zu denselben Problemen, weil sie nicht gelöst wurden ..."

Magdalena:
„Das ist tatsächlich viel. – Ich würde gerne wissen, was Du für Dich anders machen würdest ...?“

Torben (nachdenklich):
„Ich würde so arbeiten, dass die Anfragen, die bei mir landen, richtig beantwortet werden. Das bedeutet, dass ich mehr Zeit dafür brauche. – Und dass idealerweise die Kunden nicht erst unbefriedigende Antworten erhalten haben und das Problem danach bei mir aufschlägt.“

Magdalena:
„Also, wenn ich das richtig verstehe, sind nicht alle Kollegen gleichermaßen kompetent für die Bearbeitung der Anfragen? – Das wäre ein eigenes Thema; und die Kollegen sollten dazu aus ihrer Sicht Stellung beziehen. Hast Du denn mit den anderen schon mal darüber gesprochen?“

Torben:
„Das ist doch ein heikles Thema! Wer will schon zugeben, dass er überfordert ist?“

Magdalena:
„Ja, das ist sicherlich so. Ich werde mit den Kollegen darüber sprechen. – Aber lass uns doch zunächst bei Dir bleiben: Was erwartest Du von mir, damit Du zufriedener mit Deiner Arbeit sein kannst?“

Torben:
„Dass das vernünftig geregelt wird!“

Magdalena:
„Das möchte ich auch! Und ich möchte das nicht allein regeln; sondern mit Euch gemeinsam. Und jeder soll seinen Beitrag dazu leisten.“

Torben:
„Und wie passiert das?“

Magdalena:
„Indem jeder seine Ideen zur Verbesserung des Ablaufs einbringt. Wir stellen dann fest, wo wir gemeinsame Veränderungen brauchen.“

Torben:
„Das hab´ ich ja getan.“

Magdalena:
„Du hast die Probleme aus Deiner Sicht genannt. – Deinen Beitrag dazu habe ich nicht gehört.“

Torben:
„Welcher sollte das sein?“

Magdalena:
„Wenn Du siehst, wo die Probleme liegen, könntest Du Dich einbringen.“

Torben:
Schweigt.

Magdalena:
„Vielleicht hast Du ja Ideen, wie wir alle gemeinsam besser die Aufgaben bewältigen können?“

Torben:
„Idealerweise indem jeder das macht, was er am besten kann. – Und das niemand dazwischenfunkt!“

Magdalena:

„Dann lass uns das als Ansatz für das nächste Team-Meeting nutzen. Und ich würde mich freuen, wenn Du Dir bis dahin Gedanken dazu machst, wie Du Dich einbringen kannst.“

Torben verlässt nachdenklich das Büro.

2.2.1.1 Draufsicht – was ist passiert?

Die Teamleiterin konnte ihren Vorsatz umsetzen und den Mitarbeiter zu Aussagen über das eigene Arbeitsverständnis bewegen.

Ihr unvoreingenommenes Beziehungsangebot wurde von Torben angenommen. Er tat sich noch sichtlich schwer damit, sich selbst einzubringen. Die Chancen für ein konstruktiveres Team-Meeting sind gestiegen.

Verändertes Beziehungsangebot

Diese konkreten Handlungen („Act“) können somit als Ausgangspunkt für den nächsten Zyklus („Plan“) genutzt werden.

Und auf der Unternehmensebene tut sich auch etwas.

2.2.2 Der Geschäftsführer bespricht mit dem Abteilungsleiter dessen Überlegungen

Abteilungsleiter Carsten hat wie gewünscht einen Termin beim GF vereinbart, um über seine Überlegungen bezüglich der Unterstützung seiner Teamleiterin und zum Thema Führung im Kontext Agilität zu sprechen:

GF:
„Carsten, schön, dass es zeitnah zu einem weiteren Gespräch kommt.“

AL:
„Ja, Du hattest es Dir ja gewünscht.“

GF:
„Das hört sich ja so an, als ob Du keine weitere Notwendigkeit für ein Gespräch gesehen hättest?“

AL:
„Nun ja, es läuft ja fast mit allen Teamleitern bei mir. Wenn das mit der einen Teamleitung nicht funktioniert, müsste man eher überlegen, ob das die richtige Person dafür ist, oder?“

GF:
„Hm, ganz ehrlich überlege ich gerade auch dasselbe.“

AL:
„Na das finde ich jetzt aber schon sehr unfair, bin fast geschockt. Wir kennen uns so lange und Du willst jetzt wegen einer Fehlbesetzung bei der Teamleitung mir einen Strick daraus drehen? Ich dachte jeder darf mal einen Fehler machen, gerade bei agil!“

GF:
„Es geht doch nicht darum, dass jeder Fehler machen kann auf der Handlungsebene. Es geht darum, was ich für eine Einstellung und Grundhaltung zum Thema Führung habe. Ich vermisse da ein wenig Verständnis und Selbstreflexion, was Dein Anteil an dieser Situation sein könnte.“

AL:
„Du meinst dann bestimmt nicht meinen Anteil bezüglich Auswahl und Einstellung der Teamleiterin, oder?“

GF:
„Ich glaube wir kommen der Sache schon näher!“

AL:
„Ja, so langsam verstehe ich, worauf Du hinauswillst. Wenn ich mich kritisch hinterfrage, hätte ich der Teamleiterin mehr zur Seite stehen können, beziehungsweise sie fragen können, welche Unterstützung sie von mir braucht in diesem Fall!“

GF:
„Das finde ich prima, dass Du das sagst, dann habe ich doch damals die richtige Entscheidung bei Dir getroffen.“ (Beide lachen)

AL:
„Aber mal Spaß beiseite, wenn Du das alles so weißt, hätte ich mir von Dir auch mehr Unterstützung erwartet!“

GF:
„Ja, das kann ich verstehen. Ich denke, wir sollten alle, auch ich, kritisch auf unseren Führungsstil schauen und diesen evtl. in einem gemeinsamen Workshop mit allen Führungskräften neu definieren. Was denkst Du?“

AL:
„Das wird wohl unvermeidlich sein. Ich merke ja selber wie betroffen ich bei solchen Aussagen von Dir reagiere. So ähnlich wird es meiner Teamleiterin auch gegangen sein bei meinen Äußerungen. Wir brauchen hier ein anderes miteinander, wo solche Gespräche eher die Regel und nicht die Ausnahme sind!"

GF:
„Sehr gut. Ich stelle Dir einen Termin ein, wo wir über meine Unterstützung für Dich in diesem Thema sprechen können?"

AL:
„Sehr gerne. Danach werde ich sofort auch meiner Teamleiterin das anbieten und hoffentlich auch mit einer anderen Einstellung als vorher!" (Beide schmunzeln).

GF:
„Ich denke, das sind gute nächste Schritte. Insgesamt sollten wir aber auch den Workshop mit allen Führungskräften im Auge behalten. Da bräuchte es wahrscheinlich eine externe Begleitung, sonst braten wir wieder nur im eigenen Saft wie bei der letzten Führungskräfteveranstaltung."

AL:
„Ja, das ist wohl war. Beim letzten Mal sind wir nicht so wirklich weitergekommen, da gab es doch sehr viele alte Befindlichkeiten, die im Workshop nicht aufzulösen waren."

GF:
„O. K., ich werde mal rumfragen, ob jemand Kontakte hierzu hat. Vielleicht warten wir solange mit den operativen Schritten hinsichtlich Agilität, wenn wir noch kein gemeinsames Verständnis haben?"

AL:
„Das wäre aber schade. Hier gab es schon sehr gute Ideen seitens der Kolleginnen und Kollegen."

GF:
„Stimmt, das würde eventuell ausbremsen. Wir sollten es aber transparent machen, dass wir uns auch auf den Prüfstein stellen und an uns arbeiten wollen."

AL:
„Ja, ich glaube das ist eine gute Botschaft. Sonst heißt es wieder in der Belegschaft, wir müssen uns immer ändern und die da oben....."

GF:
„So machen wir das. Ich bin froh über Deine Offenheit, war ja schon ein kleiner Hammer, den ich da ausgepackt habe."

AL:
„Ja das stimmt. Aber vielleicht war es ja hilfreich“.
(Beide lachen und verabschieden sich).

2.2.2.1 Draufsicht

Das gemeinsame Verständnis entwickelt sich. Blinde Flecken auf beiden Seiten werden erkannt. Und es wird das weitere Vorgehen einvernehmlich vereinbart. Darüber hinaus entsteht die Erkenntnis, dass für den weiteren Entwicklungs- und Lernprozess ein professioneller Reflexionspartner hilfreich ist. Diese Erkenntnis wird kommuniziert und stellt damit im PDCA-Sinne insoweit das Ergebnis einer Aktivität („Act“) dar, dass darauf der nächste Zyklus („Plan“) im Sinne der Planung einer Maßnahme folgt.

2.3 Dritter Zyklus

2.3.1 Die Teamleiterin setzt den Dialog mit ihrem Mitarbeiter fort

Magdalena will den für sie entstandenen Fortschritt in der Kooperation mit Torben nutzen, um das nächste Team-Meeting vorzubereiten.

Magdalena (TL):
„Hallo Torben, schön Dich zu sehen!“

Torben (MA):
„Ja, gleichfalls.“

Magdalena:
„Also – ich habe in der Zwischenzeit mit einigen Kollegen aus unserem Team gesprochen, um eine erste Vorstellung von deren Ideen zu bekommen. Jetzt würde ich gerne Deine hören.“

Torben:
„Naja, wie schon gesagt ... ich denke, wir müssen die Arbeit anders organisieren. Ansonsten bekommen wir keine bessere Qualität zustande.“

Magdalena:
„Ja, das sagtest Du bereits beim letzten Mal. – Jetzt würde ich gerne Deine konkreten Ideen dazu kennenlernen.“

Torben:
„Also, Zuordnung der Kunden nach Themengebieten: Um was geht es bei der Anfrage? Dann, Zuordnung der Kollegen zu den Themen.“

Magdalena:
„Das kann ich nachvollziehen. Und was würdest Du persönlich ganz konkret tun, um die Arbeit des Teams zu verbessern?“

Torben:
„Ich bringe meine Leistung ein – und die ist meines Erachtens nicht schlecht.“

Magdalena:
„Ja, das stimmt. Ich meinte jedoch die Teamleistung: Was könntest Du dazu beitragen, dass sie insgesamt besser wird?“

Torben:
*„Ich müsste die Probleme der anderen lösen!“ (*Grinst schief dabei*).*

Magdalena:
„Naja, das klingt jetzt ein bisschen abfällig.“

Torben:
„Ich habe das Gefühl, dass ich nur gebe, aber nichts zurückbekomme!“

Magdalena:
„O. K., das ist ein wichtiger Punkt! Wieso empfindest Du das so?“

Torben:
„Weil ich die schwierigsten Probleme löse. Und die Routineanfragen von den Kollegen abgewickelt werden. Und dann auch noch fehlerhaft!“

Magdalena:
„Das ist jetzt eine ziemlich kritische Sicht. Wie denkst Du, sehen die anderen das?“

Torben:
„Natürlich nicht so! Sonst gäbe es ja keine Konflikte.“

Magdalena:
„Dann hätten wir doch einen ganz zentralen Aspekt, den wir gemeinsam angehen sollten, meinst Du nicht?“

Torben:
„Da sehe ich schon, wie das ausgeht ...“

Magdalena:
„Ich finde, es ist nicht nur einen Versuch wert, sondern unbedingt notwendig.“

Torben:
Schweigt nachdenklich.

Magdalena:
„Ich würde mich sehr freuen, wenn Du Dich im Meeting einbringst!“

Torben (erschöpft):
„Ja, ja, schon gut – bin ja kein Unmensch."

Magdalena lächelt und bedankt sich bei ihrem Mitarbeiter. Sie trennen sich freundlich nickend.

2.3.1.1 Draufsicht

Magdalena konnte im vertraulichen Gespräch – dessen Beziehungsbasis sich in den vorangegangenen Interaktionen entwickelt hat – einen bzw. den zentralen Punkt erfahren, welcher Torben belastet. Sie möchte nun seine Betroffenheit als individuellen Ausgangspunkt für die Teamsitzung nutzen, um seine Beteiligung zu bewirken.

Lernprozess in kleinen Schritten

Torben ist noch skeptisch und daher defensiv eingestellt. Allerdings lässt er sich immer mehr auf seine Selbstreflexion ein; dadurch verändern sich die Interaktionen mit seiner Teamleiterin.

Die Entwicklung schreitet voran: Der Lernprozess auf beiden Seiten wird sichtbar. Der nächste Zyklus („Plan") kann auf dieses (Zwischen-)Ergebnis („Act") folgen.

2.3.2 In der folgenden Teamsitzung soll die Selbstorganisation vertieft werden

Die zweite Teamsitzung hatte ohne Fortschritte, weder inhaltlich noch beziehungsmäßig, stattgefunden: Alte Positionen sind verteidigt worden. Auch deshalb führte die Teamleiterin zwischenzeitlich Einzelgespräche mit den Kollegen in dem Sinne, dass durch das Verharren in alten Denk- und Verhaltensmustern keine Veränderung stattfinden kann. Jetzt hofft sie auf einen entsprechend positiven Effekt.

Magdalena (TL):
„Ich freue mich, dass wir heute die Gelegenheit haben, uns intensiver auszutauschen! Wir hatten ja schon vereinzelte Zweiergespräche geführt, die ich sehr fruchtbar fand. Vielleicht können wir davon einiges gemeinsam behandeln."

Dorothea (MA):
„Und wie gehen wir jetzt vor?"

Magdalena:
„Indem jeder von Euch das einbringt, von dem Ihr glaubt, dass es uns weiterbringt."

Klaus (MA):
„Dann fang´ ich mal an. Wir arbeiten jeder für sich und kennen uns mit unseren Themen gut aus. Aber es gibt keine Koordination. Das halte ich für einen Schwachpunkt: Keiner weiß, was der andere tut. Und wie er arbeitet. Das sollten wir ändern."

Karin (MA):
„Na ja – und wie?"

Klaus:
„Indem wir uns regelmäßig dazu austauschen."

Torben (MA):
„Schön und gut, allerdings sollten wir das systematisch tun: Es gibt bestimmt wichtige und weniger wichtige Aspekte."

Magdalena:
*„Sicherlich. Ich schlage vor, wir sammeln alle Punkte ohne Wertigkeit und priorisieren am Ende." (*Sie steht auf und geht ans Flipchart.*)*

Karin:
„Gut. Also, ich sehe das so: Jeder bearbeitet die Anfragen, die bei ihm anfallen, nach seinen Vorstellungen. Wir wissen davon aber zu wenig. Also müssen wir das mal aufdröseln."

Dorothea:
„Ja, da hast du Recht. Das können wir am besten dann, wenn wir die Punkte gesammelt haben. Das ist bestimmt einer davon."

Klaus:
„Mein Punkt ist, dass wir nicht genügend Zeit haben, den einzelnen Kunden zufriedenstellend zu bedienen. Wir arbeiten unter Zeitdruck und sind dadurch gezwungen, schnell die einfachste Lösung anzubieten."

Torben:
„Wir sollten nicht vergessen, dass wir verschiedene Schwerpunkte haben. Und dadurch unterschiedlich die Kunden beraten. Wir sortieren aber nicht nach Themen. Und am Ende fällt es uns wieder auf die Füße. "

Dorothea:
„Ja, wir sollten sicherstellen, dass die Kunden am Ende zufrieden sind."

Magdalena:
„Und das idealerweise beim ersten Kontakt!"

Karin:
„Dann sollten wir zu Beginn des Gesprächs klären, worum es geht. Und dann an den zuständigen Kollegen verweisen."

Torben:
„Theoretisch: Ja. Allerdings werden wir dann sehr unterschiedlich ausgelastet sein!“

Magdalena:
„Wie wir die Auslastung regeln, ist sicherlich auch ein Punkt.“

Magdalena sieht fragend in die Runde, es gibt keine Wortmeldungen mehr.

Magdalena:
„Dann schlage ich vor, wir priorisieren die Themen dadurch, dass wir den Punkt, der am wenigsten umstritten ist, nach oben setzen.“

Klaus:
„Das wäre wohl die Zeitfrage.“

Torben:
„Meines Erachtens steht die an zweiter Stelle. Die ergibt sich nämlich aus der ungleichen Auslastung!“

Karin:
„Wir sollten mit den Themen beginnen: Wenn wir die sortiert haben, erfolgt daran die Zuordnung. Und dann sehen wir, wie die Auslastung aussieht.“

Magdalena:
„Es wird jetzt deutlich, dass die Punkte nicht unabhängig voneinander sind. Wir sollten versuchen, die Abhängigkeiten herauszuarbeiten.“

Magdalena geht zur Pinnwand und malt drei Kreise mit den zuletzt genannten Stichworten auf.

Magdalena:
„So und jetzt veranschaulichen wir die Wirkungen: Was löst was aus?“

Torben:
„Die zu knappen Kompetenzen für verschiedene Themen! Sie führen dazu, dass einer – und zwar in diesem Falle wohl ich – sich mit mehr Zeit mit komplexen Anfragen beschäftigen muss. Und hinzu kommt noch, dass wiederholte Kundenanrufe aufgrund ungelöster Probleme auftreten.“

Schweigen in der Runde.

Dorothea (verärgert):
„Das hört sich für mich so an, als ob wir anderen alle Deppen wären!“

Torben:
„Nein – aber das Thema ist ja wohl tabu!“

Magdalena:
„Lasst uns mal kurz innehalten. Ich sehe tatsächlich beide Aspekte: Wie sind wir alle – und damit jeder einzelne – in der Lage, Kundenanfragen zu beantworten? Und zweitens: Wie gehen wir damit um, ohne dass sich jemand angegriffen fühlt?"

Klaus:
„Wir sind sicherlich unterschiedlich vertraut mit den jeweiligen Themen. Also sollten wir entweder diese trennen – was dann zu dem Problem der Auslastung führt –, oder/und uns so fit machen, dass wir die Anzahl der Anrufe in etwa gleich verteilen können."

Magdalena:
„Ich glaube, dass wir beides brauchen. Und dabei die Kundenzufriedenheit erhöhen müssen. – Ich weiß, das ist eine Herausforderung. Ich möchte sie mit Euch gemeinsam bewältigen!"

Karin (beugt sich vor):
„Ich möchte mich gerne in einem weiteren Thema sicher fühlen."

Magdalena:
„Danke! Und wer soll Dir dabei helfen?"

Karin:
„Das wäre wohl Torben ..." (blickt etwas verlegen in seine Richtung).

Torben:
„Ja, ist O. K. – wenn wir dafür die Zeit bekommen: Wer übernimmt dann die Kunden in der Warteschleife?"

Magdalena:
„Ich werde das punktuell tun. Aber es kann nur eine Hilfe sein, nicht die Lösung."

Dorothea:
„Gut, dann werde ich mich mit Klaus zusammentun: Wir können uns gegenseitig ergänzen" (sieht Klaus fragend-auffordernd an, der lächelt zurück).

Magdalena beendet das Meeting mit Hinblick auf das nächste Treffen, bei dem die Lernpartner von ihren Erfahrungen berichten sollen.

2.3.2.1 Draufsicht

Die Kollegen reagieren – nach einem Konflikt, der von der Teamleiterin aufgegriffen wurde – direkt und unmittelbar auf die definierten Probleme: Sie handeln agil, indem sie spontan Aktionen zur individuellen Kompetenzerweiterung vereinbaren. Dies geschieht im Rahmen der Teamdynamik, welche notwendig ist und Zeit benötigt. Zunächst werden allgemeine Aspekte der Zusammenarbeit im Hinblick auf die Zielerreichung genannt. Im Verlauf der Diskussion entsteht gemeinsam der selbstorganisierte Weg zur Agilität. Selbstorganisation wie Agilität ist sowohl ein Prozess als auch das Ergebnis aus dem Prozess. Um die sich immer wieder ändernden Ziele zu erreichen, ist letztendlich ein lebenslanger Lernprozess erforderlich. Das bedeutet eine permanente Persönlichkeitsentwicklung, die dazu dient, die Flexibilität und Anpassungsfähigkeit von Individuen und der Organisation an ständig wechselnde Herausforderungen zu gewährleisten. Dabei sollten Teamdynamiken nicht abgekürzt oder gar ausgelassen werden. Sie sind eine Voraussetzung für die angestrebte Veränderung: In bzw. mit diesen Prozessen im Team findet Lernen auf dieser Ebene statt.

2.3.3 Der Abteilungsleiter setzt die Teamleiter-Meetings fort

Carsten (AL) hatte das zweite Meeting gerade so wie das erste geführt. Magdalena konnte ihre Situation darstellen, bekam allerdings kaum hilfreiche Rückmeldungen von ihren Kollegen. Es wurde weiterhin überwiegend methodisch-inhaltlich gearbeitet. Nachdem der Abteilungsleiter sich mit seinem Geschäftsführer ausgetauscht hat, bittet er seine Teamleiter erneut zusammen.

Carsten (AL):
„Schön, dass wir unsere Arbeit fortsetzen! Ich bin gespannt auf Eure Erfahrungen in der Zwischenzeit."

Hans (TL 2):
„Wir haben uns an der Scrum-Methodik orientiert: Wir haben Aufgaben und Rollen verteilt und führen Daily Sprints durch. Das klappt prima!"

Brigitte (TL 1):
„Wir sind mit unseren Aufgaben auch ganz gut vorangekommen: Unser interner Kunde ist zufrieden."

Magdalena (TL 3):
„Wir haben festgestellt, dass es verschiedene offene Punkte in der Zusammenarbeit gibt, die das Ergebnis erschweren. Daran sind wir jetzt. Es haben sich Lernpartnerschaften gebildet, um Kompetenzen aufzubauen. Damit wollen wir die Qualität und so die Kundenzufriedenheit erhöhen."

Brigitte:
„Und was hat das mit „agilem Arbeiten" zu tun?"

Magdalena:
„Nun, indem wir den individuellen Lernbedarf erkannt und spontan darauf reagiert haben."

Carsten:
„Das klingt interessant. Und wie geht´s weiter?"

Magdalena:
„Indem die Zweier-Teams voneinander lernen und anschließend die Kundenanfragen je nach Thema gezielter bearbeiten können."

Hans:
„Schafft Ihr das denn neben der Arbeit?"

Carsten blickt neugierig zu Magdalena.

Magdalena:
„Das erzeugt natürlich erstmal einen Engpass. Den werde ich selbst auffangen, indem ich quasi als Springer fungiere."

Carsten (runzelt die Stirn):
„Und wie nimmst Du Deine Arbeit als Teamleiterin wahr?"

Magdalena (etwas verunsichert):
„Indem ich mich anders organisiere – und den Rest als Mehrarbeit leiste."

Carsten:
„Dein Engagement freut mich sehr. Ich möchte aber vermeiden, dass Du an anderer Stelle die Qualität aus den Augen verlierst."

Magdalena (enttäuscht):
„Das wird nicht passieren! – Und wenn ich das noch sagen darf: Ich hätte mir eher Unterstützung als Kritik gewünscht."

Carsten (irritiert):
„Das soll keine Kritik sein, sondern ein gut gemeinter Ratschlag."

Magdalena (ernüchtert):
„Glaube ich Dir ja. Aber es hilft mir leider nicht."

Carsten:
„O. K. Dann halte mich bitte auf dem Laufenden. Ich möchte Dir gerne helfen, soweit ich kann!"

Magdalena (ermüdet):
„Mache ich."

Brigitte:
„Ich finde das richtig gut, was Du machst. Sag mir bitte, wie es weitergeht. Ich würde gerne wissen, welche Erfahrungen Ihr damit macht."

Magdalena:
„Gerne. Wir können ja mal zusammen Mittagessen gehen."

Hans schweigt und sieht die beiden etwas verstört an.

2.3.3.1 Draufsicht

Für Magdalena fühlt es sich an wie ein Pyrrhussieg: Sie hat das Teamleiter-Meeting mehr überstanden als davon profitiert. Carsten (AL) argumentiert immer noch überwiegend aus der Steuerungsrolle; er hat eher die klassischen Managementinhalte vor Augen. Seine Erkenntnisse aus dem Gespräch mit seinem Geschäftsführer kann er hier noch nicht umsetzen. Teamleiter Hans orientiert sich an seiner Methodenperspektive. Brigitte ist neugierig, aber unverbindlich. Die Teamleiter sind noch weit davon entfernt, ein Team zu werden. Hier bedeutet das Ergebnis („Act"), dass im Beginn des nächsten Zyklus („Plan") die notwendigen Handlungen („Do") zur tatsächlichen Betroffenheit der Teamleiter und deren Interaktionen im Fokus stehen sollten.

2.4 Vierter Zyklus

2.4.1 Geschäftsführer und alle Führungskräfte – Diagnose der Unternehmenskultur

Nach Bitten von Geschäftsführer und Abteilungsleiter hat ein Teamleiter die Aufgabe übernommen, eine externe Beraterin auszusuchen, um einen Workshop bezüglich der Diagnose des Unternehmens, hierbei der Führungskultur, durchzuführen. Alle Führungskräfte haben die Einladung akzeptiert und sich angemeldet. Die externe Beraterin stellt zu Beginn des Workshop-Tages ein Tool vor, anhand dessen sich die Führungskräfte selbst durch 25 kulturrelevante Fragen arbeiten. Es herrscht ein wenig Irritation, da die Annahme bzw. Erwartungshaltung einiger Führungskräfte darin besteht, dass die externe Beraterin sie durch diese Workshop-Sequenz führt und moderiert. Die Gruppe von insgesamt zehn Führungskräften schaut sich fragend und erwartungsvoll an, und es entsteht ein Moment des Schweigens, der mit einer knisternden Stimmung verbunden ist. Nach ca. 30 Sekunden kann Abteilungsleiter Carsten die geheimnisvolle Schweigestimmung nicht mehr aushalten und übernimmt das Ruder.

Carsten:
„Hans, lies Du doch mal bitte die Fragen vor und wir können uns ja dann kurz austauschen. Ich denke, da sind wir oft einer Meinung, wir arbeiten ja schon sehr lange zusammen. Bestimmt haben wir die 25 Fragen sehr schnell beantwortet und können uns dann den wichtigen Dingen zuwenden."

Hans (Teamleiter):
„O. K. Carsten, mach´ ich gerne, wobei mir die Vorgehensweise noch nicht ganz klar ist. Sollen wir dann abstimmen, welche Karte es ist, oder schreibt jeder auf, wofür er sich entscheidet?“

Carsten:
„Ach Hans das ist doch ganz einfach: Du liest vor und wir stimmen dann ab und wofür die meisten sich entschieden haben, trifft es dann für uns. Das sehen doch alle bestimmt so oder?“

Die Teamleiter schauen sich alle fragend an, keiner antwortet auf die Fragestellung und es ist vereinzelt ein Schulterzucken oder ein zustimmendes Nicken zu sehen.

Geschäftsführer:
„Hat denn keiner dazu eine Meinung? Was glaubt Ihr denn, mit welcher Vorgehensweise wir hier zu einem guten Ergebnis kommen?“

Magdalena (Teamleiterin):
„Die Idee von Carsten ist ja sehr gut, aber vielleicht kommen dann die unterschiedlichen Meinungen nicht zu gut zum Tragen, wenn wir nur abstimmen.“

Brigitte (Teamleiterin):
„Also ich bin dafür, das genauso zu machen, wie Carsten es gesagt hat.“

Magdalena:
„Das ist bestimmt die schnellste Variante, um zu einem Ergebnis zu kommen. Ich denke aber, wir sollten uns hier bewusst Zeit nehmen, um unterschiedliche Positionen und Wahrnehmungen zu hören und kontrovers zu diskutieren.“

Carsten:
„Unterschiedliche Positionen? Ich dachte, wir haben in den letzten Wochen und Monaten doch sehr vertrauensvoll und gut zusammengearbeitet, oder, Magdalena, gibt es da etwas, das ich wissen sollte bzw. gibt es Unzufriedenheit mit meinem doch offenen Führungsstil?“

Brigitte:
„Bei mir ist alles gut. Ich glaub´, die andern ... also ich habe auch nichts Gegenteiliges von den anderen Teamleitern gehört. Weiß gar nicht, was Magdalena da jetzt bewegt!?“

Geschäftsführer:
„Na das ist ja interessant – dann haben wir anscheinend den richtigen Berater ausgewählt, um an dem Thema Agilität und Selbstorganisation zu arbeiten. Ich finde es sehr gut, dass es unterschiedliche Sichtweisen zu der Herangehensweise gibt und denke, dass wir diese kontroversen Diskussionen auch bei der Bearbeitung der unterschiedlichen Fragestellungen weiter-

führen sollten. Carsten, was hältst du davon, wenn Du die Fragen vorliest und alle dann offen miteinander diskutieren?"

Carsten:
„Naja, wenn Du das jetzt so gerne hättest, dann können wir natürlich so vorgehen. Das wird dann aber eine ganze Ecke länger dauern. Ich weiß nicht, ob das dann wirklich agil und effizient ist?"

Geschäftsführer:
„Ja. Ich denke mir, ist es wichtig, hier nicht zu sehr auf die Zeit und Effizienz zu achten, sondern jedem die Möglichkeit zu geben, seine Wahrnehmung zu der jeweiligen Fragestellung zu beschreiben."

Der Prozess startet, Carsten liest die jeweils vier unterschiedlichen Antwortmöglichkeiten zu den zu diagnostizierenden Kulturfeldern vor. Am Anfang kommt die Diskussion nicht so richtig in Gang. Die Führungskräfte scheinen noch etwas verunsichert zu sein; bis dahin war es nicht die Regel, dass offen über gegensätzliche Meinungen von Abteilungsleiter und Geschäftsführer in Anwesenheit der Teamleiter gesprochen wurde. Nach einer kurzen Intervention vom Geschäftsführer wird jetzt nach dem Kreisprinzip jeder Einzelne nach seiner Meinung gefragt. Nach zwei bis drei zögerlichen Runden trauen sich die einzelnen Personen immer mehr, hinsichtlich der Beschreibung bisheriger Verhaltensweisen in der Zusammenarbeit unterschiedliche Positionen einzunehmen. Jetzt steht das Kulturfeld Führung zur Diskussion an.

Carsten:
„Na, das wird ja dann spannend. Nach den schon bisher überraschend unterschiedlichen Positionen hoffe ich, dass wir im Hinblick auf unsere Mitarbeiter beim Thema Führung doch eher einer Meinung sind. Also, hier zu einem Aspekt des Kulturfeldes Führung die möglichen Antwortmöglichkeiten: a) Hierarchien können – wenn es sie denn gibt – im Alltag auch ignoriert werden; b) Hierarchien gibt es, treten aber im Alltag weitgehend in den Hintergrund; c) Hierarchien werden klar im Alltag definiert und in der Praxis eingehalten; d) Hierarchien gibt es, im Alltag wirken jedoch vor allem die informellen. Also das ist ja wohl klar, ich denke es gibt Hierarchien, aber die sind doch dadurch, dass wir alle so gut zusammenarbeiten, nicht so wichtig. Also ganz klar b) oder!?"

Es entsteht wieder eine Pause, ähnlich wie am Anfang. Die Augen richten sich auf den Geschäftsführer; der bemerkt dies und bricht das Schweigen.

Geschäftsführer:
„Was schaut Ihr alle mich denn jetzt an? Wir hatten doch Kreisprinzip bislang vereinbart, also los dann .... Hans, Du bist an der Reihe."

Hans:
„Also ich sehe das wie Carsten: Antwort b) ist für mich die Richtige; wäre ja auch sonst für die Mitarbeiter nicht günstig."

Magdalena:
„Hm, ich will ja nicht unbedingt wieder aus der Reihe tanzen und extra eine Gegenposition einnehmen, aber für mich ist Antwort d) eher passend: Es gibt Hierarchien, aber im Alltag wirken jedoch vor allem die informellen Hierarchien und die damit verbundene bessere oder schlechtere Beziehung zu den Führungskräften. Also ich habe schon das Gefühl, wenn ich was sage, zählt das bei Carsten nicht so, wie wenn Hans seine Meinung kundtut. Da habe ich das Gefühl, eher beim Geschäftsführer ein offenes Ohr zu finden."

Carsten:
„Na das finde ich ja schon fast als offene Revolution! Du stellst meinen Führungsstil in Frage und willst noch einen Keil zwischen mich und unseren Geschäftsführer treiben. Also Kulturworkshop hin oder her, aber das lasse ich mir nicht bieten."

Magdalena:
„Das tut mir leid, wenn Du das so empfindest. Ich wollte Dich nicht infrage stellen, sondern nur meine bisherigen Erfahrungen offen schildern und zur Diskussion stellen. Ich dachte, dafür wären wir hier in diesem Kulturworkshop, um agiler miteinander umzugehen und zu arbeiten?"

Es entsteht eine betroffene und etwas unbehaglich anmutende Stille. Nach einer gefühlten Ewigkeit bricht die externe Beraterin das Schweigen.

Beraterin:
„Wenn Ihr Euch jetzt mal von der persönlichen Betroffenheit löst und „von oben" aus der Metaposition darauf schaut, was jetzt hier gerade passiert, wie würdet Ihr diesen Prozess beschreiben?"

Brigitte:
„Also mir fällt es ganz schön schwer, das auszuhalten; aber es wird doch klar, dass unter der Oberfläche einiges rumort und wir nicht so tun sollten, als ob alles klar ist in unserer Zusammenarbeit."

Geschäftsführer:
„Ich bin sehr froh, dass wir hier einen Raum gefunden haben, wo es möglich ist, uns so kontrovers miteinander auszutauschen. Für mich stellt sich die Frage: Wie können wir zukünftig sicherstellen, dass die Unterschiede, die es für mich immer geben wird, konstruktiv in unserer Zusammenarbeit berücksichtigt und besprochen werden?"

Carsten:
„Da habe ich wohl zu naiv gedacht, dass alles gut ist. Was denken wohl die Mitarbeiter dann? Die spüren doch auch bestimmt, dass es bei uns Konflikte und Unklarheiten gibt. An wem sollen die sich orientieren, wenn die Führungskräfte sich nicht einig sind?"

Beraterin:
„Wir sind ja hier in diesem Workshop zu einer Diskussion bezüglich der aktuell wahrgenommenen Unternehmenskultur. Was denkt Ihr, hat dieser Prozess für eine Bedeutung bzw. welchen Hinweis gibt er auf die aktuelle Fragestellung der Einführung von „agilem Arbeiten/Agilität"?"

Brigitte:
„Wenn wir in unserer bisherigen Zusammenarbeit so viele Unterschiede feststellen, dann ist ja umso unklarer, was mit „mehr agil sein" gemeint ist. Wir müssten mit unseren Mitarbeitern gemeinsam auch mal so einen Workshop durchführen, vermutlich sehen die das noch ganz anders."

Magdalena:
„Ja, das ist eine gute Idee. Wir haben ja in den unterschiedlichen Kulturfeldern jetzt Ansatzpunkte, was wir verbessern könnten. Wir müssten dann nur mal festlegen, was das im Zusammenhang mit der gewünschten Agilität bedeutet."

Aus der betroffen Stille entwickelt sich so langsam eine leichte Aufbruchsstimmung, mit der die weiteren Felder der Unternehmenskultur bearbeitet werden. Am Ende der Diskussionen und der Beantwortung bzw. Beschreibung wahrnehmbarer Verhaltensweisen und formeller bzw. informeller Regeln kommt ein Kulturprofil heraus, welches sein Fundament in einer rangorientierten, hierarchischen Kultur aufzeigt.

Carsten:
„Na das hätte ich jetzt nicht gedacht; da bin ich doch etwas überrascht."

Abschließend führt die externe Beraterin eine Prozessreflexion mit allen Führungskräften durch: Die Führungskräfte sind aufgefordert, über die gemachten Erfahrungen und die daraus abgeleiteten Erkenntnisse vom heutigen Tage zu berichten. Dafür bekommt jeder 15 Minuten Zeit, um den Tag Revue passieren zu lassen und sich auf die Abschlussrunde vorzubereiten.

Brigitte:
„Ich bin ehrlich gesagt ganz schön durch von dem Tag, fand diesen aber wichtig und hilfreich. Wir hatten heute endlich mal Zeit, abseits vom Tagesgeschäft uns über unsere Zusammenarbeit auszutauschen. Hier gibt es doch sehr unterschiedliche Wahrnehmungen und Bedürfnisse, die an die Oberfläche getreten sind. Hierfür würde ich mir zukünftig mehr Raum und Zeit wünschen, damit sich nicht zu viel aufstaut und es einen regelmäßigen Austausch der Unterschiedlichkeiten gibt, die ja völlig normal sind."

Magdalena:
„Ich hatte heute einige Situationen, die mich an den normalen Arbeitsalltag erinnert haben, wo es mir schwerfiel, mich davon frei zu machen und mich heute völlig frei auf diesen interessanten Prozess einzulassen. Mit der Zeit und vor allem mit der Möglichkeit, über unterschiedliche Positionen zu diskutieren ohne gleich in „richtige" oder „falsche" Bewertungen abzudriften, ging das für mich dann leichter. Ich finde es normal, dass wir unterschiedliche Sichtweisen zu bestimmten Themen haben, aber schade, dass wir noch nicht die Kultur entwickelt haben, damit umzugehen, was ich mir aber sehr wünschen würde."

Hans:
„Hm, für mich war das nicht so einfach heute. Ich dachte, die Führungskraft gibt die Richtung von oben vor und die anderen geben dann dementsprechend ihr Bestes. Man muss ja nicht immer alles diskutieren und totreden. Aber so einfach scheint das alles ja nicht zu sein und es ist bestimmt wichtig, die unterschiedlichen Meinungen einzuholen; speziell, wenn wir dann alle agil sein wollen."

Carsten:
„Ich habe mich heute als Person häufig infrage gestellt gefühlt und konnte mich nur sehr schwer davon lösen und frei mitarbeiten. Ich habe mich zwischendurch gefragt, ob denn alles schlecht war, wie ich bislang hier gearbeitet und geführt habe. Ich verstehe aber die unterschiedlichen Sichtweisen und möchte mich bemühen, öfter und früher in den Austausch zu gehen. Evtl. können wir zukünftig das irgendwie in unsere Zusammenarbeit integrieren. Vor allem wurde mir klar, wie diffus unsere nicht ausgetragenen unterschiedlichen Sichtweisen und unser doch unterschiedliches Führungsverständnis auf die Mitarbeiter wirken müssen. Ich denke, hier sollten wir dringend in den Austausch mit unseren Mitarbeitern kommen und hören, was es hier für Anforderungen an uns Führungskräfte gibt. Da schwelt bestimmt auch einiges unter der Oberfläche."

Geschäftsführer:
„Ich freue mich über diesen Tag und über unsere Zusammenarbeit, vor allem über die kontroversen Auseinandersetzungen. Ich denke, wir haben alle gesehen, dass wir nicht davon ausgehen können und sollten, dass „Allen alles klar ist". Insbesondere bei der Herausforderung, das Thema „Agilität" bzw. „agiles Zusammenarbeiten" anzugehen. Ich bin mir aber sicher, dass wir mit diesen Erkenntnissen gemeinsam mit unseren Mitarbeitern einen weiteren Schritt nach vorne gehen können. Vielen Dank an Euch und auch an die externe Beraterin, die uns ja heute so ein bisschen vorgelebt hat, wie Selbstorganisation aussehen und unterstützt werden kann."

2.5 Zusammenwirken der Handlungsebenen

Die geschilderten Situationen sind zunächst einzelne Handlungsstränge, welche jedoch in ihrem Zusammenhang wirken und zu betrachten sind. Darüber hinaus verlaufen sie in aufeinanderfolgenden Zyklen, welche den Lern- und Veränderungsprozess kennzeichnen.

Neben diesen Zyklen besteht der organisationale Zusammenhang darin, dass die – theoretisch – in drei Ebenen (Individuum, Organisationseinheit, Gesamtorganisation) gegliederten Handlungsstränge praktisch aufeinander wirken. Dies geschieht mittelbar und unmittelbar, je nachdem wie diese verknüpft sind. Die in Kapitel G beschriebene Individuum-fokussierte Transformationsmatrix (siehe Abbildung G.04) verteilt diese funktional zusammengehörenden Stränge aus Gründen der Übersichtlichkeit auf die entsprechenden Felder.

	Individuum	Org.-Einheit	Gesamt-organisation
Kultur	Einstellungen/Überzeugungen: Wandel (= Mindshift) zu Selbstorganisation	Beziehungen/Zusammenarbeit: Selbst-bestimmung und Autonomie	Unternehmens-kultur: Lern- und Führungskultur der Selbstorganisation
Technik	Funktionalitäten: individuelle elektronische Lernformate	Anwendungen: Digitale Plattformen und Instrumente	IT-Architektur: Digitale Infrastruktur
Struktur	Fachliche Kompetenz: Methoden Selbstlernkompetenz	Aufgaben/Rollen: Rollen in der Selbst-organisation	Organisations-struktur: Rahmenbedingungen für Selbstlernprozesse
Strategie	Individuelle Ziele: Selbstführung	Bereichs-ziele: Selbstorganisation der Einheiten	Unternehmens-ziele: Lernstrategien zur Selbst-organisation

Abb. 2.02: Individuum-fokussierte Transformationsmatrix mit Unternehmensbeispielen

Umgekehrt müssen nun diese Stränge, welche im Unternehmen noch relativ unvermittelt nebeneinander herlaufen, zusammengefasst werden. Dies geschieht in einer Form der Auftragsklärung (siehe Kapitel 5 Gestaltungselemente der Organisationsentwicklung), welche Ziele, Rollen und Beziehungen beinhaltet und miteinander verbindet. Dadurch werden die Zusammenhänge und (Wechsel-)Wirkungen sichtbar gemacht.

Die Zusammenführung der einzelnen Handlungsebenen wird im folgenden Kapitel vor dem Hintergrund der Prozesszyklen und der zwölf Handlungsfelder im Modell der Selbstorganisation fortgesetzt.

Im nachfolgenden Kapitel wird der hier beschriebene Prozess im Detail methodisch betrachtet und in ein Modell der Selbstorganisation integriert.

3 Reflexion des Prozesses

In Kapitel 2 wurden die einzelnen Situationen des Veränderungsprozesses in unserem Unternehmensbeispiel erörtert. Die Vorgehensweise haben wir jeweils als PDCA-Zyklus beschrieben. Nun soll der Prozess in einer Gesamtsicht über dieses Veränderungsvorhaben betrachtet werden. Dazu werden die einzelnen PDCA-Zyklen (je Situation) in einen übergeordneten PDCA-Zyklus integriert, sodass zwei Ebenen des Veränderungsprozesses erkennbar werden:

Zwei Ebenen

Die operative Handlungsebene und die Gesamtprozessebene.

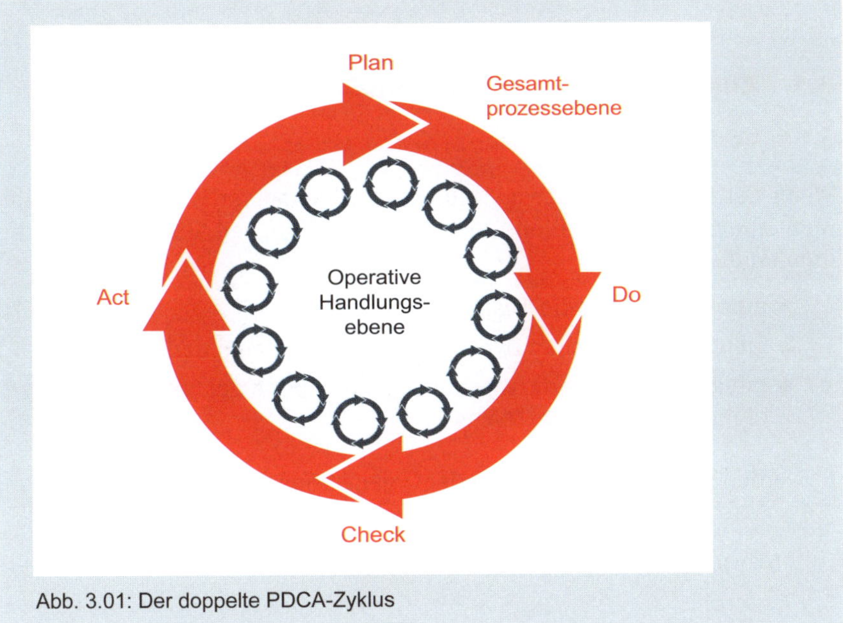

Abb. 3.01: Der doppelte PDCA-Zyklus

Lernen findet also auf zwei Ebenen statt: Zum einen situativ individuell, gruppenbezogen und gesamtorganisatorisch (operative Handlungsebene), zum anderen auf einer Gesamtprozessebene (übergreifende Beobachtungsebene) aller Zyklen.

Auf den verschiedenen Organisationsebenen (Individuum, Organisationseinheit, Gesamtorganisation) verlaufen situative Handlungsstränge der Beteiligten.

Wechselwirkungen

Diese Handlungsstränge beeinflussen sich wechselseitig direkt oder indirekt. Die Wirkungen können direkt beobachtbar oder auch nur an den Wirkungen zu erkennen sein:

A. Das Gespräch zwischen der Teamleiterin Magdalena und ihrem Kollegen Robert beeinflusst Magdalenas Verhalten sowohl in der Teamsitzung als auch im Gespräch mit ihrem Mitarbeiter Torben.
B. Das Gespräch zwischen dem Geschäftsführer und seinem Abteilungsleiter (Carsten) beeinflusst dessen Verhalten im Teamleiter-Meeting.
C. Es bestätigt den Geschäftsführer, einen Workshop mit seinen unterstellten Führungskräften auf Unternehmensebene durchzuführen.

Bedeutung der Handlungsstrategie

Alle drei Handlungsstränge beeinflussen insgesamt das weitere Vorgehen im Unternehmen. Sie fördern oder verringern die Erreichung des Ziels: Die Einführung von agilem Arbeiten bzw. Selbstorganisation.

3.1 Zusammenwirken der Handlungsstränge

3.1.1 Verflechtung der Organisationsebenen

Wenn der Geschäftsführer mit einem Abteilungsleiter (Carsten) über eine Maßnahme zur Organisationsentwicklung spricht („agil Arbeiten") dann beinhaltet dies

- eine Aktivität für die Gesamtorganisation
- gleichzeitig sprechen zwei Individuen zusammen darüber
- integrieren sie die dazwischenliegende Ebene der Organisationseinheiten (Abteilung/Teams).

Es werden somit die drei Ebenen der Organisation (vgl. Kapitel 2, Abbildung 2.02) durch entsprechende Interaktionen verflochten.

3.1.2 Verflechtung der Organisationsdimensionen

Wenn der Abteilungsleiter mit seinen Teamleitern über deren Vorgehen bei der Einführung agilen Arbeitens spricht, betrifft es

- Lernstrategien oder die Dimension der Strategie
- Inhalte und Methoden oder die Dimension der Struktur
- die Zusammenarbeit untereinander oder die Dimension der Kultur[1].

Die Dimensionen der Transformationsmatrix werden durch die jeweiligen Interaktionen verflochten.

[1] Die Dimension der Technik hat in unserem Unternehmensbeispiel bis dato keine explizite Rolle gespielt.

In unserem Unternehmensbeispiel wird diese Integration fortgesetzt durch einen Führungskräfteworkshop, in dem leitende Mitarbeiter aller Ebenen zusammenarbeiten.

Notwendige Transferleistung

Da die übrigen Mitarbeiter des Unternehmens nicht daran teilnehmen, besteht die besondere Herausforderung darin, den Prozess, der im Workshop stattgefunden hat, auf die zugehörigen Individuen der jeweiligen Teileinheiten zu übertragen.

Dadurch entstehen zwangsläufig Informations- und Erkenntnisdefizite. Diese sind wiederum durch entsprechende Rückkopplungen zur vorangegangenen Arbeitsebene auszugleichen.

3.1.3 Verflechtung der zwölf Handlungsfelder

Durch das Zusammenwirken der Handlungsstränge über alle drei Ebenen und die vier Dimensionen hinweg entsteht „ein endloses geflochtenes Band“[2]. Hierbei werden durch die einzelnen Interaktionen der handelnden Individuen prinzipiell alle Handlungsfelder bzw. die jeweils darin stattfindenden PDCA-Zyklen integriert.

	Individuum	Org.-Einheit	Gesamt-organisation
Kultur	Einstellungen/ Überzeugungen: Wandel (= Mindshift) zu Selbstorganisation	Beziehungen/ Zusammenarbeit: Selbstbestimmung und Autonomie	Unternehmenskultur: Lern- und Führungskultur der Selbstorganisation
Technik	Funktionalitäten: individuelle elektronische Lernformate	Anwendungen: digitale Plattformen und Instrumente	IT-Architektur: digitale Infrastruktur
Struktur	Fachliche Kompetenz: Methoden Selbstlernkompetenz	Aufgaben/Rollen: Rollen in der Selbstorganisation	Organisationsstruktur: Rahmenbedingungen für Selbstlernprozesse
Strategie	Individuelle Ziele: Selbstführung	Bereichsziele: Selbstorganisation der Einheiten	Unternehmensziele: Lernstrategien zur Selbstorganisation

Abb. 3.02: Individuum-fokussierte Transformationsmatrix mit zwölf Handlungsfeldern

[2] Vgl. Hofstadter 2016.

Permanente Linienaufgabe

Für unser Fallbeispiel bedeutet dies, dass die Entwicklung der Unternehmenskultur – hier als abhängige Variable betrachtet – niemals abgeschlossen sein wird. Daher ist auch das kulturelle Ziel „agil Arbeiten" (oder Selbstorganisation verwirklichen) nicht als Projekt mit einem formulierten Auftrag sowie einem definierten Anfang und einem ebensolchen Ende zu verstehen, sondern vielmehr als permanente Linienaufgabe der Organisation.

3.2 Die operative Handlungsebene (innerer Kreis der PDCA-Zyklen)

Zunächst betrachten wir die Handlungsebene individueller, gemeinsamer und organisationsbezogener PDCA-Zyklen. Diese werden dezentral durch den einzelnen Mitarbeiter oder die Mitglieder der Organisationseinheit (Gruppe/Team, Abteilung etc.) gesteuert. Auch auf der Ebene der Gesamtorganisation sollten bei der Kulturentwicklung möglichst viele (idealerweise alle) Mitarbeiter und Führungskräfte interagieren. Das setzt voraus, dass sich die Mitarbeiter aller Ebenen dafür einsetzen und mitmachen.

Endlose Zyklen

Mit den Abbildungen 2.01 und 3.01 soll deutlich werden, dass es zwar immer einen (situativen) Anfang jedes einzelnen Zyklus – und damit des gesamten Prozesses – gibt, jedoch kein Ende: Es ist nicht anzunehmen, dass alle Führungskräfte und Mitarbeiter gleichzeitig in allen Organisationseinheiten so „agil arbeiten", dass keine Verbesserung mehr nötig bzw. möglich wäre.

Der PDCA-Zyklus ist die Beschreibung des kontinuierlichen Verbesserungsprozesses, welcher davon ausgeht, dass mehr oder weniger permanent und unbefristet Veränderungen im Prozess notwendig sind, um diesen zu optimieren. Um Toshio Horikiri, CEO von Toyota Engineering, zu zitieren, wenn er über TPP (Toyota Production System) spricht:

Zitat

„Wir machen das erst seit über 60 Jahren – und haben noch einen weiten Weg vor uns."

Dasselbe kann für den individuellen und organisationalen Lernprozess der Selbstorganisation gelten, denn:

1. Der persönliche Lernprozess im Sinne der Persönlichkeitsentwicklung jedes Individuums findet kein Ende (Stichwort „lebenslanges Lernen").
2. Der gemeinsame Lernprozess einer Organisationseinheit bzw. eines Teams in Bezug auf die Interaktionen zwischen den Individuen ebenso wenig.
3. Das Gleiche gilt konsequenterweise für die Gesamtorganisation mit Blick auf die Unternehmenskultur.

Zu 1: Persönlicher Lernprozess

Zum persönlichen Lernprozess gehören Wissen, Können (i. S. v. inhaltlichen und methodischen Fähigkeiten und Fertigkeiten) sowie das Erkennen und Überprüfen individueller Denk- und Verhaltensmuster.

Beispiel

In unserem Beispielunternehmen wird dies insbesondere erkennbar durch die sehr begrenzte Reflexionsfähigkeit des Abteilungsleiters Carsten sowie durch den entsprechenden Lernprozess der Teamleiterin Magdalena (siehe Kapitel 2). Carsten tut sich deutlich schwerer, seine spontanen inneren Reaktionen auf Mitarbeiterverhalten oder Geschäftsführerinput als solche zu erkennen – und dabei sich-selbst-bewusst (oder reflektiert) zu reagieren. Er lässt den spontanen Reaktionen vielmehr freien Lauf und bestätigt sich dadurch selbst (in der nichtreflektierten Haltung):

Stabilisierung statt neu zu lernen

Carsten stabilisiert damit seine bisherigen Lernerfahrungen. Das gibt ihm Sicherheit, verhindert damit allerdings, hinsichtlich seiner Sichtweisen und Überzeugungen Neues zu lernen. Nur wenn Bewertungsmuster erkannt, überprüft sowie bei Bedarf nachjustiert werden, ist es möglich, ein selbstgewähltes alternatives Verhalten zu entwickeln.

System 1

Die Stabilisierung bisheriger Reaktionsmuster – die über einen Lernprozess entwickelt wurden – geschieht in aller Regel nicht bewusst. Die inneren wie äußeren Reaktionen finden sofort und ungeprüft statt. Daniel Kahnemann (2012) hat diese Reaktionsmuster als „schnelles Denken" bezeichnet, welches unser kognitives System 1[3] leistet. Dies ist in vielen Situationen angebracht und kann sogar überlebenswichtig sein (z. B. im Straßenverkehr, beim Bergsteigen oder in Notfallsituationen). Daher ist es grundlegend in unserem Kopf verankert. Es produziert die entsprechenden Verhaltensweisen, führt uns dabei u. U. aber auch in die Irre. Wir reagieren deshalb auch in herausfordernden Situationen mit Abwehr oder spontanen, reflexartigen Handlungen, um die Anforderungen schnell zu bewältigen. Das bedeutet, dass bei sofortigen, unbedachten Reaktionen alte Denk- und Verhaltensmuster abgerufen werden[4]. Dies haben die handelnden Personen in unserem Fallbeispiel gezeigt. Da dieses kognitive Verarbeitungsprogramm elementar ist, bleibt es ein Leben lang erhalten.

Herausforderung

Die persönliche Auseinandersetzung mit dem kognitiven Verarbeitungsprogramm stellt die größte kognitive Herausforderung für jeden von uns dar.

[3] Als kognitive Systeme werden jeweils die Denkprozesse bezeichnet, die zu den o. g. Resultaten führen; die Unterschiede zwischen den beiden gedanklichen Prozessen (System 1 und 2) sind individuell höchst relevant.

[4] Vgl. Frankl 2011: „Zwischen Reiz und Reaktion liegt ein Raum. In diesem Raum liegt unsere Macht zur Wahl unserer Reaktion. In unserer Reaktion liegen unsere Entwicklung und unsere Freiheit."

System 2

Glücklicherweise stehen wir jedoch nicht mit System 1 allein da. Das „langsame Denken“, das System 2, ist die Schwester des Schnellen. Es muss jedoch bewusst aktiviert werden, um wirken zu können. Mit seiner Hilfe kann eine Situation bzw. Herausforderung analytisch betrachtet und gedanklich bearbeitet werden. Daraus ergeben sich anschließend entsprechende – veränderte – Handlungen. Dazu ist es notwendig zu erkennen, ob bzw. welche emotionalen Reaktionen eine distanzierte Betrachtung des Sachverhalts oder der relevanten Person beeinträchtigen. Damit System 2 wirken kann, benötigen wir einen emotional ausgeglichenen inneren Zustand, anderenfalls kommt System 2 nur bedingt oder gar nicht zur Wirkung. Deswegen sollten wir lernen, mit unserer emotionalen Betroffenheit (innere Resonanz) so umzugehen, dass sie nicht die Kontrolle über uns erhält.

Innere Ausgeglichenheit

Der Merksatz dazu lautet: „Ich bin nicht mein Gefühl.“ Gefühle kommen und gehen, sie können uns beflügeln oder behindern.

Da wir ein Leben lang sowohl intuitiv reagieren als auch emotional betroffen sein werden, sollte der entsprechende Lernprozess immer wieder – in jeder Situation neu – durchlaufen werden.

Dieser Lernprozess wird von Julius Kuhl (2001) bezeichnet als

a) „Selbstkontrolle“, nämlich das Betrachten und kritische Auseinandersetzen mit eigenen Fehlern und das Aushalten von Enttäuschungen, sowie
b) als „Selbstregulation“ , indem man sich selbst beruhigt und tröstet und sich motiviert und zum Handeln ermutigt.

Um effektiv Handeln zu können, muss eine kognitive und emotionale Balance hergestellt werden. Die anzustrebenden Effekte von Selbstkontrolle (von Emotionen) und Selbstregulation (Eigenmotivation und Handlungsfähigkeit) zeigen sich in unserem Unternehmensbeispiel.

a) Selbstkontrolle

Der Geschäftsführer in unserem Fall ist enttäuscht über das Nicht-Verstehen seines Abteilungsleiters bzgl. dessen Führungsverhalten. Er kann seine Enttäuschung jedoch kontrollieren und äußert diese nicht als direkte Kritik oder gar Vorwurf. Durch Selbstkontrolle wird es möglich, mit negativen Emotionen umzugehen. Enttäuschungen auszuhalten („Frustrationstoleranz“), sie kritisch zu betrachten und sich mit dem eigenen Verhalten auseinanderzusetzen sind die Voraussetzungen für eine „bewusste Selbstkontrolle“. Dazu müssen eigene Fehler wahrgenommen und akzeptiert werden.

Frustrationstoleranz

In der größten negativen Resonanz (oder: schmerzhaften Erfahrung) liegt auch das größte Entwicklungspotenzial. Der bewusste Umgang mit dieser Erfahrung gibt Anstöße, das eigene Denken und Handeln zu verändern.

b) Selbstregulation

Die Teamleitern Magdalena schafft es nach dem Gespräch mit ihrem Kollegen Robert, sich selbst zu beruhigen und zum Handeln zu ermutigen. Dies stellt wiederum die Voraussetzung für eine wirksame Selbstregulation dar. Damit wird die Balance im Denken und Fühlen wiederhergestellt, um handlungsfähig zu bleiben bzw. wieder zu werden.

> Das Zusammenwirken von Selbstkontrolle und Selbstregulation ist ein zentraler Mechanismus für die Entwicklung der Persönlichkeit oder „Selbstwachstum" (J. Kuhl 2001).

Selbstwachstum

Magdalena konnte durch die weiterentwickelte Fähigkeit zur Reflexion und Selbststeuerung sowohl ihre Sichtweise als auch ihr Verhalten modifizieren.

> Dieser Lernprozess kann niemals ein Ende finden und stellt den iterativen, sich permanent wiederholenden individuellen Aspekt der PDCA-Zyklen dar.

Iterative Zyklen

Zu 2: Lernprozess der Organisationseinheit

In unserem Beispielunternehmen arbeiten Individuen zusammen. Daher treffen die einzelnen Denk- und Verhaltensweisen aufeinander. Was für das Individuum gilt, trifft jetzt in größerer Komplexität für das beschriebene Team zu:

Durch die veränderte Haltung und das entsprechende Verhalten von Torben hat sich in der zweiten Teamsitzung die Spannung etwas gelöst; ein erster Schritt hin zu einem gemeinsamen Vorgehen wurde getan.

Die Herausforderung besteht darin, nicht nur für sich selbst zu sorgen, sondern ebenso für alle anderen. Das mag überraschend klingen, stellt aber eine systemische Binsenweisheit dar.

> „Die Paradoxie des Überlebens in Unternehmen besteht darin, dass jeder nur dann für sich handelt, wenn er nicht nur für sich handelt"[5] – was im Umkehrschluss bedeutet: Jeder, der für sich handelt, sollte dabei auch für andere handeln – im Sinne von:
>
> Das Ich gestaltet das Wir.

Altruismus in der Organisation

Das Team (und die gesamte Organisation) kann folglich nur überleben, wenn ein gemeinsames Interesse daran besteht. Und das Überleben erfordert Effektivität[6] und Produktivität. Und diese können nur geleistet werden, wenn

---

[5] Vgl. Simon 2007.

[6] Effizienz ist natürlich auch notwendig für das Überleben einer Organisation, allerdings erst nachgelagert: „Wenn überall und von jedem effizient gehandelt wird, kommt etwas Falsches dabei raus" (Kurbjuweit 2005)

der o. g. individuelle Lernprozess in der Organisationseinheit (und der Gesamtorganisation) analog stattfindet: Wenn „Ich" nicht verstehe, wodurch meine inneren Reaktionen und äußeren Handlungen bestimmt sind, und welche Betroffenheit bei meinen Kollegen dadurch entsteht, wird es nur ein sehr eingeschränktes „Wir" geben. Und eine entsprechend reduzierte Zielerreichung.

Beispiel

Magdalena hat dies verstanden und verändert nun ihr Verhalten, um eine Verhaltensänderung der Teammitglieder zu ermöglichen.

Denn das Ziel eines gemeinsamen Verständnisses von Auftrag, Ergebnis und Vorgehensweise ist die Voraussetzung dafür, dass das Team das inhaltliche Ziel erreicht. Das übergeordnete Ziel ist nur zu erreichen, wenn die Beziehungen konstruktiv entwickelt werden:

Bedeutung der Gleise

Die Schienen (Beziehungen) sind die Voraussetzung dafür, dass ein Zug mit Gütern (Inhalte) an sein Ziel (Ergebnisse) kommt[7].

Durch unterschiedlichste Auslöser (neue Aufgaben, neue Verantwortlichkeiten, neues Rollenverständnis, neue Kollegen, neue Betroffenheit, neue Konflikte) bleibt es eine ständige Aufgabe, die Beziehungen neu zu gestalten.

Zu 3: Lernprozess der Gesamtorganisation

Voraussetzung: Interaktionsplattform

Das Gleiche gilt sinngemäß für die Gesamtorganisation. Dabei gibt es zwei Besonderheiten: Zum einen kommunizieren – im Sinne der Beziehungsgestaltung – normalerweise nicht alle Mitglieder direkt miteinander. Zum anderen wirkt sich die Unternehmenskultur auf die Beziehungen aus. In unserem Fallbeispiel wird dies daran erkennbar, dass der Geschäftsführer (zunächst) mit seinen Führungskräften spricht, um dann in einem gemeinsamen Workshop das Veränderungsthema zu behandeln. Darüber hinaus hat noch keine Großgruppenveranstaltung (z. B. Open Space) stattgefunden, um mit allen Mitarbeitern zu sprechen; alternativ wurde bisher auch keine Intranet-Plattform angedacht, welche – zumindest elektronisch – allen Betriebsangehörigen die Möglichkeit zur (virtuellen) Interaktion bietet. Der organisationsübergreifende Austausch zu „agil Arbeiten" bzw. Selbstorganisation findet somit (noch) nicht statt.

Stabilitätsfaktor Unternehmenskultur

„Ich" kann also nicht mit allen Kollegen auf die gleiche Art und Weise das gemeinsame Ziel des Überlebens der Organisation behandeln. Somit bleiben grundsätzlich weiße Flecken auf der Landkarte der Unternehmenskultur. Diese werden kompensiert durch die formalen wie informellen Werte, Regeln und Verhaltensmuster in der Organisation – und stabilisieren (notwendigerweise) das Unternehmen damit. Ohne sie könnte keine Organisation funktionieren – allerdings wird mit der bestehenden Unternehmenskultur auch eine Veränderung erschwert oder sogar verhindert.

[7] Vgl. Schulz von Thun 2019.

Paradoxon

Dies stellt ein weiteres und zentrales Paradoxon des Organisationsmanagements bzw. des Change-Managements dar.

Die meisten Entscheider sind sich dieser Mechanismen nicht bewusst. Und deshalb sind Veränderungen grundsätzlich so schwer durchführbar.

Lernprozesse anstoßen

Es ist die Aufgabe des Geschäftsführers, dieses Paradoxon aufzulösen, indem er einerseits seinen Führungskräften und Mitarbeitern die dafür subjektiv benötigte Sicherheit vermittelt, und gleichzeitig die erforderlichen individuellen und organisationalen Lernprozesse anstößt. Dies setzt wiederum voraus, dass er bei sich selbst damit beginnt.

Haben diese Schritte stattgefunden, ist der entsprechende Lernprozess aber noch nicht beendet: Aufgrund der jeweiligen individuellen Persönlichkeitsentwicklungen, der Dynamiken von Team-Interaktionen, sowie neuer Marktanforderungen (neue Kunden/Anforderungen/Produkte) ist dieser organisationale Lernprozess eine kontinuierliche Herausforderung. Dies gilt auch vor dem Hintergrund, dass die Beantwortung der Sinnfrage (des Unternehmens und des Individuums darin) nur durch jeden Einzelnen selbst erfolgen kann. Jede vorgegebene „Lösung" ist dann bestenfalls ein Platzhalter, im schlechten Fall ein Anlass zur Ablehnung und ein Grund für Demotivation. In unserem Beispiel wird das sichtbar an der Frage:

Individuelle Sinnfrage

„Wozu sollte ich als Mitarbeiter/Führungskraft agil arbeiten?"

Es ist daher zwingend notwendig, dass sich jeder Einzelne im Unternehmen daran beteiligt, die grundlegenden Sinnfragen zu beantworten. Und jede Führungskraft sollte ihre Mitarbeiter bei der Beantwortung unterstützen können. Das beginnt beim Geschäftsführer gegenüber seinen direkt unterstellten Managern. Dies bedeutet Selbstorganisation auf Unternehmensebene. Und es ist „ein endloses geflochtenes Band".

3.3 Die Gesamtprozessebene (äußerer PDCA-Zyklus)

Zyklen erster und zweiter Ordnung

Der PDCA-Zyklus auf der Gesamtprozessebene beinhaltet die Beobachtung, Überprüfung und Nachjustierung des Vorgehens selbst. Es handelt sich gleichsam um einen kontinuierlichen Verbesserungsprozess (KVP) zweiter Ordnung. Analog zu dem KVP-Konzept, bei dem operative PDCA-Zyklen an der konkreten Aufgabenoptimierung arbeiten, gibt es einen zweiten KVP-Zyklus (zweiter Ordnung), bei dem idealerweise die organisationalen Rahmenbedingungen für den systematischen Verbesserungsprozess geschaffen werden (Arbeiten am System). Dies ist wichtig, damit die konkreten Optimierungspotenziale auf der operativen Handlungsebene realisiert werden können.

Überzeugungen prüfen

In Ergänzung zu dem klassischen KVP-Ansatz führen wir eine Auseinandersetzung mit den zugrundeliegenden Überzeugungen und Einstellungen („Mentale Modelle“[8]), um das bisherige Denken und Handeln zu identifizieren und durch neue Informationen veränderte Sichtweisen und entsprechende Verhaltensmuster zu ermöglichen.

Dysfunktionale Denkmuster erkennen

Die Aufforderung „Learning to See“[9] des Value-Stream-Mapping (Wertstromanalyse) aus dem Lean-Management dient zunächst dazu, inhaltlich-strukturelle Schwachstellen (Muda/Verschwendung) zu identifizieren. Dies findet grundsätzlich als methodischer Blick auf die Prozesse statt. Zusätzlich richten wir den Blick auch auf die inneren Prozesse eines jeden Individuums. „Learning to See Inside“ bedeutet ergänzend – um in der Analogie zu bleiben –, nicht-wertschöpfende Denkmuster (Prägungen, Konditionierungen) und daraus resultierende nicht gewünschte Verhaltensweisen zu erkennen und bei Bedarf zu verändern.

Arbeiten am System (oder Lernen zweiter Ordnung)

Dadurch wird das Lernen erster Ordnung (erste Ebene der PDCA-Zyklen/innerer Kreis) unterstützt und weitergeführt, indem das entsprechende Vorgehen selbst zum Thema wird: Es werden z. B. einzelne Hindernisse beim Lernen thematisiert, wie das Vermeiden, eigene Unsicherheiten zu benennen. Es handelt sich damit um ein sogenanntes Arbeiten am System gegenüber dem Arbeiten im System auf der operativen Handlungsebene (innere PDCA-Zyklen).

Auf der Gesamtprozessebene werden nicht mehr die Interaktionen in der jeweiligen Situation betrachtet, sondern deren Abfolge. Hierbei wirkt der vorausgegangene PDCA-Zyklus auf den nächsten. Dabei orientiert sich der nachfolgende Zyklus am Vorausgegangenen: Auf welche Veränderungen oder Nicht-Veränderungen kann wie reagiert werden? Und wie kann dabei das übergeordnete Ziel (hier: Agil arbeiten) verfolgt werden? Es wird also auf einen ganzen Handlungszyklus reagiert.

Beispiel

In unserem Unternehmensbeispiel (Kapitel 2) greift Magdalena die defensiven Verhaltensweisen von Torben auf; damit will sie die Voraussetzungen für die nächste Teamsitzung schaffen.

Steuerung auf der Gesamtprozessebene

Diese Veränderung ist die Beobachtungs- bzw. Steuerungsgröße im „Check“ des übergeordneten Zyklus: Eine Teamsitzung wird nicht erfolgreich sein, wenn konstruktive Interaktionen nicht möglich sind. – Der Effekt eines Vorgehens auf Augenhöhe dient dann dazu, den Prozess selbst anzupassen:

[8] Vgl. Argyris 2015.

[9] Vgl. Rother & Shook 2009.

- Die Veränderung ist wichtiger als der Plan[10]: Magdalena führt nicht einfach die nächste Teamsitzung durch, sondern schafft zunächst die notwendige Voraussetzung dafür.
- Die Flexibilität im Denken und Handeln ist die Voraussetzung für eine Anpassung der Prozesse: Die Teamleiterin verändert ihr konkretes Verhalten gegenüber ihrem Mitarbeiter, um diese Voraussetzung zu schaffen.
- Flexibilität ist ein Kriterium der individuellen und gemeinsamen Selbstorganisation: Magdalena erkennt und verändert das eigene Verhalten und ermöglicht dadurch Torben, dies entsprechend zu tun.

Es geht hierbei immer um alle vier Dimensionen unserer Transformations-Matrix (Abbildung 3.02): Kultur, Technik, Struktur und Strategie; die möglichen Handlungsfelder in einer Organisation werden dementsprechend definiert. So können jedes einzelne Handlungsfeld sowie die Abhängigkeiten und Wechselwirkungen aller 12 Felder handhabbar werden. Der Fokus liegt dabei auf der Kultur bzw. auf dem Denken und Handeln des Individuums. Dies geschieht nicht willkürlich, vielmehr ist es die Voraussetzung dafür, erfolgreich die sachlichen Inhalte zu bearbeiten.

Kultur im Fokus

Um sicherzustellen, dass die Betrachtung und das Handeln ganzheitlich geschehen, stehen diese Dimensionen mit den drei Ebenen der Veränderung im Mittelpunkt der Zyklen.

3.4 Der Kern aller Zyklen

Um unser Prozessmodell mit Inhalten zu füllen und um die Integration der Handlungsfelder darin zu gewährleisten, bilden diese Handlungsfelder den Kern unseres Gesamtmodells. Es wird hier (Abbildung 3.03) als Kreis mit vier Vierteln der Dimensionen Kultur, Technik, Struktur und Strategie sowie den Ebenen Individuum, Organisationseinheit und Gesamtorganisation dargestellt.

Hier gilt nicht die klassische Regel des Organisationsmanagements „vom Groben ins Detail". Erfolg verspricht ein Vorgehen vom Spezifischen zum Allgemeinen, nämlich vom Individuum über die Organisationseinheit zur Gesamtorganisation. Bei den Organisationsdimensionen wird hier der Fokus auf die Kultur gelegt, bei den Ebenen steht das Individuum im Zentrum der Prozessdarstellung der PDCA-Zyklen.

Vom Spezifischen zum Allgemeinen

[10] Viertes Postulat im Agilen Manifest 2001.

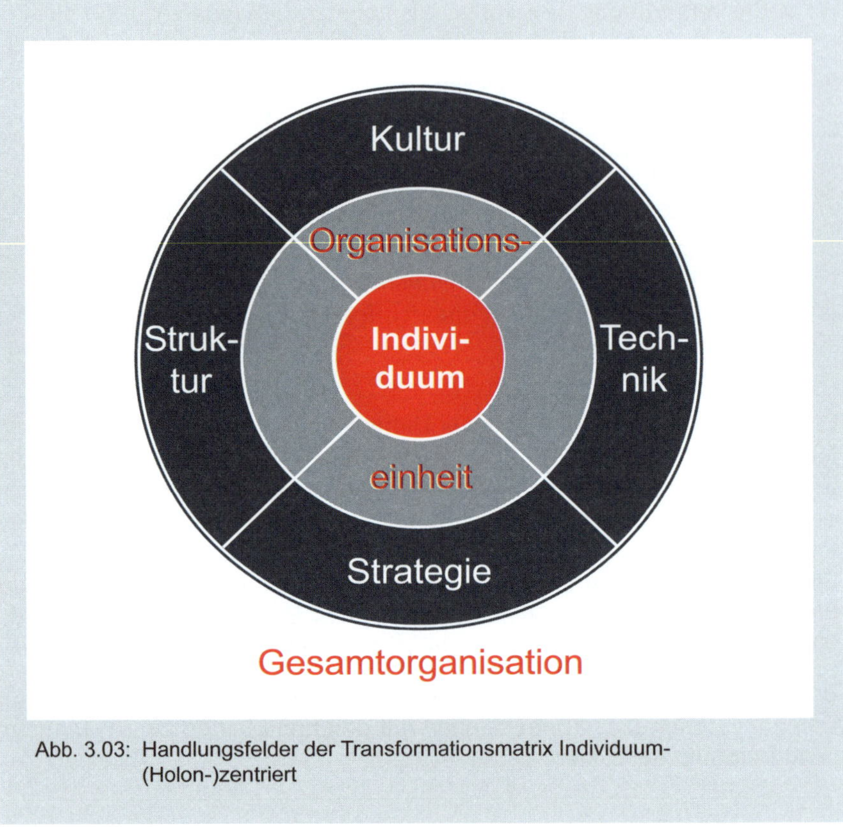

Abb. 3.03: Handlungsfelder der Transformationsmatrix Individuum-(Holon-)zentriert

Die obige Darstellung bezeichnen wir als Holon-zentriert (der Begriff Holon wurde von Arthur Koestler geprägt und bedeutet ein Ganzes, das Teil eines anderen Ganzen ist[11]). Diese kreisförmige Anordnung der Handlungsfelder wird als Mittelpunkt unseres Modells der Selbstorganisation in die PDCA-Zyklen eingefügt. Die Inhalte entsprechen der Tabelle in Abbildung 3.02.

Das Individuum im Zentrum

Alle Veränderungszyklen drehen sich im Kern um das Individuum. Und damit um alle Individuen in allen Organisationseinheiten bzw. der Gesamtorganisation.

[11] Vgl. https://de.wikipedia.org/wiki/Holon

3.5 Modell der Selbstorganisation

Unser Modell der Selbstorganisation führt die drei Ebenen der Handlungsfelder (Individuum, Organisationseinheit und Gesamtorganisation) im Rahmen der Prozesszyklen zusammen.

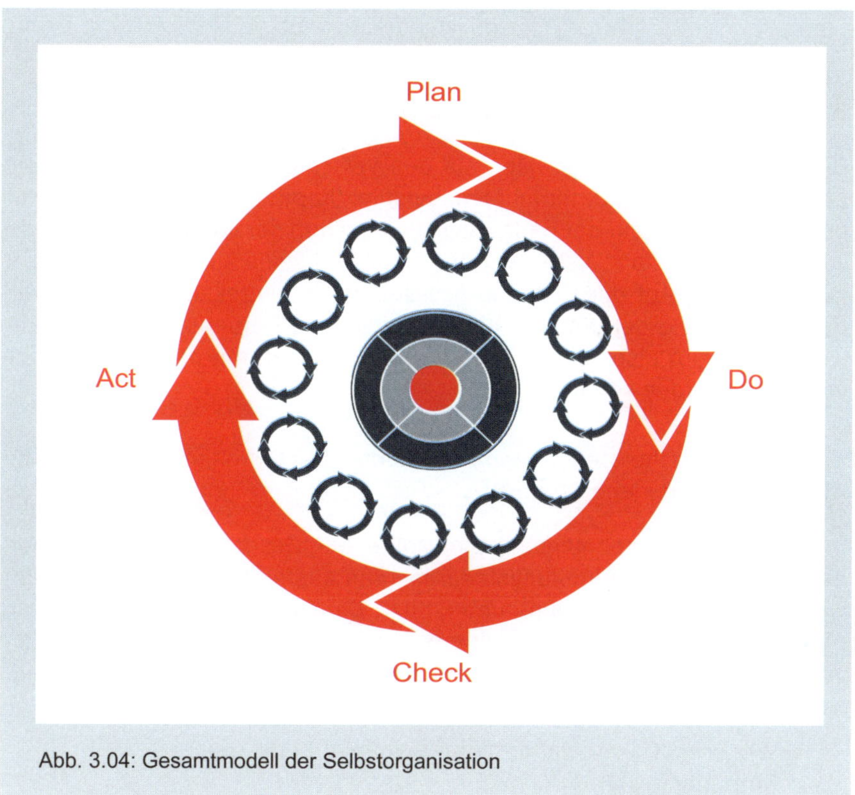

Abb. 3.04: Gesamtmodell der Selbstorganisation

Dadurch wird deutlich, dass das Individuum der Kern aller Handlungsfelder ist. Jeder Einzelne wirkt nicht nur als zentrales Element aller Aktivitäten, sondern wirkt darüber hinaus natürlich als Teil der nächsten Organisationsformen (Organisationseinheit und Gesamtorganisation). Das Individuum spielt deswegen in der Organisation – und insbesondere bei deren Veränderung – eine zentrale Rolle:

Lern- und Reflexionsfähigkeit erzeugen

Die Zielsetzung muss also sein, neue Lernprozesse in Gang zu setzen, die es zum einen ermöglichen, das eigene Verhalten und dessen Wirkung auf andere zu erkennen. Zum anderen soll eine Reflexionsfähigkeit entstehen, die es ermöglicht, alternatives Handeln zur Bewältigung der eigenen Aufgaben und zur Erreichung der Unternehmensziele zu entwickeln und als sinnhaft zu erleben.

Einflussfaktor Individuum

Diese Lernprozesse finden vor allem in den Feldern der Kulturdimension statt und wirken sich auf die übrigen Dimensionen aus. Da das Individuum im Mittelpunkt der Veränderung steht (siehe Abbildung 3.03) werden durch diese Fokussierung die Lernprozesse in den strategischen, strukturellen und technischen Dimensionen maßgeblich durch die persönliche oder Persönlichkeitsentwicklung beeinflusst.

3.6 Betrachtung des Gesamtprozesses

Am Anfang ist die Auftragsklärung

Die einzelnen Handlungszyklen auf den verschiedenen Organisationsebenen sind in unserem Unternehmensbeispiel (Kapitel 2) bereits erörtert worden. Dabei wurde auf der Handlungsebene schon darauf hingewiesen, dass zu Beginn kein „Plan“ erstellt wurde, zumindest keine Auftragsklärung stattgefunden hat. Auf der Gesamtprozessebene bedeutet dies, dass sowohl das „Doing“ wie der „Check“ ohne ausreichende Grundlage durchgeführt werden, es gibt also keinen angestrebten Zustand, mit dem das Ergebnis verglichen werden könnte.

Strategische Steuerung

Diese strategische Steuerung des Gesamtprozesses ist originäre Aufgabe des Top-Entscheiders.

In unserem Unternehmensbeispiel sollte der Geschäftsführer erkennen, dass zumindest ein Abteilungsleiter nicht in ausreichendem Maße die Entwicklung eines seiner Teams unterstützt. Der Geschäftsführer sollte dann nicht in die operative Umsetzung des Abteilungsleiters eingreifen, sondern versuchen, herauszuarbeiten, wie er diesen in seiner Führung und Verantwortungswahrnehmung unterstützen kann:

Reflexionsfragen

- Wie gehst Du vor, damit Deine Teamleiterin ihr Ziel klar formulieren kann?
- Was benötigt Deine Teamleiterin von Dir, damit sie ihr Ziel verfolgen kann?
- Was steht dem im Wege?
- Was kannst Du tun, um dieses Hindernis zu beseitigen?
- Was brauchst Du von mir, damit Du Deine Teamleiterin besser in der Umsetzung von agilem Arbeiten unterstützen kannst?

Rollenwahrnehmung

Damit wird die Interventionsebene Individuum (siehe Kapitel 1) angesprochen: Zwei Individuen – hier der Geschäftsführer und sein Abteilungsleiter – treten in Interaktion. Damit werden auch die entsprechenden Rollen in der Interaktion relevant: Der Geschäftsführer als Führungskraft und Change-Manager, der mit dieser Rollenwahrnehmung die prinzipiell unteilbare Verantwortung für das gesamte Vorgehen übernimmt, sowie der Abteilungsleiter Carsten, der seine Führungsrolle einnehmen soll. Für beide Führungsrollen gilt der anzustrebende Zustand des sich selbst führenden „Leaders" (siehe Kapitel 1). Damit beide Führungskräfte diesen Erwartungen gerecht werden können, ist ein begleiteter Lernprozess notwendig: Dort, wo der Geschäftsführer für sich selbst erkennt, dass er seine Reflexionsfähigkeit und damit seine Möglichkeiten zum Überprüfen und Ändern seiner Denk- und Handlungsweisen weiterentwickeln kann, greift er auf Unterstützung durch einen externen Coach zu.

Angeleitete Selbstreflexion

Diese Selbstreflexion und das dadurch ausgelöste Lernen ist notwendig: Es gibt keinen „Münchhausen-Effekt", bei dem die oberste Führungsebene (und natürlich auch alle anderen) sich selbst am Schopf aus dem Sumpf zieht. Ohne eine fremde Perspektive bleiben die eigenen blinden Flecke weiterhin ungesehen[12].

Im nächsten Schritt bietet der Geschäftsführer seinem Abteilungsleiter die gleiche Lernmöglichkeit durch dazu hilfreiche Interventionen an. Diese können z. B. sein (vgl. Kapitel 5 Gestaltungselemente der Organisationsentwicklung):

- Feedback
- Zwiegespräch
- (resonanzbasierte) Selbstreflexion.

Initiierung top-down

Der Geschäftsführer initiiert als Top-Entscheider den unternehmensweiten Lernprozess und praktiziert diesen mit seinen direkt nachgeordneten Führungskräften. Diese setzen den Prozess auf ihrer Verantwortungsebene mit ihren Führungskräften um, bis die unterste Führungsebene dies mit ihren Mitarbeitern tut. Der entsprechende Schritt im Rahmen der Einführung von Selbstorganisation im Unternehmen ist die Durchführung der individuellen und teambezogenen Lernprozesse durch den Geschäftsführer mit seinen Führungskräften. Dies wird sukzessive hierarchisch nach unten getragen, bis die Mitarbeiterebene erreicht wird. Die Arbeitsgruppen werden durch Teamentwickler und die Anwendung entsprechender Interventionen unterstützt.

Bei Bedarf Coaching

Grundsätzlich sollte jede Führungskraft auch auf einen externen Coach zugreifen können; es soll hier jedoch betont werden, dass der jeweilige Vorgesetzte den Lernprozess seiner nachgeordneten Führungskräfte und Mitarbeiter unterstützen sollte. In aller Regel benötigen Vorgesetzte wiederum selbst eine Unterstützung für den dazu notwendigen Lernprozess.

Steuerungsteam bzw. Resonanzgruppe

Neben den Interaktionen und Interventionen auf der Ebene Individuum finden solche auch auf der Ebene Team statt: Ein Steuerungsteam (oder eine Resonanzgruppe), das aus Vertretern aller Hierarchieebenen sowie ausgewählten Schlüsselpersonen des Unternehmens besteht, greift die Rückkopplungen aus den Umsetzungseinheiten auf und reflektiert das gesamte Vorgehen.

---

12 Die Analogie zum physiologisch bedingten blinden Fleck, nämlich der Stelle, wo der Sehnerv durch die Netzhaut tritt und an der nichts gesehen werden kann, ist frappierend.

Beobachtungsperspektive

Ziel dabei ist, den Gesamtprozess wahrzunehmen und sowohl die methodische Vorgehensweise in den PDCA-Zyklen als auch die Anwendung und Wirkung der Interventionen zu erkennen.

Dort, wo erkennbar keine Lerneffekte auftreten, besteht dann die Möglichkeit, den Lernprozess zu unterstützen. Dazu dient z. B. die Rückkopplung dieser Wahrnehmungen an die handelnden Personen. Die dazu notwendige Reflexion innerhalb des Steuerungsteams bzw. der Resonanzgruppe findet ebenfalls durch Interventionen statt wie z. B. (siehe Kapitel 5):

- resonanzbasierte Teamretrospektive
- Team- bzw. Entwicklungsboard[13]
- Teamaufstellung.

Weitere Interventionen können sich aus diesen Reflexionen ergeben wie z. B. eine Unternehmenskulturanalyse mit dem Schwerpunkt Führungsverhalten. Es findet also eine Steuerung des gesamten Prozesses der Selbstorganisation statt, indem auf allen Interventionsebenen (analog zu den operativen Lernprozessen) Interaktionen stattfinden. Auf der Ebene Gesamtorganisation kann dann durch die Mitglieder des Steuerungsteams ein weiteres Instrument eingesetzt werden:

- das Transformationsboard.

Gesamtprozesssicht

Dieses beschreibt nicht die Inhalte der einzelnen individuellen und Team-Boards, sondern zeigt die Anzahl der PDCA-Zyklen und die methodischen Übergänge der jeweiligen Zyklen von einer Hierarchieebene zur nächsten sowie auf der jeweiligen Ebene im zeitlichen Ablauf. Der angestrebte Zustand, der mit diesem Board formuliert wird, soll die kontinuierliche Abfolge aller PDCA-Zyklen im Rahmen des übergeordneten Gesamtprozesses ausdrücken. Damit kann eine gewisse Analogie zum Strategieraum bei Toyota gezogen werden, in dem die wichtigsten 100 Projekte regelmäßig vom Vorstand verfolgt werden, sowie zum kontinuierlichen Verbesserungsprozess, der nicht nur Toyota Production System heißt (TPS bzw. TTPS), sondern auch die Führungsdimension mit der Coaching-Kata[14] beinhaltet.

Die Zyklen des übergeordneten Gesamtprozesses behandeln somit:

Plan: Initiierung der individuellen, teambezogenen und gesamtorganisatorischen Lernprozesse, Einführen der jeweiligen Instrumente sowie Formulierung der Rollen in der Selbstorganisation (gestützt auf Abbildung 1.01, Kapitel 1)/Aufgreifen der Effekte aus weiteren Interventionen (neuer Zyklus nach dem Act, s. u.).

---

[13] Vgl. https://comteamgroup.com/fileadmin/contents/comteamgroup/Beratung/Kulturentwicklung/kultagil_Agiler_Kulturprozess_Web.pdf

[14] Vgl. Rother 2013.

Do: Durchführung der entsprechenden Interventionen im Steuerungsteam sowohl individuell (Geschäftsführer, nachgeordnete Führungskräfte, Geschäftsleitungskollegen) als auch teambezogen (Steuerungsteam/Resonanzgruppe)

Check: Verfolgen der Umsetzung auf allen anderen Organisationsebenen und Reflexion in einer Resonanzgruppe

Act: Weitere Lernschritte im Steuerungsteam; Rückmeldung der Wahrnehmungen zu methodischen Abläufen und angewandten Interventionen an die Beteiligten aller Ebenen sowie Initiierung weiterer Interventionen aufgrund der stattfindenden Erkenntnisse, wie z. B. eine Unternehmenskulturanalyse durchführen.

„Ein endloses geflochtenes Band“

Es handelt sich hierbei um „ein endloses geflochtenes Band“ (Hofstadter 2016), welches kein absehbares oder gar geplantes Ende hätte: Aufgrund der immer wieder auftretenden Veränderungen in der Unternehmensumwelt, den in- wie extern verlaufenden Prozessen, neuformulierten Zielen und Produkten kann es hierfür keinen Abschluss geben.

Formale statt informelle Unterstützung

Durch die Nachsteuerung soll u. a. auch sichergestellt werden, dass z. B. informelle Interventionen, wie die der Teamleiterin Magdalena mit ihrem Kollegen Robert, institutionalisiert werden und kein „Bypass“ mehr notwendig ist; in diesem Falle sollte der Abteilungsleiter Carsten die notwendige Coaching-Haltung zeigen und eine unterstützende Führung wahrnehmen (bzw. ein Coach, wenn die Führungskraft sich (noch) nicht dahin entwickelt hat).

Auftragsklärung

Nicht nur in unserem Unternehmensbeispiel, sondern in sehr vielen Praxisfällen beginnt ein Projekt oder eine Reorganisation zwar mit einem groben Ziel, jedoch ohne ausreichende Auftragsklärung. Dies führt fast ausnahmslos zu späteren Problemen und Konflikten. Wie wir in unserem Unternehmensbeispiel sehen, ist diese notwendige Klarheit auch dem Geschäftsführer nicht ausreichend bewusst.

Ziellos im Zyklus

Bei einem „agilen“ Vorgehen lässt sich in jedem (operativen) PDCA-Zyklus die erste Handlung („Do“) bewerten („Check“); wurde der Auftrag vorher nicht ausreichend geklärt, fehlt ein klar definiertes Ziel, mit dem das Ergebnis verglichen werden könnte. Die Verbesserung bleibt auf eine Handlung bzw. deren Prüfung bezogen, ohne sich nach einer Vorgabe zu richten. Das Ergebnis verfolgt dann nicht zwangsläufig ein übergeordnetes Ziel (vgl. Abbildung 3.01).

„Vom Navigieren beim Driften“

Abweichungen von einem ursprünglich gedachten Vorgehen erfordern die Nachsteuerung jedes Prozesses[15]. Selbstorganisiertes Vorgehen sieht solche Abweichungen nicht per se als Fehler an, sondern als Lernerfahrungen, die für das weitere Vorgehen äußerst wichtig sind. Sie müssen allerdings von den Beteiligten auch als Lernerfahrungen aufgegriffen und von den Entscheidern entsprechend verstanden und behandelt werden.

[15] Vgl. Simon und Weber 2012.

Zentral und dezentral

Der übergeordnete PDCA-Zyklus hat also eine entscheidende Steuerungsfunktion für den Gesamtprozess. Er wird zentral gesteuert – gegenüber den dezentral verantworteten, operativen PDCA-Zyklen, also den konkreten Aktivitäten in den jeweiligen Handlungsfeldern. Damit wird auch eine Antwort auf die Alternative im Organisationsmanagement gegeben: Zentralisation oder Dezentralisation? Es bedeutet kein Entweder-Oder, sondern vielmehr ein gezieltes Sowohl-Als-Auch.

Exemplarisch für die Themen und die Zusammenhänge innerhalb und zwischen den PDCA-Zyklen wird in Abbildung 3.05 das Modell der Selbstorganisation mit den Inhalten aus unserem Unternehmensbeispiel gefüllt.

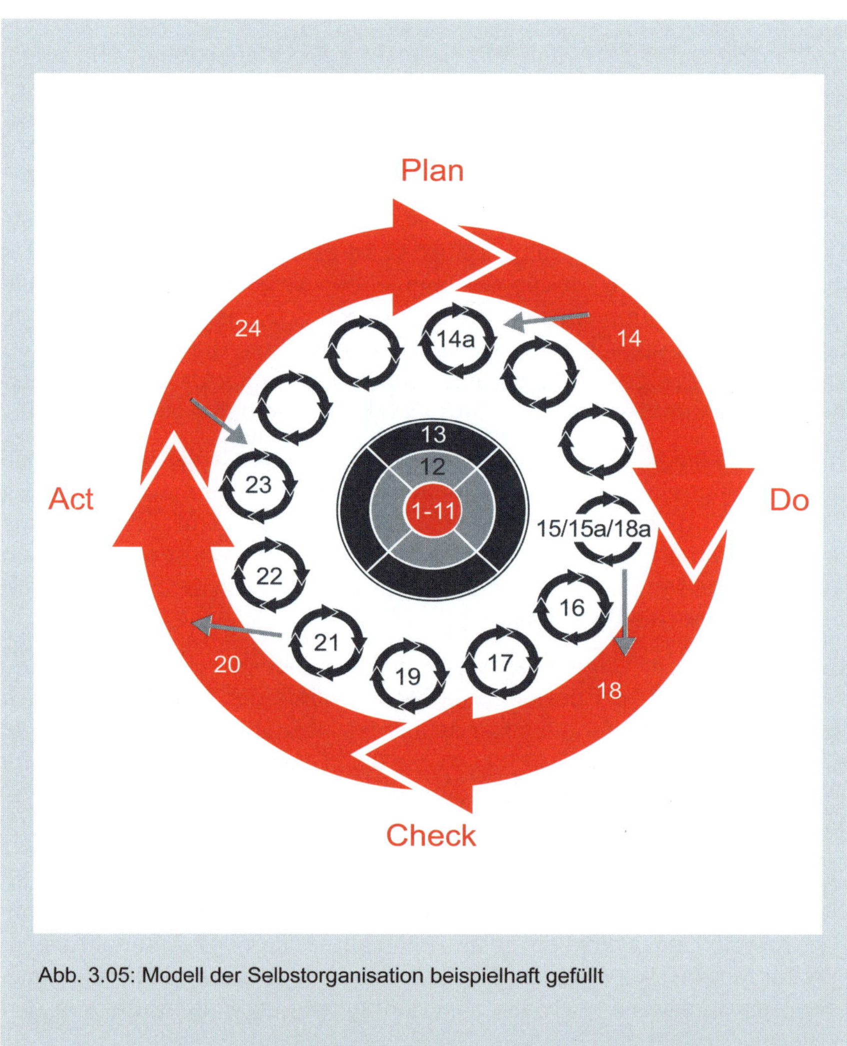

Abb. 3.05: Modell der Selbstorganisation beispielhaft gefüllt

Legende zu Abbildung 3.05

A) Graue Pfeile: einzelne Gesamtprozessaktivitäten

B) Interventionsebenen

1-11: Ebene Individuum: Geschäftsführer, Abteilungsleiter, Teamleiter/in, Mitarbeiter, Kollegen

12: Ebene Organisationseinheiten: Teams/Gruppe der Teamleiter einer Abteilung

13: Ebene Gesamtorganisation: alle Führungskräfte (Kulturanalyse im Vierten Zyklus)

C) Erster PDCA-Gesamtzyklus mit einzelnen operativen Handlungszyklen

14/14a: Geschäftsführer initiiert „agiles Arbeiten" im Unternehmen, die Teams sollen erste Ideen sammeln (beides ohne ausreichende Auftragsklarheit, eigenem Rollen- und Vorgehensverständnis)

15/15a: Erste Teamsitzung/Magdalena spricht mit ihrem Mitarbeiter Torben (parallele operative Zyklen)

16: Teamleiterin Magdalena spricht mit ihrem Kollegen Robert

17: TL Magdalena spricht mit ihrem Abteilungsleiter Carsten

18/18a: Geschäftsführer sammelt Informationen zum Vorgehen/spricht mit AL

19: TL Magdalena erkennt die Notwendigkeit, ihr Vorgehen zu ändern

20: Geschäftsführer erkennt Defizite im Vorgehen auf individueller Ebene (Führungsverhalten)

21: AL Carsten führt Teamleiter-Meeting durch

22: GF spricht mit AL Carsten

23: TL Magdalena spricht wieder mit Robert um Handlungsalternativen für das nächste Gespräch mit ihrem Mitarbeiter Torben zu entwickeln

24: Verbesserung der bisherigen Aktivitäten aufgrund der gewonnenen Erkenntnisse.

Leerstellen bei operativen Handlungszyklen bedeuten, dass dort keine weiteren Aktivitäten stattgefunden haben.

D) Zweiter Zyklus

Der zweite Gesamtzyklus setzt sich fort auf der Ebene Individuum mit der Vorbereitung („Plan") und der nachfolgenden Durchführung („Do") des nächsten Gesprächs von Magdalena mit ihrem Mitarbeiter Torben, sowie des Gesprächs des GF mit AL Carsten.

E) Weitere Zyklen

Die weiteren Zyklen einschließlich der Ebenen Organisationseinheit und Gesamtorganisation folgen sinngemäß (vgl. Kapitel 2).

F) Entwicklung der Gesamtsteuerung: Im Verlauf der Gesamtprozesszyklen wird erkannt, dass eine Resonanzgruppe zur Reflexion und interaktiven Steuerung des Gesamtprozesses sinnvoll bzw. notwendig ist.

3.7 Zweck der Selbstorganisation

Die bereits erwähnten Denkmuster und kognitiven Verarbeitungsprozesse „Schnelles Denken – Langsames Denken“ sowie „Selbstkontrolle“ und „Selbstregulation“ ermöglichen ein bewusstes Handeln. Dazu müssen das eigene Denken und Verhalten ebenso bewusst wahrgenommen werden, wie auch die Auswirkungen auf das Gegenüber und die Konsequenzen für die Aufgabe.

Das Ziel dieses Lernprozesses bezeichnet J. Kuhl (2001) als „Selbstwachstum“, C. Dweck (2007) als „Growth Mindset“. Diese Formulierungen stehen für den klassischen Begriff der Persönlichkeitsentwicklung. Letztere beinhaltet auch das, was hier als Mindshift verstanden wird.

Überlebenswichtiges Ziel

> Wir halten diese für das wichtigste individuelle und organisationale Ziel. Denn nur wenn dieses Ziel erreicht wird, kann eine Organisation (wirtschaftlich) überleben.

Schnelle und flexible Anpassungen an geänderte Kundenwünsche, Abläufe und Rahmenbedingungen, die als „Agilität“ bezeichnet werden, sind dann eine Folge oder ein Nutzen dieses Lernprozesses bzw. der entsprechenden Organisationsentwicklung.

Jede neue Herausforderung bietet die Chance, die Veränderung als permanenten und notwendigen Prozess zu verstehen und zu nutzen. Dabei müssen das eigene Denken und Handeln immer wieder bewusst beobachtet werden. Die Einsicht, dass ständig Veränderungen zu bewältigen sind, ist die Voraussetzung dafür, dass genügend Energien für Veränderungen mobilisiert werden. Wenn das nicht gelingt, hat das zur Folge, dass man sich dauerhaft im Zustand des „Widerstands“ befindet.

Selbstbestätigung oder Veränderung

Einer offenen Grundhaltung für Veränderungen stehen oftmals noch alte Denk- und Verhaltensmuster im Weg. Unsere Sichtweisen und Handlungen tendieren dazu, alte Denk- und Verhaltensmuster beizubehalten und uns damit selbst zu bestätigen. Das aber hindert uns daran, die gegenwärtigen Herausforderungen von Veränderungen anzunehmen. Mit der Fähigkeit, eine beobachtende Perspektive auf das eigene Denken und Handeln einzunehmen (Selbstreflexion), kann es gelingen, aus alten eigenen Denk- und Handlungsmustern zu lernen und sich davon zu befreien. Jede Veränderung bietet diese Chance. Schaffen wir es, zwischen Reiz und Reaktion (Wahrnehmung einschließlich Bewertung und nachfolgender Handlung) einen Augenblick der Selbstbeobachtung hinzuzufügen, können wir alte Muster durch neues Denken und Verhalten ersetzen. Aus einer bewussten Betrachtung kann sich eine neue Bewertung alter Verhaltensmuster ergeben und damit einen kreativen Prozess auslösen: Die Veränderung eigener Denk- und Verhaltensweisen.

Wir sind keine Reiz-Reaktions-Maschinen, welche auf situative Auslöser (nur) automatisch reagieren. Wir können die Denk- und Handlungsmuster, welche aufgrund gelernter Mechanismen und unserer Erfahrung entstanden sind, durch die bewusste Wahrnehmung überprüfen und ändern.

Muster unterbrechen

Alte Gewohnheiten versprechen uns eine scheinbare Behaglichkeit und Stabilität. Stabile Reaktionsmuster und lieb gewordene Vorstellungen hinsichtlich „wer bin ich“ und „was kann ich“ (idealisierte Erfahrung und Kompetenzen), sollten gewürdigt und geschätzt werden. Dies sollte aber nicht dazu führen, die permanent stattfindenden Veränderungsprozesse und die damit einhergehenden Veränderungsnotwendigkeiten zu ignorieren.

Veränderung findet statt, ob wir dies akzeptieren oder nicht. Sie stabilisiert entweder unser bisheriges Denken und Handeln, oder sie bietet die große Chance, uns aktiv weiterzuentwickeln.

Stabilisierung oder Entwicklung

Letztlich gilt: Widerstand gegenüber Veränderung führt immer wieder zu Konflikten mit der Realität und zu einer permanenten Unzufriedenheit. Die Einsicht, lebenslang lernen zu können, fördert die notwendige Offenheit und bietet den Raum für die erforderliche Handlungsfähigkeit.

Solche Entwicklungsprozesse jedes Einzelnen müssen begleitet werden (Selbstorganisation braucht Führung). Ein einmaliges Personalentwicklungsgespräch pro Jahr kann diesen Herausforderungen und Ansprüchen nicht gerecht werden. Die Begleitung von Einzelpersonen (Ebene Individuum) in diesem Veränderungsprozess ist die Basis von dauerhaften – und dann nachhaltigen – Change-Prozessen bzw. von Organisationsentwicklung. Werden die Kompetenzen und Fähigkeiten behutsam entwickelt, kann es gelingen, dass lieb gewordene Vorstellungen aufgegeben werden und Menschen in kleinen Schritten lernen, das eigene Denken und damit das eigene Handeln selbstkritisch zu überprüfen und zu verändern.

Deswegen sollte der Fokus grundsätzlich neu ausgerichtet werden: Vom bisherigen Vorgehen, bei dem der Nutzen der inhaltlichen Veränderung den Betroffenen vermittelt werden soll, hin zu einem Persönlichkeitsentwicklungsprozess, der jedes Individuum in die Selbstführung bringt, wodurch die Veränderung zum eigenen – und damit organisationalen – Entwicklungsprozess wird.

Persönlichkeitsentwicklung

Das klassische Change-Management und der hier vorgeschlagene Ansatz zur Selbstorganisation streben beide zielorientierte, wirtschaftliche Ergebnisse an – durch die Vermittlung vom Sinn der Veränderung. Sie unterscheiden sich jedoch in zwei Aspekten:

1. Im Gegenstand der Veränderung: Im klassischen Change-Management geht es um Produkte, Prozesse, Strukturen und Strategien sowie darum, dass ihre Neugestaltung durch Führungskräfte und Mitarbeiter akzeptiert wird. – Im selbstorganisierten Ansatz steht die persönliche Entwicklung des Individuums im Fokus. Die sachlich-inhaltlichen Veränderungen finden zielorientiert statt, wenn das Individuum sich (dabei) entwickelt.
2. Im Ablauf des Veränderungsprozesses: Im klassischen Change-Management wird der Veränderungsprozess als Phasenablauf von stabil über instabil zu stabil definiert. Als Ziel ist am Ende immer wieder ein als notwendig erachteter stabiler Zustand definiert. – Im selbstorganisierten Vorgehen bleibt eine mehr oder weniger permanente Instabilität oder Unsicherheit bestehen; die Sicherheit oder Stabilität existiert nur in der jeweils individuellen Selbstbeobachtung (siehe Kapitel 3.9 Veränderungsmodell und Vorgehensarchitektur).

Ohne Risiken keine Selbstorganisation

Die Konsequenz daraus bedeutet, offen und reaktionsfähig zu bleiben und kreative Veränderungsprozesse zu initiieren. Alte Lernmuster, die auf linearem Denken und „richtig" und „falsch" basieren, stehen solchen Lernprozessen gegenüber. Die alten Muster vermitteln durch Planung und „smarte" Zielsetzung ein Gefühl vermeintlicher Sicherheit und Gewissheit. Das dort wahrgenommene Risiko des Scheiterns (im Ursache-Wirkungs-Denken) kann und sollte zu einem Entwicklungsprozess führen, zur Entwicklung der Fähigkeit, sich selbst zu steuern. Dies stellt den eigentlichen Gedanken von Selbstorganisation dar.

Mit der Abbildung 3.06 soll das klassische Vorgehen skizziert und dem Modell der Selbstorganisation (s. o. Abbildung 3.04) gegenübergestellt werden:

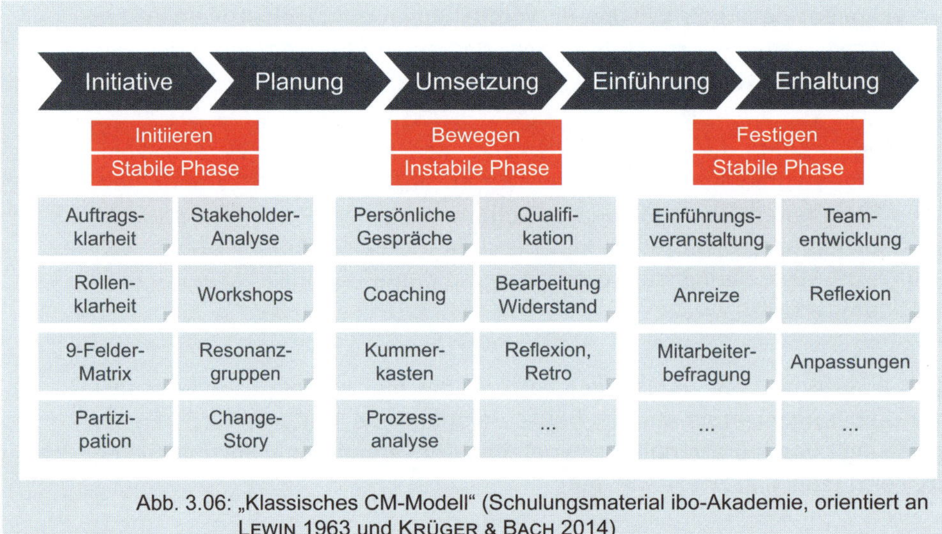

Abb. 3.06: „Klassisches CM-Modell" (Schulungsmaterial ibo-Akademie, orientiert an Lewin 1963 und Krüger & Bach 2014)

Im nachfolgenden Change-Management-Modell der SGO Business School[16] werden die bekannten Phasen nach LEWIN (1963) und die Ebenen der organisationalen Veränderung (Individuum, Organisationseinheit, Gesamtorganisation) als Grundstruktur verwendet. Die Vorgehensvarianten „plangetrieben" oder „agil" werden hier alternativ verwendet. Die Veränderungskriterien „Bedarf", „Fähigkeit" und „Bereitschaft" sind vor bzw. während und nach der Umsetzung zu prüfen.

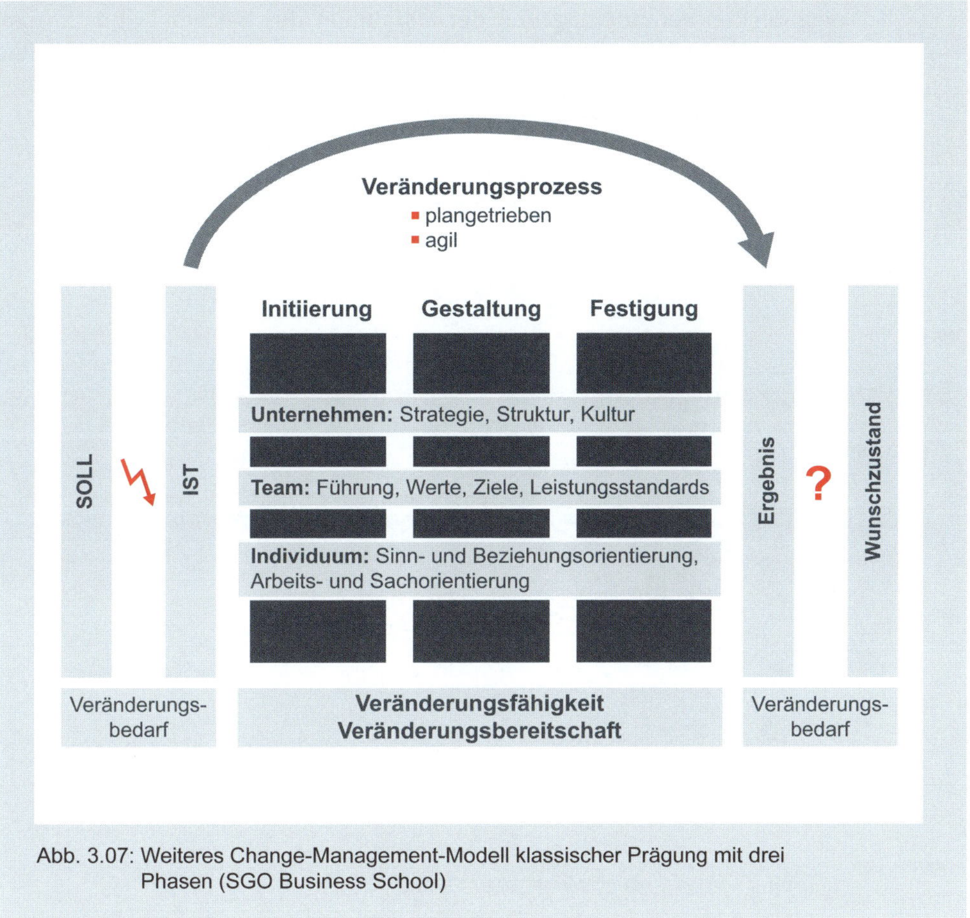

Abb. 3.07: Weiteres Change-Management-Modell klassischer Prägung mit drei Phasen (SGO Business School)

Als drittes „klassisches" Veränderungsmodell soll das ursprüngliche Change-Management-Modell von ibo dargestellt werden, in dem die drei Phasen, die im Original als „unfreezing", „moving" und „refreezing" (LEWIN 1963) bezeichnet werden, durch die drei Lernebenen Handeln, Beobachten und Reflektieren ergänzt sind. Dadurch entstehen 3 x 3 = 9 Aktivitätsbereiche, in denen die Veränderung zum einen inhaltlich vorbereitet, durchgeführt und nachbereitet werden kann, und zum anderen die Lernschritte vom

[16] Vgl. https://www.sgo.ch/change-management.html

Handeln bis zur Reflexion durchgeführt und überprüft werden. Darüber hinaus wird der Veränderungsverlauf mit einer beabsichtigten Leistungsverbesserung des Systems in der zweiten stabilen Phase hervorgehoben, um die Begründung für eine geplante Veränderung zu betonen.

In allen drei hier vorgestellten Modellen wird von drei Phasen ausgegangen, die als stabil – instabil – stabil definiert sind. Neben den Phasen sind die Übergänge zwischen diesen zu berücksichtigen. Im ibo-Change-Management-Modell wird darüber hinaus der Unterschied zwischen t1 (Beginn der eigentlichen Veränderung und der Instabilität des Systems) und t2 (dem Ende der Veränderung im engeren Sinne und Beginn der nächsten stabilen Phase) als geplanter Leistungsunterschied des Systems (der Organisationseinheit/der Gesamtorganisation) definiert.

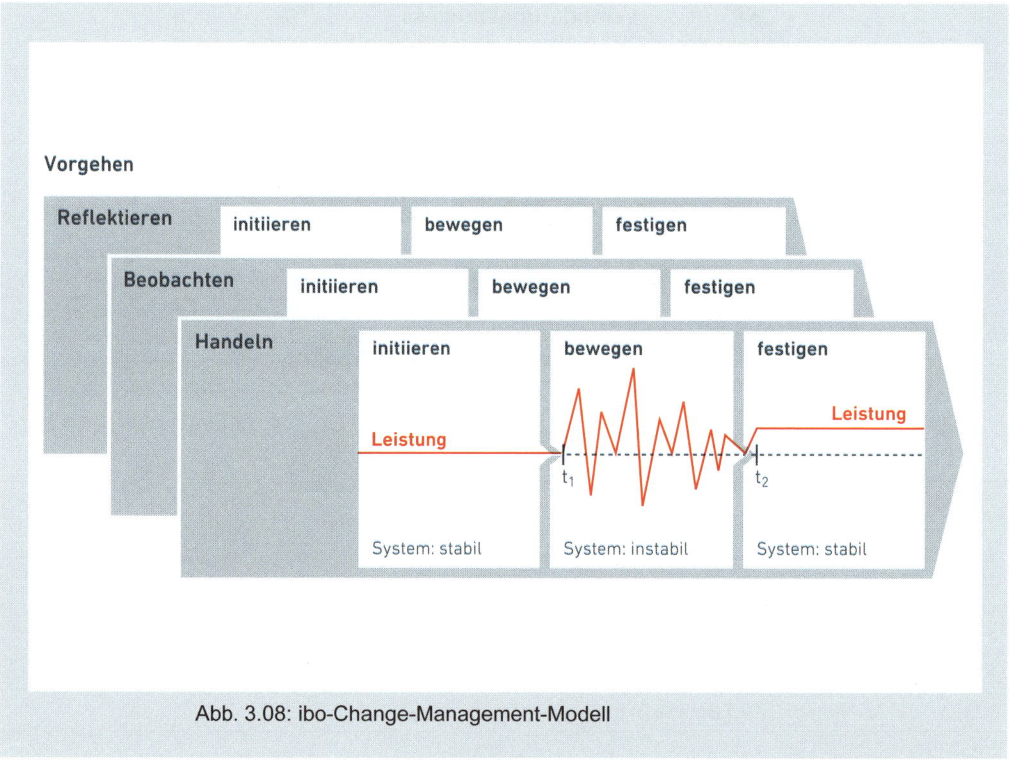

Abb. 3.08: ibo-Change-Management-Modell

Die hier dargestellten Reflexionsebenen (Handeln, Beobachten, Reflektieren) führen die dritte Dimension des Veränderungsprozesses ein. Diese Lernebenen werden auf allen drei Interventionsebenen (Individuen, Organisationseinheit, Gesamtorganisation) angewandt. Sie ermöglichen erst den hier beschriebenen Lernprozess des Sich-selbst-Organisierens auf allen drei Ebenen der Organisationsentwicklung.

3.8 Selbstreflexion

Selbstreflexion bedeutet, die Beobachtung eigenen Denkens und Handelns zu überprüfen. Hierbei beobachte ich nicht nur mich selbst, sondern prüfe, zu welchen Schlussfolgerungen (Bewertungen) meine Selbstbeobachtung geführt hat. Bestätige ich mich selbst in meiner Sicht auf andere Personen und Situationen – insbesondere bei Konflikten oder Problemen –, dann stabilisiere ich damit den Status quo bzw. ein bestehendes Problem. Bin ich jedoch bereit, meine Bewertungen zu überprüfen, indem ich meine Perspektive auf mein Denken und Handeln bzw. die Situation und das Handeln des anderen verändere, dann lerne ich. Lernen bedeutet in diesem Falle, aufgrund der selbst durchgeführten Prüfung meiner Beobachtung, diese zu hinterfragen und ggf. zu ändern.

3. Reflektieren (Überprüfen der Beobachtung)

Ziel: Die Beobachtung prüfen und verändern, indem weitere Perspektiven erzeugt werden:
Die Beobachtung wird selbst zum Gegenstand der Betrachtung.

2. Beobachten (beim Handeln und Denken)

Ziel: Optimierung des Handelns (z. B. effektiver das Ziel verfolgen)

1. Handeln und Denken

Voraussetzung: ein Ziel (z. B. Ablauf optimieren, Kooperation gestalten)

Abb. 3.09: Reflexionsstufen

Ablauf des Reflexionsprozesses

Veränderung kann daher nur stattfinden, wenn ich mich zunächst selbst beobachte und die daraus entstehenden Informationen erkenne und nutze, indem ich mein Verhalten effizienter gestalte, also das ursprüngliche Ziel besser verfolge. Das Ziel bleibt dabei noch ungeprüft bestehen. Dies stellt die erste, sachbezogene Lernebene dar. Indem ich im nächsten Schritt meine Selbstbeobachtung überprüfe, also die Perspektive ändere und mich (und relevante andere Personen) neu wahrnehme, entsteht die zweite Lernebene: Ich erkenne Aspekte der Situation bzw. des Problems, die mir vorher nicht bekannt oder bewusst waren; ich kann nun zum einen mein Ziel überprüfen und zum anderen mein Vorgehen. Dabei kann sich auch mein Denken verändern: Es entstehen neue Sichtweisen und Bewertungen auf die ursprüngliche Frage bzw. Person. Die Umsetzung dieser Erkenntnisse im Sinne von einem veränderten Denken (= Sehen) und Handeln ist dann der neue Lernprozess bzw. dessen Ergebnis.

Beispiel

Im Gespräch zwischen dem Geschäftsführer unseres Beispiels und seinem Abteilungsleiter entsteht bei Letzterem ansatzweise eine veränderte Sichtweise auf das eigene Handeln; er verlässt irritiert das Büro, nachdem er erlebt hat, dass der Geschäftsführer ganz anders auf sein Vorgehen schaut als er selbst.

Diese veränderte Sicht auf das eigene Denken und/oder Handeln ist ein – wenn nicht sogar das – zentrale Coaching-Element (vgl. Kapitel 1). Es ermöglicht die Überprüfung des eigenen Denkens und Handelns und hilft, die Wirkung des Verhaltens sowie die Sichtweise auf andere zu erkennen. Selbstreflexion ist somit eine Voraussetzung für die effektive Veränderung eigenen Verhaltens sowie der zugrundeliegenden Haltung (= Einstellung = Mindset). Daher ist die Unterstützung bzw. das Lernen von Selbstreflexion beim Klienten die anspruchsvollste Aufgabe des Coachs. Allerdings setzt dies auch die Bereitschaft des Klienten voraus, sich auf diesen Lernprozess einzulassen. Diese Bereitschaft ist nicht immer gegeben und entsteht auch nicht in jedem Fall. Es handelt sich dabei um das „Lernen zu Lernen“ (oder Deutero-Lernen nach G. Bateson 1981). Hierbei sollen die über den Lebenslauf hinweg entstandenen Denkmuster geprüft und ggf. verändert werden. Dazu müssen die unausgesprochenen Annahmen über die eigene Denkweise bzw. als selbstverständlich angesehene Gewissheiten („das ist doch klar“) infrage gestellt werden.

Lernen zu Lernen

3.9 Veränderungsmodell und Vorgehensarchitektur

3.9.1 Vom Phasenmodell zur permanenten Veränderung

Lange wurde in der Wirtschaftspraxis unterstellt, dass zwischen stabilen und instabilen Phasen zu unterscheiden ist, dass also auf eine instabile nahezu zwangsläufig wieder eine stabile Phase folgt. In stabilen Phasen gilt dann ein Vorgehen mit kontinuierlichen Verbesserungen (KVP), wo hingegen in instabilen Phasen grundlegende Umbrüche (z. B. BPR[17]) bzw. „disruptive“ Veränderungen erforderlich sind.

[17] BPR: Business Process Reengineering, Johansson 1994; Hammer & Champy 2003.

Wir gehen davon aus, dass dies kein Gegensatz ist, sondern beides zutrifft. Allerdings nicht im klassischen Sinne sukzessive, sondern gleichzeitig bzw. parallel. Daher sehen wir es als notwendig und sinnvoll an, eine Verbindung von agil und phasengesteuert herzustellen. Dazu sind die PDCA-Zyklen in ein Phasenmodell (stabil – instabil – stabil) zu integrieren.

Sowohl-als-auch statt entweder-oder

- Sowohl in den beiden stabilen als auch in der instabilen Phase finden PDCA-Zyklen statt (siehe Abbildung 3.10)
- auch in einem einzelnen PDCA-Zyklus können „disruptive" Veränderungen entstehen, vornehmlich auf der Ebene Individuum
- ändert sich die Perspektive eines Individuums, hat das eine (partielle) Veränderung der Unternehmenskultur zur Folge (Verbindung der Ebenen Unternehmen, Teilorganisation und Individuum, siehe Abbildung 3.03)
- Selbstorganisation und Veränderung finden zum einen innerhalb der dauerhaften Organisationsstruktur statt (alle Individuen sind davon betroffen: Führungskräfte wie Mitarbeiter), zum anderen in Projekten mit einem expliziten Veränderungsziel
- je nachdem wie detailliert eine Veränderung betrachtet wird, erscheint diese entweder als „kontinuierlich" oder „disruptiv": Bei der Beschreibung entscheidet gleichsam der Zoomfaktor und damit die Auflösung der Beobachtung darüber, wie fließend oder gebrochen der Ablauf erscheint[18].

Der Gegensatz zwischen stabilen/instabilen Phasen bzw. einer stetigen Veränderung in kleinen Schritten (in den stabilen Phasen) und „disruptiven" Unterbrechungen, bildet unseres Erachtens nicht die Realität ab.

Kein Gegensatz

Unternehmensfusionen, komplett veränderte Prozesslandschaften oder ein völlig neues Produkt bringen in der Tat Änderungen mit sich, die als „disruptiv" erscheinen können. Allerdings erfolgen auch diese Entwicklungen in vielen kleinen Schritten bzw. Aufgaben, welche dann das Ergebnis als „disruptiv" erscheinen lassen.

Dazu ein Beispiel auf der Ebene Individuum:

Beispiel

Unsere Selbstwahrnehmung kann sich über unser Leben hinweg in verschiedenen Aspekten verändern und gleichzeitig erleben wir uns als identisch mit dem, was wir als „Ich" bezeichnen. Diese Kontinuität ist so selbstverständlich, dass wir sie uns nur selten bewusst machen. Sie ist

[18] Ausnahmen hierbei sind extreme Ereignisse wie z. B. Firmenzusammenbrüche in kürzester Zeit.

Beispiel

die notwendige Voraussetzung für psychische Gesundheit. Zum anderen verändern wir uns praktisch permanent: Unser Körper verändert sich, unsere Denkfähigkeit verändert sich von der Kindheit über die Jugend zum Erwachsenenalter (und darin noch weiter), unsere Meinungen können wechseln; unsere Handlungsweisen verändern sich zum Teil je nach Anforderung bzw. Situation. In dem Moment jedoch, in dem wir uns selbst wahrnehmen, ist es das „Ich", welches sich als stabil und kontinuierlich erlebt. Und diese notwendige Stabilität reduziert unsere persönliche Veränderungsbereitschaft im Sinne eines Infragestellens von Überzeugungen und Einstellungen. Denn wir erleben uns – mit allen Vor- und Nachteilen – als identisch mit diesen.

Identität bedeutet Stabilität

Dabei haben wir hin und wieder den Eindruck, dass uns bekannte Personen, welche wir über Jahre und Jahrzehnte nicht gesehen haben, sich wesentlich verändert haben. Diese Veränderung geschah jedoch nicht „disruptiv", sondern in sehr vielen kleinen und auch größeren Schritten über die Zeit hinweg. Der Person selbst und den sie begleitenden Menschen sind die kleinen Änderungen kaum aufgefallen. Anders verhält sich dies bei radikalen Persönlichkeitsänderungen in einem kurzen Zeitraum, welche i. d. R. negativ geprägt sind und dann als Krankheitsbilder eingestuft werden (z. B. durch traumatische Erlebnisse ausgelöst).

Es kommt also auf die Betrachtungsweise an: Je nachdem, welche Perspektive eingenommen wird, sehe ich entweder die grundlegende Änderung oder ich betrachte jeden einzelnen Schritt im Detail.

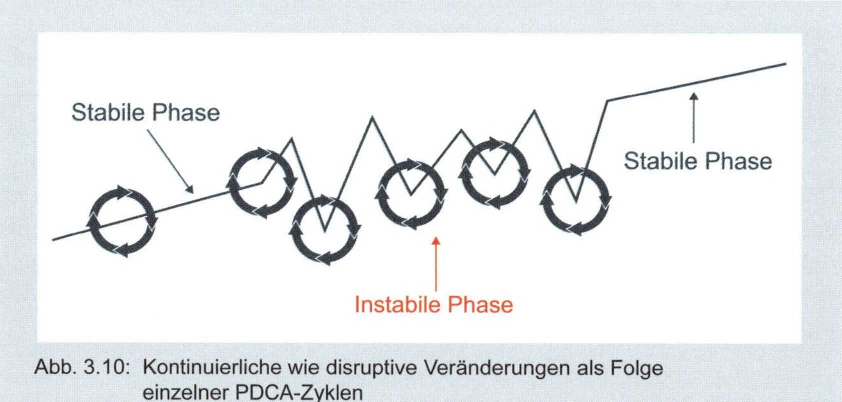

Abb. 3.10: Kontinuierliche wie disruptive Veränderungen als Folge einzelner PDCA-Zyklen

Daraus abgeleitet ergibt sich eine ähnlich wesentliche Frage auf der Ebene Individuum: Wenn wir von lebenslangem Lernen sprechen im Sinne eines permanenten Wandels oder Mindshifts, gibt es dann überhaupt eine stabile Phase? Oder sind es alles instabile Phasen, die mehr oder weniger kleine bzw. große Phasenübergänge beschreiben?

Jeder einzelne PDCA-Zyklus beinhaltet selbst wiederum eine Instabilität, die im Unterschied zwischen „Do“ und „Act“ besteht. Das „Doing“ ist die erste Tätigkeit gemäß der gefassten Handlungsabsicht (der „Plan“ der Verbesserung in einem kleinen Schritt). Nach der Überprüfung („Check“) erfolgt die korrigierte Aktivität („Act“), um das angestrebte Handlungsziel („Plan“) besser zu erreichen.

(Kleine) Veränderung = (kleine) Instabilität

Ob allerdings etwas als (bedrohlicher) Umbruch wahrgenommen wird oder als (erhoffte) positive Wendung, hängt von dem jeweiligen Individuum ab. Dies gilt analog zu anderen stressauslösenden Situationen.

Was für den einen eine interessante Abwechslung oder gar ein prickelndes Erlebnis ist (z. B. Bergsteigen, Wellenreiten, Segelfliegen, Tauchen, Bunjee-Jumping), stellt für den anderen ein Stresserlebnis dar.

Beispiel

Viele gravierende Veränderungen in Unternehmen stellen potenziell stressauslösende Situationen dar – dazu muss gar nicht ein Arbeitsplatzverlust drohen. Deswegen werden ungewollte Veränderungen individuell als elementar (und bedrohlich) für die eigene Person gesehen. Die subjektiv empfundene Bedrohung durch Wandel jedweder Art besteht auf jeden Fall, mal mehr mal weniger ausgeprägt. Wir müssen uns mit der Frage auseinandersetzen, wie wir mit dieser Herausforderung umgehen sollen. Dabei ist davon auszugehen, dass das Bedürfnis nach Sicherheit elementar ist.

Dieses zu missachten, führt zu den bekannten Problemen bei Veränderungen: Widerstände, Motivations- und Leistungsabfall, Produktivitätsrückgänge, Qualitätsverlust etc.

Verletzung des Sicherheitsbedürfnisses

Die Herausforderung für Entscheider und Initiatoren von Veränderung (prinzipiell jedweder Art) besteht somit darin, die Fähigkeit zum Umgang mit Unsicherheit zu fördern.

Dazu müssen Selbstkontrolle, Selbstregulation und Selbstführung bei Führungskräften und Mitarbeitern entwickelt werden. Wesentliche Einflussgrößen dabei sind wiederum Vertrauen und psychologische Sicherheit.

Umgang mit Unsicherheit

Beobachtungsposition

Organisatorische, produkt- und marktbezogene Veränderungen werden als bedrohlich wahrgenommen. Sie lassen sich letztlich nicht vermeiden. Nur wenn die eigene Wahrnehmung und die daraus folgenden Bewertungen und Empfindungen verändert werden, kann eine neue und andere Form von Stabilität erzeugt werden: Der einzig stabile Zustand ist die Beobachtungsposition, die das Individuum einnimmt, um auf das eigene Denken und Handeln zu sehen – quasi eine Kamera, auf deren Monitor man schauen und sich selbst beobachten kann. Um im Bild zu bleiben: Die Kamera und auch der Monitor bleiben unverändert; es ändern sich die Objekte der Beobachtung: die jeweiligen Gedanken und Handlungen des Individuums als Reaktion auf neue Herausforderungen. Ein Perspektivwechsel ermöglicht, neue Erfahrungen zu machen, die Beobachtungsfunktion selbst bleibt dabei stabil. In unserem Beispiel reflektiert die Teamleiterin ihr Vorgehen und erkennt (siehe Kapitel 2) aus dieser Position heraus ihr eigenes Denken und Handel: Sie kann es überprüfen, indem sie ihr bisheriges Verhalten aus veränderter Perspektive betrachtet, neu bewertet und anschließend alternative Optionen erkennt und wählt. Die Teamleiterin verbessert damit ihre Handlungsfähigkeit sowie ihre innere Autonomie bzw. stellt diese wieder her.

Perspektivwechsel

Die eigene Sicherheit entsteht dadurch, dass ich eine Beobachterposition auf mich selbst einnehme:

- Was lösen Personen und Situationen bei mir aus?
- Wie gehe ich damit um?
- Wie beeinflusst dies mein Ziel und Vorgehen?

Die entsprechenden inneren Resonanzen (Denken, Fühlen, Wollen) bestimmen wiederum mein Handeln. Daher ist es essenziell, wie ich diese wahrnehme und damit umgehe.

Selbststeuerung

> Nur in der Beobachtungsposition (mit der Reflexion des eigenen Denkens und Handelns) besteht die Möglichkeit der Selbststeuerung.

3.9.2 Vorgehensarchitektur oder „Eine Roadmap zeichnen, ohne die Landschaft zu kennen“

Partizipation durch Betroffenheit

Die Grundüberlegung besteht darin, eine permanente Veränderung so zu gestalten, dass auf allen Ebenen der Organisation alle Mitglieder derselben aktiv eingebunden werden: Wir wollen damit Beteiligte zu Betroffenen machen, statt wie normalerweise gefordert, Betroffene zu Beteiligten. Die Beteiligung allein reicht nicht aus, grundlegende Veränderungsprozesse im Menschen auszulösen (siehe Kapitel G.7 Grundannahmen für die Gestaltung von Organisationsentwicklung).

Gegenstromverfahren in iterativen Zyklen

Das Vorgehen wird top-down initiiert, dabei finden permanente Rückkopplungsschleifen statt; es wird dann im Laufe der Zeit in den Arbeitsabläufen (horizontal) mittels PDCA-Zyklen vorangetrieben. Diese iterativen Zyklen beschreiben den gemeinsamen Lernprozess aller Betroffenen. Neben der individuellen Herausforderung für jeden Einzelnen in der Organisation sind die Führungskräfte besonders gefordert.

Individuelle Lernprozesse

Sie gestalten – mithilfe ihrer eigenen Führungskraft (und/oder eines professionellen Coachs) – ihren individuellen Lernprozess. Darüber hinaus und parallel unterstützen sie den jeweiligen Lernprozess ihrer Mitarbeiter.

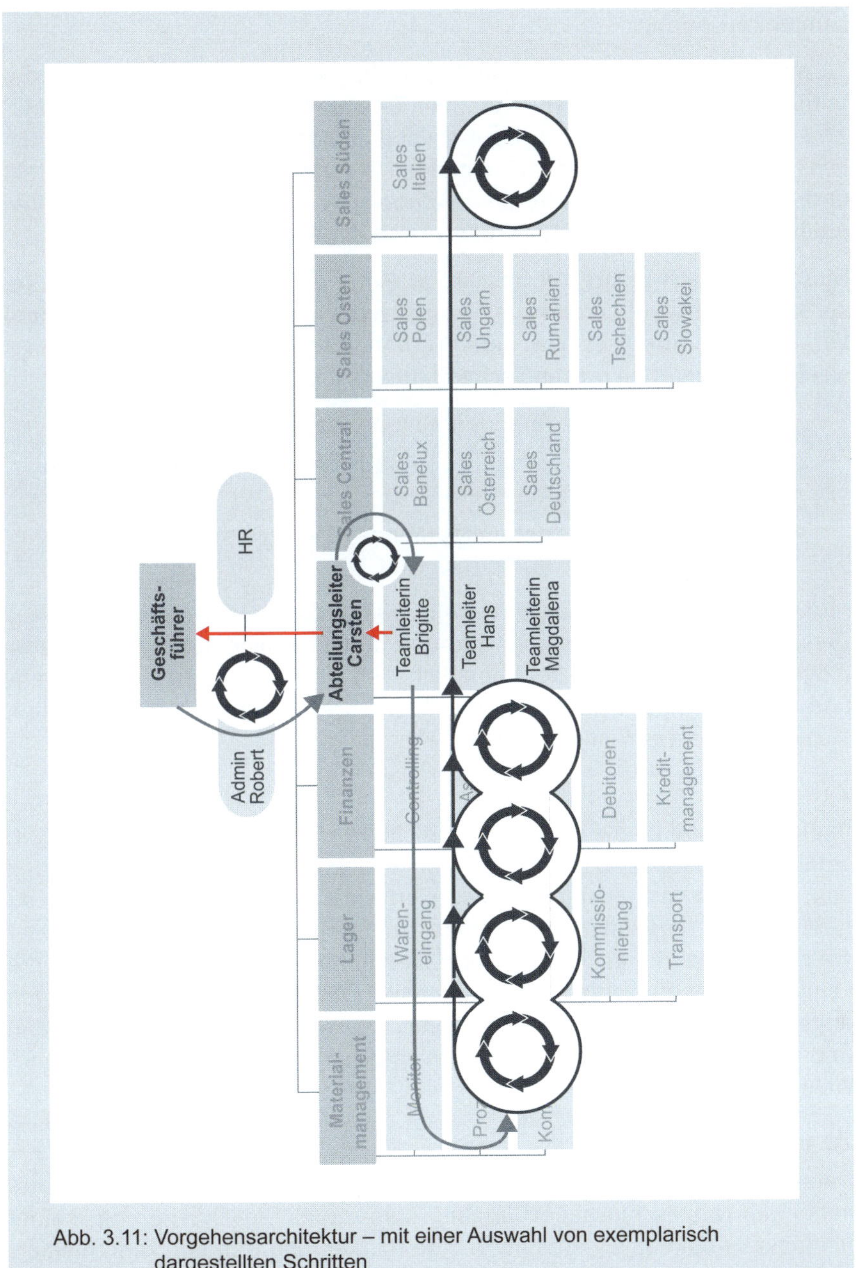

Abb. 3.11: Vorgehensarchitektur – mit einer Auswahl von exemplarisch dargestellten Schritten

Vorgehen

Die grauen Pfeile der Abbildung 3.11 zeigen die Initiierung und Richtung der Lern- bzw. Transformationsschritte; rote Pfeile zeigen die Feedbackschleifen; schwarze Pfeile und Kreise beinhalten die jeweiligen PDCA-Zyklen. Die schematische Darstellung der iterativen Zyklen von links nach rechts symbolisiert die Zeitschiene der Umsetzung. Je nach Gestaltungsbereich gilt diese Darstellung für einzelne Individuen, eine Organisationseinheit bzw. die Gesamtorganisation.

Feedback-Schleifen

Zu allen PDCA-Zyklen finden Feedbackschleifen bottom-up statt: Von der Initiierung bis zur aktuellen operativen Umsetzung durch den bzw. die Mitarbeiter und Führungskräfte. Dadurch soll der Informationsrückfluss bezüglich der Aktivitäten auf der nachfolgenden Organisationsebene sichergestellt und eine Bewertung sowohl des methodischen als auch des inhaltlichen Ablaufs durch den jeweiligen Vorgesetzten ermöglicht werden.

Diese Vorgehensarchitektur beschreibt eine permanente (Linien-)Aufgabe; sie stellt explizit kein Projekt dar. Lediglich die Initiierung des (dauerhaften) Veränderungsprozesses bzw. deren Vorbereitung kann als Projekt formuliert werden. Wir betonen diesen Sachverhalt aus mehreren Gründen:

Permanente Linienaufgabe

1. Dauerhaftigkeit der Veränderung („permanent“/„lebenslang“)
2. Unabhängigkeit von inhaltlichen Transformationen (Produkte, Prozesse, Strukturen, Strategien)
3. Notwendigkeit der Kontinuität (Mindshift/„Growth Mindset“).

Zu 1:

Die „permanente Veränderung“ erfordert für das Individuum einen „lebenslangen Lernprozess“. Die kontinuierliche Entwicklung des eigenen Denkens und Handelns findet prinzipiell kein Ende – jeder Mensch hat die Option, sich weiterzuentwickeln, solange er lebt.

Zu 2:

In diesem Sinne ist die Veränderung nicht an ein Objekt gebunden: Es geht gerade nicht darum, ob ein neues Produkt entwickelt bzw. eingeführt werden soll, ein neuer Vertriebsprozess installiert wird, neue IT-Systeme im Rahmen der Digitalisierung entstehen, Aufbaustrukturen angepasst oder die Strategie geändert wird – es geht in allen Fällen immer auch (und gerade) um die Fähigkeit jedes Einzelnen im Unternehmen, mit neuen Herausforderungen angemessen, also effektiv und effizient, umzugehen. Diese Fähigkeit kann und soll immer weiter gefördert und ausgebaut werden, da niemand irgendwann einmal „fertig“ ist.

Zu 3:

Daraus folgt, dass ein Mindshift bzw. die Entwicklung eines „Growth Mindsets“ kein abgeschlossener Vorgang sein kann. Die Erweiterung meiner Perspektive auf das eigene und fremde Denken und Handeln kann niemals abgeschlossen sein.

Definition

Ein „Shift" im hier verwendeten Sinne bedeutet, immer wieder neu die Entwicklung des eigenen Mindsets zu überprüfen und anzupassen.

Das Gleiche gilt für das Verständnis eines „Growth Mindsets": Neue Erfahrungen können zu veränderten Sichtweisen und Bewertungen von Personen und Situationen führen; daraus ergeben sich wiederum neue Perspektiven und die Möglichkeit zur Veränderung des Denkens und Handelns.

3.9.3 Ausformulierte Vorgehensarchitektur

Selbstführung der Führungskraft

Selbstorganisation benötigt Führung, die die Selbstlernprozesse aller Individuen auslöst und unterstützt. Der Initiator muss damit die Fähigkeit zur Selbststeuerung bzw. Selbstführung einbringen. Diese erlangt er durch Selbstreflexion. Gefördert werden kann diese durch einen Gesprächspartner (intern wie extern, kollegial wie professionell).

Anleitung zur Selbstführung der Mitarbeiter

Im weiteren Vorgehen leitet der Initiator die nächstfolgende Ebene von Führungskräften (oder, wenn nicht vorhanden, der jeweiligen Teams/Mitarbeiter) an. Ziel ist die Selbstführung aller Individuen der Organisation. Dazu sind – ausgehend von den PDCA-Zyklen – Rückmeldeschleifen erforderlich, in denen mittels der notwendigen Gestaltungselemente (siehe Kapitel 5) die jeweiligen Ansprechpartner in ihrem Lernprozess unterstützt werden.

Insellösungen in der Praxis

In der Praxis beginnt der Start eines individuellen Lernprozesses häufig auf einer nachgeordneten Führungsebene. Dies geschieht dann mindestens mit Wissen bzw. „Good Will" der Geschäftsleitung. Auch in diesen Fällen kann eine persönliche und bereichs- oder teambezogene Entwicklung erreicht werden. Allerdings bleibt der Veränderungsprozess dann auf diese kleinere oder größere „Insel" begrenzt. Für die jeweiligen Individuen und deren Zusammenarbeit entstehen dabei trotzdem intensive und förderliche Veränderungen in Wahrnehmung, Bewertung und Verhalten.

Hinweis

Das führt bei diesen Individuen bzw. in diesem Bereich zu besserer Zusammenarbeit und zu besseren Ergebnissen, die insbesondere durch Selbstführung und die verbesserte Teamorganisation erreicht werden.

Experimentieren statt verzagen

Wenn die Unsicherheit bei dem/den Entscheidern zu groß ist, um flächendeckend im gesamten Unternehmen Selbstorganisation einzuführen, kann diese Entwicklung auch in einem Bereich pilotiert werden. Dieses „Experiment" kann dann als Erfahrungsbasis genutzt werden, um den Mut für die anschließende Umsetzung in den übrigen Bereichen zu erhöhen.

Idealerweise wird der Lernprozess vom obersten Entscheider (Change-Manager, siehe Kapitel 1) initiiert und läuft dann im Gegenstromverfahren durch das gesamte Unternehmen, sowohl top-down als auch bottom-up:

1. Die Geschäftsleitung beginnt mit ihrem eigenen individuellen Lernprozess (z. B. durch Coaching, Selbstreflexion, persönliches Entwicklungsboard).

Lernprozess

2. Alle Führungskräfte und (idealerweise) Mitarbeiter führen eine Unternehmenskulturanalyse durch: Standortbestimmung der aktuellen Interaktionsmuster.
3. Die Geschäftsleitung unterstützt die Lernprozesse der nachfolgenden Ebene, indem sie den Auftrag so formuliert, dass so wenig Unklarheiten wie möglich entstehen und sie zu notwendigen kritischen Rückfragen auffordert, sowie durch ein Zwiegespräch (siehe Kapitel 5.9) unter vier Augen jeder Führungskraft der nachgeordneten Ebene die Möglichkeit gibt, ihre Sicht darzulegen. Sie trägt damit zur Vertrauensbildung bei.
4. Die erste Führungsebene nach der Geschäftsleitung unterstützt die zweite Ebene dabei, sich selbst zu führen (und ggf. die zugehörigen Mitarbeiter, indem sie deren Selbstführung fördert).
5. Diese Lernprozesse werden über alle Ebenen der Organisation bis zur Einbindung aller Mitarbeiter fortgesetzt: Deren Selbstführung wird durch ihre Vorgesetzten initiiert und unterstützt.
6. Teams lernen, sich selbst zu organisieren.
7. Der permanente Lernprozess findet statt: Jeder einzelne Mitarbeiter lernt ständig weiter, sich selbst zu führen – die Unternehmenskultur verändert sich in kleinen Schritten.

Der gesamte – individuelle, teambezogene und gesamtorganisatorische – Lernprozess wird durch mehr oder weniger permanent stattfindende Rückkopplungen gesteuert.

Feedback-Schleifen

Diese Feedback-Schleifen finden sowohl auf der individuellen Ebene aller Mitglieder des Unternehmens statt als auch zwischen den Organisations- bzw. Führungsebenen. Die operativen Handlungszyklen und der Gesamtprozess (übergeordnete Beobachtungs- und Steuerungsebene) werden integriert.

Zu 1: Beginn des individuellen Lernprozesses der Geschäftsleitung

Geschäftsführer oder Vorstände (bzw. Initiatoren) erkennen den Nutzen und die Sinnhaftigkeit von Selbstkontrolle, Selbstregulation und Selbstführung. Die Umsetzung wird i .d. R. durch einen (externen) Coach unterstützt. Dieser fördert die Selbstreflexion des Initiators als Ausgangspunkt und Selbstbeobachtungsposition für den beginnenden Lernprozess.

In unserem Fall fehlen offensichtlich diese Vorbereitungen – der Geschäftsführer beginnt mit der Transformation hin zu „agilem Arbeiten“, ohne (erkennbar) sich vorher mit seiner eigenen Selbstführung auseinandergesetzt zu haben. In der Interaktion mit seinem Abteilungsleiter wird deutlich, dass er zwar guten Willens, jedoch in der Interaktion noch nicht reflektiert genug ist.

Notwendige Vorbereitungen

Zu 2: Analyse der Interaktionsmuster – Quick-Check der Unternehmenskultur

In einem Führungskräfte-Workshop (siehe Kapitel 2.6, Vierter Zyklus in unserem Unternehmensbeispiel) wird eine Ist-Analyse der bestehenden Interaktionsmuster hinsichtlich des Führungsverhaltens erstellt. Das Vorgehen erfolgt interaktiv und gibt bewusst Raum für unterschiedliche Wahrnehmungen und Bewertungen. Dadurch wird der Lernbedarf bezüglich der Entwicklung von Selbstführung bzw. Selbstorganisation deutlich. In der Prozessanalyse des Workshops werden die individuellen und gemeinsamen Handlungsfelder erkennbar. Das Entwicklungsziel „agiles Führen bzw. agile Zusammenarbeit“ kann somit besser verfolgt werden.

Beispiel

Zu 3 und 4: Veränderung des Führungsverständnisses und -verhaltens aller Ebenen

Verändertes Führungsverständnis

Zunächst soll auch in diesem Schritt das idealtypische Vorgehen geschildert werden: Die Geschäftsleitung verändert die Interaktionen mit ihren Führungskräften von z. B. „Management by Objectives“ (MbO) zu einem „Leader-Leader“-Verständnis. Statt einer Zielvorgabe und dem stufenweisen Herunterbrechen in nachgeordnete inhaltliche Unterziele analog einer „Balanced Scorecard“ (BSC)[19] erfolgt nicht nur ein methodisches Gegenstromverfahren – nach der top-down stattgefundenen Vorgabe findet eine Rückmeldung bottom-up über den Grad der Zielerreichung statt –, sondern auch eine Verbesserung der Interaktionen auf allen Ebenen. Als ein Schritt in diese Richtung kann die OKR-Methode[20] verstanden werden, wenn sie mehr als nur ein weiterentwickeltes methodisches Verfahren sein soll. Solange die OKR-Methode lediglich als Weiterentwicklung der strukturellen Controlling-Funktion verwendet wird, bleibt sie eine methodisch-technische Fortsetzung bisheriger mechanistischer Steuerungsansätze. Wenn allerdings den Organisationseinheiten (Teams) und einzelnen Mitarbeitern die Möglichkeit gegeben wird, aus den übergeordneten Zielen jeweils individuelle bzw. gemeinsame Teamziele zu formulieren und dabei die Art und Weise dieses Vorgehens zu reflektieren, können entsprechende selbstorganisierte

Gemeinsames Vorgehen

[19] Vgl. Kaplan & Norton 2018.
[20] Vgl. Doerr 2018.

Verbesserungen der Zusammenarbeit und damit der Ergebnisse entstehen. Die OKR-Methode kann daher als Zwischenschritt bzw. Übergang zum vollständigen selbstorganisierten Arbeiten verstanden werden.

Bei dem hier beschriebenen Vorgehen handelt es sich um ein vollständiges Gegenstromverfahren, bei dem individuelle (persönliche) und Interaktionsziele sowie inhaltliche (Sach-)Ziele berücksichtigt und vereinbart werden.

Veränderte Interaktionen

Die Vereinbarung findet selbst wiederum durch eine veränderte Interaktion statt. Die selbst formulierten Ziele der Führungskraft (und danach jedes einzelnen Mitarbeiters) stellen die Grundlage des Handelns dar, nachdem sie mit dem eigenen Vorgesetzten abgestimmt wurden.

Die persönlichen und Interaktionsziele jedes Einzelnen (Führungskräfte wie Mitarbeiter) werden in einem Persönlichen Entwicklungsboard festgehalten. Das Gleiche erfolgt auf der Ebene Organisationseinheit (Abteilung/Gruppe bzw. Team) mit dem Teamboard sowie auf der Ebene Gesamtorganisation mit dem Transformationsboard (siehe Kapitel 5 Gestaltungselemente der Organisationsentwicklung).

Die Bearbeitung inhaltlicher (Sach-)Ziele erfolgt ebenfalls im PDCA-Zyklus, bei dem die Ausgangslage, der nächste Veränderungsschritt sowie die Hindernisse auf dem Weg dorthin vom Mitarbeiter (bzw. der nachgeordneten Führungskraft) formuliert werden:

Vorgehensschritte

- Der Mitarbeiter definiert sein inhaltliches Ziel und das erwartete Ergebnis und beschreibt sein diesbezügliches Vorgehen. Weiterhin vereinbart er einen Termin mit seinem Vorgesetzten, wann er das Ergebnis präsentiert.
- Die Führungskraft formuliert ihrem Vorgesetzten gegenüber, wie ihre Mitarbeiter ihre Ziele erreichen wollen und wie sie diese dabei unterstützt – beschreibt also ihr eigenes Führungsverhalten.
- Die nächsthöhere Führungskraft formuliert wiederum ihrem Vorgesetzten gegenüber, wie sie ihre eigenen Führungskräfte in der Führung ihrer Mitarbeiter unterstützt bzw. was deren Führungsziele sind.

Somit wird deutlich, dass in jedem dieser Schritte eine Verschiebung des Fokus erfolgt (vom Sachziel zum Führungsverhalten) unter gleichzeitiger Wahrung der Interaktionen auf Augenhöhe: Die Qualität der Kommunikation bleibt erhalten, unabhängig vom Wechsel der Inhalte.

Sach- und Beziehungsebene

Weiterhin ist erkennbar geworden, dass inhaltliche (Sach-)Ziele mit persönlichen und interaktionalen Entwicklungszielen verschmelzen. Sie stellen untrennbar die beiden Seiten ein- und derselben Medaille dar.

Die obige Beschreibung der drei Führungs- bzw. Umsetzungsschritte erfolgt bottom-up. Die Initiierung des Lern- bzw. Veränderungsprozesses beginnt – wie eingangs betont – top-down. Dies ist kein Widerspruch, vielmehr handelt es sich um ein wechselseitig voneinander abhängiges Verfahren.

Nur wenn beide Handlungsströme ineinandergreifen entsteht ein nachhaltig wirkender Veränderungsprozess in kleinen und rekursiven Schritten (mit zum Teil großer Wirkung).

Wirkungsweise

Diese Veränderungen des Führungsverhaltens in unserem Unternehmensbeispiel sind zwar gewünscht, jedoch nicht ausreichend formuliert geschweige denn schriftlich festgehalten worden.

An erster Stelle ist das gemeinsame Verständnis vom Vorgehen und das eigenverantwortliche Handeln der nachgeordneten Führungskräfte (und Mitarbeiter) herzustellen. Dabei sollte „auf Augenhöhe“ interagiert werden. Es kommt darauf an, eine „gemeinsame Wirklichkeit“[21] zu schaffen.

Gemeinsames Verständnis

Hier bedeutet es, die Selbstführung der Führungskräfte (und anschließend der Mitarbeiter) zu entwickeln. Dieser Lernprozess kann nicht durch „Führung per Ansage“ ersetzt werden.

Zu 5: Vom Mitarbeiter zum Sich-Selbst-Führenden

Der individuelle Lernprozess jedes Mitarbeiters wie auch jedes Vorgesetzten beruht darauf, dass er die volle Verantwortung für sich selbst und damit für sein gesamtes Denken und Handeln übernimmt.

Selbstführung (siehe Kapitel 1) meint die Fähigkeit und Funktion, das eigene Denken und Handeln zielgerichtet zu steuern und dabei die Wirkung auf andere zu erkennen. Das bedeutet, bewusst zu entscheiden und zu handeln. Und dazu gehört, Verantwortung zu tragen für den eigenen Einfluss auf die Beziehung zu anderen. In unserem Beispiel hat dies die Teamleiterin Magdalena im zweiten Gespräch mit ihrem Mitarbeiter Torben gezeigt.

Verantwortung für das eigene Handeln

Bewusstes Handeln ist wichtig, um das Richtige zu tun (= Effektivität). Dies gilt nicht nur für inhaltliche Ergebnisse am Arbeitsplatz, sondern auch und gerade im Umgang mit sich selbst und anderen.

Die Selbstführung jedes einzelnen Mitgliedes der Organisation verläuft parallel zum gemeinsamen Lernprozess des jeweiligen Teams/der Gruppe (bzw. Abteilung). In jedem Fall beginnt die Entwicklung notwendigerweise im Kopf

[21] Vgl. Watzlawick 2021.

und im Verhalten des Individuums. Was im Organisationsmanagement als AKV-Prinzip[22] bekannt ist, gilt im persönlichen Entwicklungsprozess analog.

AKV-Prinzip in der persönlichen Entwicklung

Jeder einzelne Mitarbeiter formuliert sein Verständnis seines persönlichen Entwicklungsziels und beschreibt die dazu notwendigen Schritte. Parallel dazu definiert das Individuum sein Verständnis der inhaltlichen Aufgaben und der Voraussetzungen, die erfüllt sein müssen, um die Verantwortung für die Umsetzung übernehmen zu können. Das gemeinsame Verständnis zwischen Mitarbeiter und Führungskraft ist die Grundlage für die Bearbeitung der Aufgabe und für die Verfolgung des persönlichen Lernziels durch den Mitarbeiter.

Selbst- und Fremdbild vergleichen

Ergänzend beurteilt der Vorgesetzte die fachlichen und persönlichen Kompetenzen (= Fähigkeiten), die für die Aufgabenerfüllung notwendig sind. Wenn Diskrepanzen zwischen der Einschätzung des Mitarbeiters (Selbstbild) und seiner Führungskraft (Fremdbild) auftreten, sind diese zwischen beiden zu behandeln: Es ist zunächst eine gemeinsame Wirklichkeit zu schaffen im Sinne eines Verständnisses darüber, wovon gesprochen wird und wie die beiden unterschiedlichen Bilder zustandekommen. Über die gemeinsam verstandenen Entwicklungsschritte (= zu entwickelnde Kompetenzen) werden entsprechende Maßnahmen vereinbart: Diese werden Gegenstand des persönlichen Entwicklungsboards (siehe Kapitel 5.4) des Mitarbeiters.

Diskrepanzen prüfen

Können Diskrepanzen in den Selbst- und Fremdbildern von Führungskraft und Mitarbeiter nicht aufgelöst werden, wird eingeschätzt, welche Bedeutung dies für die Aufgabenerfüllung hat. Wenn hier relevante Punkte offenbleiben, sollte sowohl die Führungskraft ihr Bild überprüfen – durch Rücksprache mit Dritten z. B. eigener Vorgesetzter, Coach –, als auch der Mitarbeiter durch weitere Selbstreflexion, z. B. durch ein Zwiegespräch (siehe Kapitel 5.9).

Tolerierbar oder nicht?

Falls der Mitarbeiter die Diskrepanz nicht akzeptieren will, oder einen diesbezüglichen Lernprozess als nicht notwendig erachtet, wird die Führungskraft prüfen müssen, welche Konsequenzen sich daraus ergeben: Wie lange kann die Diskrepanz toleriert werden? Mit welchen Folgen? Welche notwendigen Schritte für die Organisation ergeben sich daraus? Wann sind welche disziplinarischen Konsequenzen zu ziehen? Welche Folgen hat das für das Team bzw. die Gesamtorganisation? Wann sollten diese Fragen beantwortet werden?

Beispiel

In unserem Fall wird deutlich, dass z. B. durch den Abteilungsleiter (Carsten) der Lernprozess der Teamleiterin (Magdalena) noch nicht ausreichend unterstützt wird. Das hängt unmittelbar damit zusammen, dass er selbst durch seinen Geschäftsführer noch nicht genügend in seinem eigenen Entwicklungsprozess begleitet worden ist. Was wiederum dadurch verständ-

[22] A=Aufgaben, K=Kompetenzen (hier: Befugnisse), V=Verantwortung.

lich wird, dass dieser Geschäftsführer selbst noch einige „blinde Flecken" in seiner Selbstführung zu entdecken hat. Magdalena wiederum nutzt das kollegiale Gespräch mit Robert quasi als Bypass, um ihren Lernprozess voranzutreiben.

Beispiel

Zu 6: Von der formalen Gruppe zum sich selbstorganisierenden Team

Neue Sichtweisen

Der Weg zu einem sich selbstorganisierenden Team ist die gleiche Herausforderung auf einer höheren Ebene. Individuelle Selbstkontrolle, Selbstregulation und Selbstführung sind Voraussetzungen für sich selbstorganisierende Teams. Auf der Grundlage kritischer Selbstbeobachtung und dem entsprechend veränderten Denken und Handeln finden die Interaktionen zwischen den Beteiligten verändert statt: Individuen definieren ihre Rollen in der Gruppe auf der Basis ihrer neuen Sichtweisen und klären ihr Selbstverständnis im Rahmen der gemeinsamen Interaktionen. Aufgaben werden vor dem Hintergrund des persönlichen Lernprozesses neu gesehen; die dazu notwendigen Interaktionen werden so gestaltet, dass die inhaltliche Bearbeitung störungsfreier erfolgt. Dazu ein Beispiel:

Beispiel

Wenn etwa angenommen wird, dass die Vorbehalte gegenüber einem Kollegen daran liegen könnten, dass sich beide mal über den anderen geärgert haben und deswegen angefressen sind, könnte durch ein Angebot einer konstruktiven Klärung (z. B. durch regelgeleitetes Feedback ohne „Wünsche" an den anderen oder ein Zwiegespräch, bei welchem dem anderen nur zugehört wird; siehe Kapitel 5) eine bisher unausgesprochene Betroffenheit aufgelöst oder entspannt werden. So könnte auch eine Basis dafür geschaffen werden, wie zukünftig konstruktiv miteinander umgegangen werden soll.

Entscheidend ist dabei, von der eigenen Betroffenheit zu sprechen und nicht die vermeintlichen Fehler des anderen in den Vordergrund zu stellen. Auch indirekte Vorwürfe oder Schuldzuweisungen verschärfen im Zweifel den Konflikt.

Beziehungen neu gestalten

Da Gruppen bzw. Teams aus mehr als zwei Personen bestehen, wird schnell deutlich, wie komplex und dynamisch die Summe der Interaktionen in einem solchen Beziehungsnetzwerk sind. Aus formalen Gruppen werden daher nur „echte" Teams, wenn die Beziehungen durch solche Interaktionen gestaltet werden, die auf Selbstkontrolle, Selbstregulation und Selbstführung beruhen. Dadurch kann jede einzelne Person dazu beitragen, sich gemeinsam zu organisieren und zu führen. Interaktionen, welche auf der Basis von kritischer Selbstbeobachtung zwischen den Individuen und der gesamten Gruppe stattfinden, unterstützen und fördern diesen Entwicklungsprozess.

Zu 7: Der permanente Entwicklungsprozess – oder: Lebenslanges Lernen

Auf der Ebene einer Organisationseinheit oder in einem Projekt, sind nahezu ständig Änderungen zu bewältigen (veränderte Kundenwünsche, Wettbewerber, Produktänderungen, technische Anpassungen, neue Teammitglieder/Vorgesetzte etc.). Um die Ziele zu erreichen, sind vielfältige Maßnahmen zu ergreifen, welche die Betroffenen herausfordern.

Permanenter Lernprozess

In unserem Vorgehen bei Veränderungen geht es jedoch um viel mehr als um inhaltlich-technische oder betriebswirtschaftliche Anpassungen. Es geht um den laufenden Lernprozess persönlicher Wahrnehmungen, Definitionen, Bewertungen und den schließlich daraus folgenden Handlungen. Denn diese bestimmen wiederum den Umgang mit den Sachfragen.

Die Veränderung der Unternehmenskultur ist das Ergebnis der veränderten Sicht- und Handlungsweisen der Mehrheit der Organisationsmitglieder.

Gesamtorganisationale Veränderung

Durch den sich ständig weiterentwickelnden persönlichen, teambezogenen und gesamtorganisationalen Lernprozess verändern sich Einstellungen, Haltungen und damit Verhaltensweisen von Führungskräften und Mitgestaltern.

Wechselseitige Beeinflussung

Wenn ausreichend viele Menschen mitmachen, also eine kritische Masse erreicht wird, dann beeinflussen die veränderten individuellen Perspektiven und Bewertungen auch die allgemein gültigen Regeln der Organisation. Diese formalen wie informellen Regeln sind der Kitt, der das Unternehmen zusammenhält. Umgekehrt beeinflussen diese Regeln („Software of the mind which distinguishes one group from another“[23]) die Sichtweisen und Handlungen der Mitarbeiter; damit verstärkt sich das System wechselseitig selbst. Diesbezügliche Veränderungen im Rahmen der Organisationsentwicklung sind daher alles andere als einfach. Durch die hier geschilderte Vorgehensweise, das empfohlene Führungsverhalten und durch die damit ausgelösten Lernprozesse werden Veränderungen möglich.

Darüber hinaus verändert sich die Unternehmenskultur auch ohne bewusst geplante Transformation – allein durch die Summe der individuellen Lernprozesse, die permanent stattfinden. Somit wird deutlich, dass Unternehmenskultur sowohl abhängige wie unabhängige Variable ist:

- Als unabhängige Variable beeinflusst sie maßgeblich das Denken und Handeln der Organisationsmitglieder.
- Als abhängige Variable ist sie Gegenstand der Veränderung – durch die Organisationsmitglieder.

[23] Vgl. Hofstede, Hofstede & Minkov 2010.

Funktionen der Unternehmenskultur

Entscheidend für den Erfolg kultureller Veränderungsvorhaben ist es, dass eine kritische Masse von Individuen erreicht wird, die ihre Sichtweisen, Überzeugungen und Einstellungen einbringt. Die Unternehmenskultur ist dann „abhängig“ von diesen „Interventionen“ und folgt den individuellen Lernfortschritten. Gleichzeitig gilt aber auch, dass die Unternehmenskultur als unabhängige Variable den Rahmen für das gemeinsame Interagieren der einzelnen Organisationsmitglieder vorgibt und damit die Handlungsfähigkeit bzw. Stabilität der Organisation erzeugt. Beide Funktionen der Unternehmenskultur sind notwendig:

Fokus wählen

Je nach Anlass geht es um Orientierung, Handlungsrahmen und Sicherheit, oder um Anpassung, Veränderung und Flexibilität. Das Kunststück besteht darin, je nach Anlass und Umfang die jeweilige Funktion zu aktivieren. Dabei ist allerdings im Rahmen von Selbstorganisation nicht immer vorherzusehen, in welche Richtung sie sich entwickelt.

Notwendige Rückkopplungen

Dies ist ein wesentlicher Grund für den notwendigen übergeordneten PDCA-Zyklus: Hier können durch die Entscheider oder ein Referenzgremium (z. B. Resonanzgruppe[24]) entsprechende Rückkopplungen zu den Ergebnissen auf Team- und Gesamtorganisationsebene erfolgen und damit den Reflexionsprozess im Rahmen der Selbstorganisation weiter unterstützen.

Offener Prozess

Wie dann diese Interventionen aufgegriffen bzw. umgesetzt werden, bleibt bei selbstorganisierten Prozessen offen und stellt den mehr oder weniger permanenten Anpassungsprozess der Organisation dar. Die damit verbundene Unsicherheit kann nur durch die (Selbst-)Beobachtung und die gelernte Selbststeuerung der Individuen im Unternehmen bewältigt werden.

Weitere Praxisbeispiele werden im folgenden Kapitel beschrieben und den jeweiligen Interventionsebenen zugeordnet. Die hier dargelegten Denk- und Verhaltensweisen, Zusammenhänge und Wechselwirkungen werden dadurch weiter veranschaulicht.

---

[24] Vgl. Berner 2015/2022.

4 Weitere Beispiele aus der Praxis

In der vorausgegangenen Analyse des Veränderungsprozesses (Kapitel 3 Reflexion des Prozesses) wurde das Vorgehen anhand eines ersten Praxisbeispiels erläutert. Jetzt wird das Vorgehen durch weitere Beispiele veranschaulicht.

4.1 Praxisbeispiel auf der Ebene Individuum: Führungskräfte-Coaching

Durch das folgende Coaching-Beispiel soll das Vorgehen veranschaulicht werden. Neben dem Rollenverständnis (siehe Kapitel 1) für dieses Gestaltungselement werden in Kapitel 5 die methodischen Schritte weiter vertieft.

Beispiel

Der Geschäftsführer eines mittelständischen Industrieunternehmens meldet sich telefonisch beim Coach: Er möchte zunächst kurz klären, ob der Berater für ihn der richtige ist. Herr Schulze schildert zunächst, dass seine Sekretärin für ihn einen Coach gesucht hat und die Empfehlung daher von ihr stammt; sie hätte im Internet recherchiert und empfehle den Berater. Der Klient beginnt nach der Begrüßung relativ schnell mit persönlichen Aussagen über sich: Er müsse an seiner Kommunikation arbeiten und wolle dabei „einige Konflikte im Unternehmen aufarbeiten".

4.1.1 Kontext- und Auftragsklärung (mit erster Hypothesenbildung)

Dieser Einstieg zeigt, dass der Coaching-Prozess lange vor dem ersten Arbeitstermin beginnt. Das als „Kontaktaufnahme" deklarierte Telefonat dauerte fast eine Stunde. Nach kurzer Schilderung seiner Erfahrungen bzw. Kompetenzen als Coach, stieg der Klient direkt in das Problem ein. Der Coach hat mehrmals interveniert und auf den geplanten Coaching-Termin verwiesen; dies hielt Herrn Schulze nicht davon ab, von einem Detail seiner Person zum nächsten zu kommen. Die konkrete Arbeitssituation wurde nur mit seiner formalen Funktion erwähnt sowie einem vagen Hinweis auf Kommunikations- und Kooperationsprobleme. Wichtig ist ebenfalls zu beachten, wer den Klienten zum Coach „überwiesen" hat: Hier wurde diese Überweisung direkt eingangs genannt. Diese Information dient sowohl der Kontextklärung (Wie ist der Klient zum Coach gekommen, in welchen Zusammenhängen steht die Anfrage, welche dritten Personen sind daran wie beteiligt, in welcher Beziehung steht der Klient zu diesen?) als auch der Hypothesenbildung des Coaches u. a. hinsichtlich des Selbstverständnisses des Klienten. Verhält dieser sich wie ein

- Kunde bzw. Sich-selbst-Führender
- Besucher (Unbeteiligter) oder
- Sich-Beschwerender?

Definitionen

Ein echter „Kunde“ sieht das Problem bei sich selbst; ein „Besucher“ ist zum Coach von einer relevanten dritten Person geschickt worden (und sieht sich häufig nicht als Teil des Problems); ein „Sich-Beschwerender“ kommt zum Coach, damit dieser eine oder mehrere andere Personen ändert.

Im hier geschilderten Beispiel sieht der Klient das Problem bei sich selbst und kann daher (zunächst) als Kunde angesehen werden. Allerdings spielt mindestens eine weitere Person (Sekretärin) eine relevante Rolle, da er dieser die Suche überlassen hat und nach deren Empfehlung handelt.

Beispiel

Das erste Arbeitsgespräch beginnt damit, dass der Kunde schnell zu Details in der Kommunikation mit seinen Mitarbeitern kommt. Der Coach interveniert mit der Frage nach dem Ziel des Kunden für diesen Termin sowie mit der Frage nach seinen Coaching-Zielen insgesamt. Als Herr Schulze mit der Schilderung weiterer Details seines Problems fortfährt, unterbricht ihn der Coach und wiederholt seine Fragen. Daraufhin bemerkt der Kunde: „Also Sie haben hier die Gesprächsführung.“ Was der Coach bestätigt.

Es sollte spätestens jetzt deutlich werden, dass eine zentrale Aufgabe des Coaches in der Prozesssteuerung besteht. Dabei muss er die Balance halten zwischen dem (notwendigen) Unterbrechen des Klienten und zurückführen zum gegenwärtigen Thema sowie der notwendigen Akzeptanz beim Gegenüber und damit dem Aufbau bzw. Erhalt der Arbeitsbeziehung. Diese Balance entspricht den beiden Aspekten Respekt und Respektlosigkeit in der Coach-Haltung:

Respekt gegenüber der Person und gleichzeitig eine – funktional notwendige – Respektlosigkeit (vgl. Kapitel 5) gegenüber den Sichtweisen seines Gegenübers. Letztere sind neben dem Verhalten des Klienten der Gegenstand des Coachings. Daher sollte der Coach die geschilderten Bewertungen von anderen Personen bzw. Situationen kritisch betrachten und gegebenenfalls hinterfragen.

Beispiel

Im weiteren Gesprächsverlauf wird der emotionale Druck, unter dem Herr Schulze steht, auch dadurch deutlich, dass er sich in der Schilderung von Details aus verschiedenen Situationen verliert. Er legt immer wieder strukturelle Probleme im Arbeitsablauf dar, betont dies als Ursache von Produktionsstörungen und Kundenbeschwerden und will zukünftig auch eine Prozessreorganisation mit dem Coach durchführen. Eingestreut in die

Beispiel

Schilderungen sind gelegentliche Hinweise auf die eigene Betroffenheit, die durch Fehlverhalten der Mitarbeiter und Vertrauensbrüche ihm gegenüber ausgedrückt werden. Bemerkenswert sind darüber hinaus die (scheinbar) logischen und differenziert ausformulierten Begründungen für seine Wahrnehmungen und entsprechenden Bewertungen.

4.1.2 Sachverhalte erkunden (und weitere Hypothesenbildung)

Das Bedürfnis, sich zu äußern, verstanden zu werden und den Raum zu haben, seine Sichtweise auf hohem intellektuellem Niveau darzulegen, kennzeichnen das Gespräch. Es kommt Herrn Schulze offensichtlich ganz besonders darauf an, seine Bewertungen von Personen und Situationen hieb- und stichfest darzulegen und damit – für ihn selbst wie für jeden anderen – unwiderlegbar zu machen. Recht zu haben – und dieses anerkannt zu bekommen – scheint deutlich spürbar ein zentrales Motiv in seiner persönlichen Haltung und auch hinsichtlich des Coachings zu sein. – Hier beginnt eine der Herausforderungen für den Coach:

Doppelte Absicherung gegen eigene Veränderung

Die Logik des Klienten ist für ihn schlüssig. Und die Schlüssigkeit ist Teil des Problems. Denn dadurch bestätigte sich Herr Schulze und braucht (natürlich) bei sich selbst nichts zu ändern. Gleichzeitig thematisiert er wiederholt seine große Betroffenheit und bringt sich damit selbst in die Opfer-Rolle des Sich-Beschwerenden: Eine doppelte Absicherung gegen eigene Veränderung.

Beispiel

Der Coach greift daraufhin ein für Herrn Schulze offensichtlich als Schlüsselsituation bedeutsames Beispiel auf: Ein Mitarbeiter, der bisher von ihm protegiert worden war, habe sich gegen ihn gewandt und sei sozusagen die zentrale Person der „Revolte“ gegen ihn. Auf das Verhalten des Mitarbeiters angesprochen, antwortet der Kunde: „Er spricht mit mir seit einem Monat nicht mehr.“ Auf die Nachfrage des Coaches, ob er, Herr Schulze, denn mit dem Mitarbeiter gesprochen habe, folgt zunächst Schweigen – nach einer Pause verneint Herr Schulze dies. Der Coach fragt, wie der Kunde die Beziehung zum Mitarbeiter zu gestalten denke. Als hierauf keine Antwort kommt, formuliert der Coach ein hypothetisches Szenario: „Können Sie sich vorstellen, den Mitarbeiter anzusprechen? Und in welcher Form?“ Herr Schulze blieb zunächst unverbindlich.

In der Reaktion des Kunden wird die Intensität der Haltung und die aktuelle Handlungsunfähigkeit in der Vorgesetzten-Mitarbeiter-Beziehung deutlich. Aber Nicht-Handeln ist auch eine Form des Handelns. Wir können nicht nur „nicht nicht-kommunizieren“ (Paul Watzlawick 2021), wir können auch nicht nicht-handeln: Jedes beobachtbare Verhalten – und eben auch ein Nichtstun – wird vom Gegenüber wahrgenommen und aus dessen Perspektive(!) bewertet. Dadurch wird die bisherige Sichtweise bestätigt und das entsprechende Verhalten zementiert. Was wiederum den anderen in seiner Sicht und seinem Handeln bestärkt. Im Coaching geht es darum, dem Kunden dabei zu helfen, einen solchen Teufelskreislauf zu durchbrechen.

4.1.3 Optionen bilden/intervenieren

Beispiel

Daraufhin bietet der Coach ihm eine Aufgabe an: „Überlegen Sie sich bitte, ob Sie das Gespräch mit dem Mitarbeiter aufnehmen wollen. Falls ja, überlegen Sie, was Sie erreichen möchten und wie Sie sich auf das Gespräch vorbereiten können und wie es verlaufen sollte, um Ihr Ziel zu erreichen. Wenn Sie möchten, können wir das Gespräch auch vorher simulieren." Der Kunde nimmt dies als „Hausaufgabe" mit. Darüber hinaus werden die Ziele des Kunden von diesem – mithilfe des Coaches – nochmals formuliert und konkretisiert.

Diese Aufgabe für den Kunden ist ein Beispiel für eine direkte und verhaltensbezogene Intervention. Ein alternatives Vorgehen hätte die Auseinandersetzung mit seiner Sichtweise sein können – dies erscheint dem Coach momentan allerdings weniger zielführend im Hinblick auf eine Veränderung. Verändertes Verhalten erzeugt neue Erfahrung und diese kann wiederum die Sichtweise verändern („Willst Du sehen, dann handle!"[1]). – Weiterhin sollte in der Prozesssteuerung des Coaches erkennbar geworden sein, dass die fünf Vorgehensschritte im Coaching-Modell (Kapitel 5 Gestaltungselemente der Veränderung) nicht (nur) linear aufeinander folgen, sondern je nach Verlauf rekursiv wiederholt und auf jeden einzelnen Schritt zurückgeführt werden können: Es handelt sich um ein iteratives Vorgehen analog der Abfolge von PDCA-Zyklen. Je nach der Entwicklung des Lernprozesses entscheidet der Coach, welcher Schritt angebracht erscheint oder wiederholt werden sollte. Diese Prozesssteuerung gilt sowohl für jede einzelne Coaching-Sitzung als auch für den gesamten Prozess.

Prozesssteuerung

4.1.4 Überleiten in den Alltag

Der Coach vereinbart mit dem Kunden, dass dieser die Option des Mitarbeitergesprächs für sich vorbereitet und durchführt. Beide vereinbaren, dass Herr Schulze bei Bedarf vor der Umsetzung ein simuliertes Gespräch mit dem Coach durchführen kann. Der Kunde vereinbart die Rückkopplung an den Coach, nachdem das Gespräch mit dem Mitarbeiter stattgefunden hat.

[1] Vgl. von Foerster 1993.

4.2 Praxisbeispiel auf der Ebene Organisationseinheit: Modifizierung der Personalentwicklungsgespräche eines Versicherungsunternehmens

4.2.1 Ausgangslage

Führungs-aufgabe PE-Gespräche

Bislang finden alle zwei Jahre Personalentwicklungsgespräche statt, die auch mit Leistungsbeurteilungen verbunden sind. Verantwortlich für die Konzeption und Struktur der Gespräche ist die Abteilung Personalentwicklung in Abstimmung mit einem Führungskreis des Unternehmens. In der Vergangenheit wurden Form und Struktur schon öfter überarbeitet und angepasst, was sich aber eher auf Fragestellungen bzw. Items und Kriterien bzgl. der Gesprächsstruktur bezog. In den alle zwei Jahre stattfindenden Mitarbeiterbefragungen wurden diese Gespräche als gut, aber eher als Pflichtveranstaltungen angesehen und empfunden. Mit der Einführung von agilen Arbeitstechniken und dem Start eines Kulturentwicklungsprozesses sollen die Personalentwicklungsgespräche als Bestandteil agiler Führung entsprechend weiterentwickelt werden.

4.2.2 Zielsetzungen

1. Die Weiterentwicklung der Führungs- und Interaktionskultur: weg von der rein hierarchischen Führung hin zur Coaching-Haltung der Führungskraft
2. Die Förderung der Selbstreflexion und Selbstführung (permanenter Mindshift)
3. Die Auslösung eines Lernprozesses auf der Ebene des Gesamtunternehmens
4. Die einzelnen Mitarbeiter (Ebene Individuum) sollen schnell Erfahrungen in der Umsetzung machen.

4.2.3 Vorgehen

Im Gegensatz zu früheren Modifizierungen der Personalentwicklungsgespräche, bei denen in einem engeren Kreis zwischen Personalentwicklungsabteilung und Führungskräften viel Zeit in die Konzeption und Planung des unternehmensweiten Roll-Outs investiert wurde, soll diesmal nach einer kurzen Entwicklungsphase das neue Design in einem ausgewählten Pilotbereich getestet werden. Die Ergebnisse und Erfahrungen der Pilotierung sollen als Basis für weitere Anpassungen dienen, die dann in die nächsten ausgewählten Abteilungen und Bereiche transferiert werden. Mit diesem Vorgehen wird sichergestellt, dass von Beginn an die gemachten Erfahrungen aller involvierten Personen genutzt werden und in die Weiterentwicklung des

Personalentwicklungsgesprächs einfließen. Dieses iterative Vorgehen, dass eine agile Vorgehensweise (Vorgehensarchitektur) nutzt, unterstützt von Beginn an den Lernprozess auf den Ebenen Individuum und Organisation.

Neun Schritte

In den folgenden neun Schritten wird das Vorgehen zur Entwicklung und Förderung eines „permanenten Mindshifts im Sinne lebenslangen Lernens" beschrieben:

1. Quick-Check der aktuellen Interaktions- bzw. Unternehmenskultur
2. Konzeption PE-Gespräche
3. Konzeption Vorgehen und Auswahl Pilotierungseinheit
4. Individuelle Verankerung beim Abteilungsdirektor
5. PE-Gespräche Abteilungsdirektor – Teamleiter
6. Coaching und Reflexion Abteilungsdirektor
7. Coaching und Vorbereitung Teamleiter bzgl. Mitarbeitergespräche
8. PE-Gespräche Teamleiter – Mitarbeiter, sowie Coaching und Reflexion Teamleiter und Mitarbeiter
9. Auswertung der (Transfer-)Erfahrungen, Modifizierung und Auswahl der nächsten iterativen Pilotierung.

Zu 1: Quick-Check der aktuellen Interaktions- bzw. Unternehmenskultur

In einem ersten Workshop mit einem interdisziplinären Team wird eine Standortbestimmung bezüglich der aktuellen Unternehmenskultur vorgenommen. Ziel dieses Workshops ist es, eine Vorgehensarchitektur zu entwickeln, die aus der bisherigen Interaktionskultur heraus sinnvolle nächste Entwicklungsschritte ermöglicht.

Anschlussfähigkeit

Wichtig ist dabei, mit dem Vorgehen an die bestehende Kultur anzuschließen, um die notwendige Akzeptanz zu erreichen.

In diesem Zusammenhang ist sicherzustellen, dass angedachte Tools und Workshop-Designs nicht zu weit entfernt sind von der aktuellen Ausgangssituation bzw. den bisher gemachten Erfahrungen der Beteiligten. Außerdem sollen die Tools für alle Personen spürbare Lernerfahrungen im Hinblick auf die Ziele der Veränderung ermöglichen.

Zwei Dimensionen in zwei Ausprägungen

Ergebnis dieses Workshops ist eine Kulturdiagnose, bei der die Ausprägungen der Unternehmenskultur zwei Dimensionen zugeordnet werden. Daraus ergibt sich ein 2x2 Zuordnungsschema (Abbildung 4.01). In diese vier Felder werden die Einschätzungen der beteiligten Mitarbeiter und Führungskräfte zu den ausgewählten Kulturthemen eingeordnet. Zum einen handelt es sich um die Dimension „Interaktion der Individuen", die von rangorientiert bis gleichwertig verläuft. Zum anderen wird die Dimension „Veränderungsziele und Reflexionsfähigkeit“ verwendet, die von ergebnisorientiert bis entwicklungsorientiert reicht (vgl. Abbildung G.03, Kapitel G). Basierend auf der Kulturdiagnose werden die oben formulierten Zielsetzungen als Orientierung genutzt, um eine Stoßrichtung der gewünschten Veränderungsbewegung festzulegen.

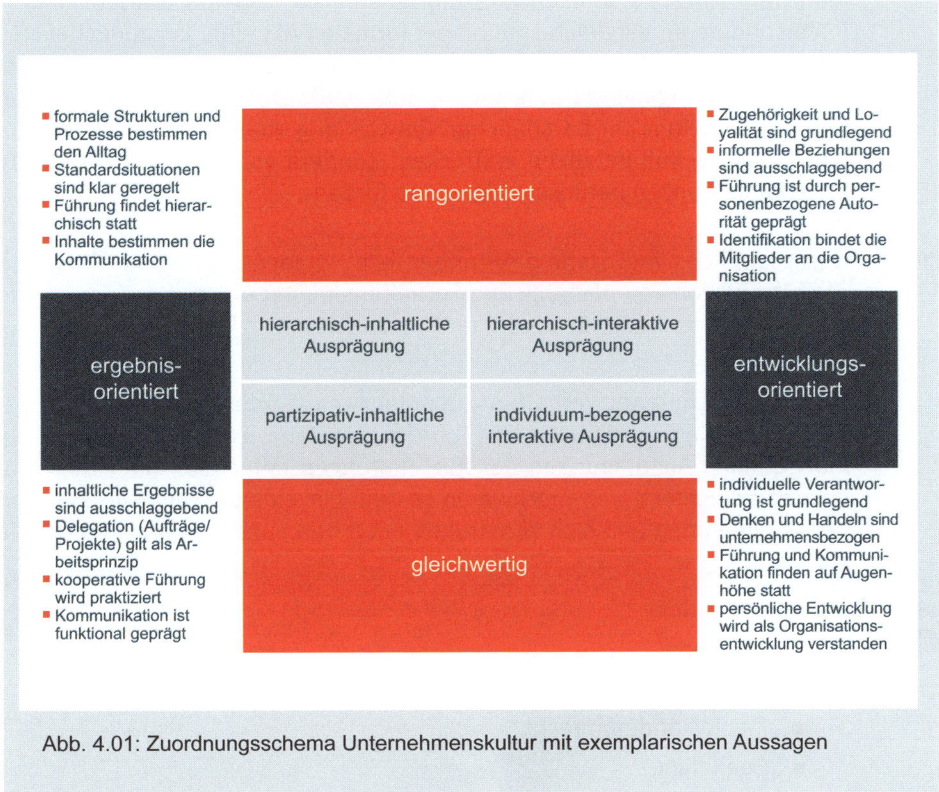

Abb. 4.01: Zuordnungsschema Unternehmenskultur mit exemplarischen Aussagen

Zu 2: Konzeption PE-Gespräche

In der Konzeption der Personalentwicklungsgespräche sind verschiedene Ebenen zu berücksichtigen. Die Ebene der Interaktionen zwischen Führungskraft und Mitarbeiter ist ein wichtiger Gestaltungsaspekt in der Konzeption. Die bisherigen Personalentwicklungsgespräche sind aufgrund der Kopplung mit einer Leistungsbeurteilung klassisch rangorientiert geprägt. Auf dem Weg von rangorientiert zu „mehr gleichwertig“ muss ein Rahmen geschaffen werden, indem ein anderes Verhalten möglich erscheint. Konkret bedeutet das für die Führungskraft, mehr in eine coachende Haltung zu gehen. Sie soll dabei helfen, dass der Mitarbeiter sich hinsichtlich der gewünschten Selbstreflexion öffnet und das Angebot der Selbstführung annimmt. Die

Ebene Individuum (und das gilt damit sowohl für die Führungskraft wie auch für die Mitarbeiter) steht im Fokus der Konzeption dieses Veränderungsvorhabens, geprägt durch den Grundsatz: „Das Ich gestaltet das Wir!" Die Zielsetzungen „Förderung der Selbstreflexion und Selbstführung" und „schnelle Transfererfahrung" sind hierbei die Leitgedanken.

Wichtig ist, eine persönliche Beziehung herzustellen, die als wesentlicher Mehrwert eines Personalentwicklungsgesprächs wirksam werden kann – insbesondere im Vergleich zum bisher formalen Akt einer Leistungsbeurteilung. Dazu müssen die persönlichen Entwicklungsgespräche von der bisherigen Leistungsbeurteilung entkoppelt werden. Im Vordergrund sollten die Möglichkeiten der persönlichen Entwicklung stehen, die sich nicht auf rein fachliche Kompetenzen erstrecken, sondern vor allem die Selbstführungskompetenzen berücksichtigen und fördern.

Türöffner

Dazu kann das Tool „Innere Antreiber-Test"[2] dienen, das als Türöffner zur Selbstreflexion von persönlichen Verhaltensmuster dient und einen direkten Bezug zwischen Individuum und Veränderungsziel herstellt.

Mittels 50 definierter Verhaltensausprägungen werden in diesem Tool dahinterliegende Grundmuster von fünf inneren Antreibern beschrieben. Die individuellen Ausprägungen der fünf Haltungen (Mindsets) oder Überzeugungen erleichtern oder erschweren es dem Einzelnen jeweils, Veränderungen anzunehmen und sich konstruktiv mit ihnen auseinanderzusetzen. Sie lauten:

Innere Antreiber

- „Sei perfekt."
- „Sei stark."
- „Streng dich an."
- „Mach's anderen recht."
- „Beeil dich."

Definitionen

Selbstreflexion über „innere Antreiber" dient als Ansatz, um innere Klarheit zu unterstützen und äußere Klarheit zu ermöglichen. Innere Klarheit meint die Übereinstimmung von Denken, Wollen und Fühlen: Wir wissen, was wir wollen und sind bereit, dies auch zu tun. Wir haben Vor- und Nachteile abgewogen und sind uns sicher, dass wir das Richtige tun. Äußere Klarheit meint die Übereinstimmung von Denken, Wollen und Fühlen mit unserem Handeln: Wir verhalten uns so, wie wir es für richtig halten.

[2] Vgl. z. B.: https://hanza-resources.com/test-antreibern/ bzw. https://www.resilienz-akademie.com/innere-antreiber/nach Kahler (2008); hier: adaptiert von ibo Akademie (Schulungsmaterial).

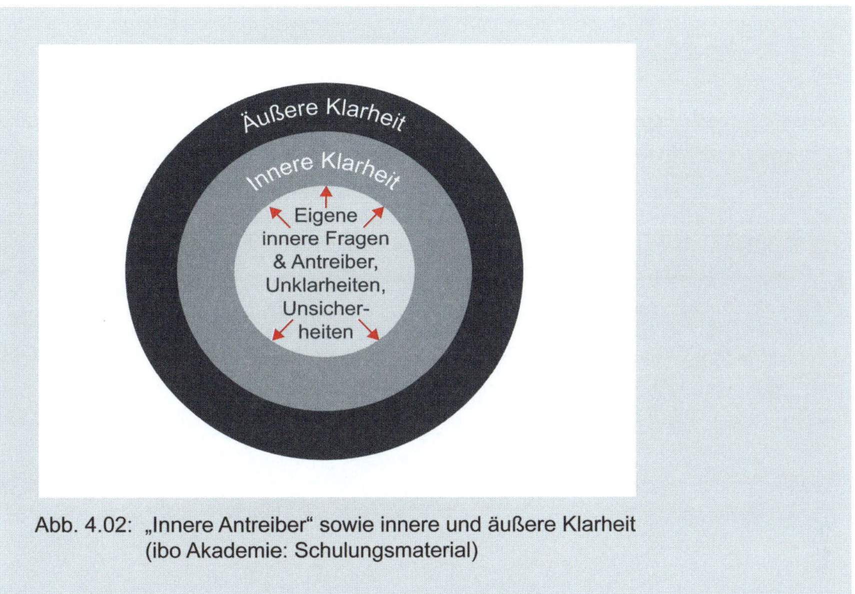

Abb. 4.02: „Innere Antreiber" sowie innere und äußere Klarheit (ibo Akademie: Schulungsmaterial)

Persönliche Entwicklung

Bei der Konzeption der Personalentwicklungsgespräche müssen außerdem die standardisierten Prozessabläufe mit ihren Tools und Techniken berücksichtigt werden, die bislang das Vorgehen in dieser Organisation geprägt haben. Im Spannungsfeld zwischen Ergebnisorientierung und Entwicklungsorientierung (Abbildung 1.08 aus Kapitel 1) wurde das Tool „Persönliches Entwicklungsboard" als Instrument der Veränderung ausgewählt. Das Persönliche Entwicklungsboard soll zukünftig als zentrales Instrument von jedem einzelnen Mitarbeiter eigenverantwortlich genutzt werden. Es bietet inhaltlich eine ausgewogene Balance zwischen Fachkompetenz und Selbstführungskompetenz. Wichtig ist hierbei, dass das Persönliche Entwicklungsboard nicht inhaltlich überfrachtet wird. Vielmehr sollten im Gespräch zwischen Führungskraft und Mitarbeiter zwei bis drei Schwerpunkte identifiziert werden, die im Auge des Mitarbeiters relevant sind (zu den Schwerpunkten der Führungskraft s. u.). Diese ausgewählten Themen können dann quartalsmäßig reflektiert werden und einen kontinuierlichen Entwicklungsprozess aufrechterhalten.

Anforde-rung	Mein Verhalten		Maß-nahmen	Wo und wann erlebe ich das neue Verhalten – "Moment of Truth" (MoT)	Status/ Prognose (Skala 1-10)	
	bisher	neu			bisher	neu
... auch mal mit 80 % zufrieden sein	perfekt sein, 120 % Lösungen liefern	Aufgaben in einem festgelegten Zeitraum abschließen	Zeit-/ Aufgabenplan für Woche X und Tag Y	am Abend (18:00 Uhr) von Tag X klappe ich das Notebook zu und habe „Feierabend“	2	5

Abb. 4.03: Persönliches Entwicklungsboard: Beispiel für „innerer Antreiber: Sei perfekt!“
(ibo Akademie Schulungsmaterial: angepasst nach ComTeam 2022)

Zu 3: Konzeption Vorgehen und Auswahl Pilotierungseinheit

Bei der Auswahl der Organisationseinheit, in der pilotiert werden soll, sind zwei wesentliche Aspekte beachtet worden: Zum einen, welche Bereiche aktuell schon Erfahrungen mit agilen Tools und Leadership-Ansätzen gemacht haben, und zum anderen, wo aktuell ein konkreter Anlass bzw. Bedarf an Personalentwicklung besteht. Daher ist die Entscheidung auf den Bereich Kundenservice gefallen. In einem aktuellen Projekt zur Verbesserung der Dienstleistung des Kundenservices stehen konkrete Anforderungen an die Mitarbeiter im Raum, und die Abteilungsleitung sieht dieses als Chance zur Initiierung eines positiven Entwicklungsprozesses. In enger Abstimmung mit den Führungskräften aus dem Bereich Kundenservice wurde das Vorgehen gemeinsam erarbeitet. Erfolgskritisch ist dabei, dass die Führungskräfte selbst die Veränderung wollen und deren Sinnhaftigkeit auch von ihren Mitarbeitern gesehen wird.

Initiierung des Lernprozesses

Dies bedeutet, dass neben der strukturellen Veränderung vor allem der individuelle Lernprozess beim Abteilungsleiter beginnen muss und sich nicht nur auf Methoden und Tools begrenzt. Er sollte insbesondere aus einer entsprechenden Haltung i. S. v. Offenheit für Neues bestehen, was die Bereitschaft zu einem Mindshift voraussetzt. – Dies ist die notwendige und anspruchsvollste Voraussetzung für die Umsetzung.

Weiterhin wird in Abstimmung mit den Führungskräften entschieden, dass nicht der gesamte Kundenservice pilotiert wird, sondern nur „zwei ausgewählte Teams und hierbei jeweils eine Handvoll Mitarbeiter" in den Pilotierungsprozess involviert werden. Durch dieses Vorgehen können sich die Führungskräfte selbst organisieren und die Verantwortung für die Pilotierung in die Hände nehmen. Es wird also bewusst kein fester Ablauf vorgegeben, der zu Widerständen führen könnte. Das gesamte Vorgehen ist kaskadenförmig aufgesetzt, beginnend beim Abteilungsleiter (Entwicklung eines persönlichen Entwicklungsboards mit externem Coach) und strukturiert durch iterative Rückkopplungsschleifen mit den daraus resultierenden Modifizierungen (gem. PDCA-Zyklus). Alle im Prozess involvierten Personen haben sich dafür entschieden mitzuarbeiten und dienen als Multiplikatoren für die weitere Transformation.

Selbstorganisierte Umsetzung

Zu 4: Individuelle Verankerung beim Abteilungsdirektor

In manchen Change-Ansätzen dient das Top-Commitment oder der First Follower zur Unterstützung einer Transformation. Hier geht es noch einen Schritt weiter. Die Führungskraft erfährt am eigenen Leib den Ansatz der Veränderung. Sie erkennt, dass eine bewusste Selbststeuerung der eigenen permanenten Weiterentwicklung sinnvoll ist. Diese Erfahrung ist die notwendige und unersetzbare Voraussetzung für das Lernen. Unter der Prämisse von Persönlichkeitsentwicklung als Mindshift wird das oben erläuterte Setting der zukünftigen Personalentwicklungsgespräche erprobt.

Lernen durch Selbststeuerung

Nach dem Erstellen des Persönlichen Entwicklungsboards findet eine mehrphasige Reflexion statt: Hier können zum einen offene Punkte bzgl. der Anwendung der Tools (Antreibertest und Persönliches Entwicklungsboard) besprochen werden, aber vor allem auch die Grundhaltung der Führungskraft thematisiert werden. Ein Ziel des Projekts ist es ja, eine Führungskultur „weg von rein hierarchischer Führung hin zur Coaching-Haltung der Führungskraft" zu entwickeln. Fragen wie „Was ist, wenn der Mitarbeiter für die persönliche Entwicklung etwas anderes sieht und will als ich?" sind thematisiert worden. Setzt sich die Führungskraft mit diesen Fragen auseinander, reflektiert sie intensiver das eigene Führungsverständnis und -verhalten. Das führt im weiteren Verlauf des Veränderungsprozesses zu einem intensiven Lernprozess und ersetzt frühere Floskeln wie „Wir wollen offen miteinander kommunizieren" durch konkrete beschriebene Verhaltensweisen in den persönlichen Entwicklungsboards.

Kulturveränderung

Zu 5: PE-Gespräche Abteilungsdirektor-Teamleiter

Nachdem der Abteilungsleiter mit seinem persönlichen Lernprozess und der damit einhergehenden Veränderung begonnen hat, übernimmt dieser im Rahmen der Selbstorganisation die Durchführung der nächsten Kaskade von Personalentwicklungsgesprächen mit zwei ausgewählten Teamleitern. Das Vorgehen und die Zielsetzung bzw. Intention ist analog wie im vorhergehenden Setting, mit dem Unterschied, dass die coachende Rolle vom Abteilungsleiter wahrgenommen wird. Hierdurch findet neben den schon beschriebenen individuellen Lernprozessen direkt zu Beginn der Transformation die Verankerung des Vorgehens in der Organisation statt, was auch als organisationales Lernen bezeichnet werden kann.

Zu 6 und zu 7: Coaching und Reflexion Abteilungsdirektor sowie Coaching und Vorbereitung Teamleiter bzgl. Mitarbeitergespräche

Nachdem schon in den jeweiligen Gesprächen zwischen Abteilungsdirektor und Teamleiter eine intensive Reflexion der Gespräche stattgefunden hat, werden jetzt in drei separaten Schritten die bisherigen Transfererfahrungen reflektiert und gemeinsam eine erste Überprüfung durchgeführt. So können im laufenden Prozess die Lernerfahrungen in die Modifizierung der Personalentwicklungsgespräche einfließen.

Reflexion der Erfahrungen

Schritt eins ist die Reflexion mit dem Abteilungsdirektor (und externem Coach) bzgl. der Erfahrungen aus den Gesprächen mit den Teamleitern, plus einer ersten Überprüfung des eigenen Persönlichen Entwicklungsboards. Hier konnten schon erste „Moments of Truth" (siehe Abbildung 4.03) erlebt und auf die erhoffte Wirksamkeit geprüft werden. Somit hat gleichzeitig auf verschiedenen Ebenen ein Lernprozess stattgefunden: auf der Ebene Individuum (Abteilungsdirektor) durch die Reflexion seines persönlichen Entwicklungsboards, auf der Ebene Organisationseinheit (Abteilung) durch die Umsetzung neuer Personalentwicklungsgespräche und auf der Ebene Gesamtorganisation, indem ein neues Führungsverhalten praktiziert wird, in Form einer coachenden Gesprächsführung.

Überführung in die Linie

Schritt zwei umfasst analoge Gespräche mit den Teamleitern, wobei es jedoch keinen Check des Persönlichen Entwicklungsboards durch den externen Coach gibt. Dies ist einem nächsten Termin vorbehalten, bei welchem der Abteilungsdirektor die Entwicklungsboards der Teamleiter zusammen mit diesen diskutiert. Dadurch soll der Pilotierungsprozess schon in die Linie überführt werden. Die Teamleiter bekommen das Angebot, von einem externen Coach begleitet zu werden, wenn sie die anstehenden Personalentwicklungsgespräche mit den eigenen Mitarbeitern vorbereiten.

Anpassungen im Vorgehen

In Schritt drei wird dann gemeinsam mit dem externen Coach und den drei Führungskräften besprochen, ob und welche Anpassungen von Prozess, Setting und Tools aufgrund der gemachten Erfahrungen notwendig sind. In diesem Gespräch wird auch noch einmal explizit ein gemeinsames Führungsverständnis vertieft, was als Grundhaltung in den weiteren Gesprächen wirken kann und damit sukzessive das Fundament einer zukünftig gewünschten Führungs- und Zusammenarbeitskultur unterstützt. In der Kulturdiagnose ist deutlich geworden, dass noch überwiegend hierarchisch gedacht und gehandelt wird: Im Check des entsprechenden PDCA-Zyklus (siehe Abbildung 3.11 Vorgehensarchitektur) stellt sich heraus, dass es für die Führungskräfte noch zu herausfordernd ist, dass die Mitarbeiter allein für die Inhalte des Persönlichen Entwicklungsboards verantwortlich sind. Die Veränderung hin zur Coaching-Haltung der Führungskraft in einem Schritt ist noch zu groß. Im neuen „Act“ des nächsten PDCA-Zyklus wird daher festgelegt, dass sowohl die Führungskraft als auch der Mitarbeiter jeweils zwei Anforderungen formulieren. Dies ist ein Beispiel, bei dem die Reflexion der Transfererfahrung direkt zur konkreten Optimierung auf der Inhalts- und Vorgehensebene geführt hat.

In kleinen Schritten zum Ziel

Zu 8: PE-Gespräche Teamleiter mit Mitarbeitern sowie Coaching und Reflexion Teamleiter-Mitarbeiter-Gespräch

Da es sehr große Teams (17-25 MA) gibt, können die Teamleiter selbst entscheiden, mit wie vielen Mitarbeitern sie in der Pilotierungsphase Personalentwicklungsgespräche führen wollen. Um Ressourcendiskussionen zu vermeiden, wird mit einer Auswahl von 5 Mitarbeitern, die aus Eigeninitiative teilnehmen, je Teamleiter gestartet. Die freie Auswahl an Gesprächen und Gesprächspartnern fördert die Selbstführung auf allen Ebenen. Die Mitarbeiter nehmen dies als persönliche Chance und nicht als Zwangsmaßnahme wahr, was eine fruchtbare Voraussetzung für solche Gespräche ist und die Bereitschaft zur Selbstreflexion fördert. Coaching und Reflexion finden analog zu dem beschriebenen Vorgehen unter den o. g. Punkten 6 und 7 statt. Hinzu kommen die Erfahrungen der Mitarbeiter, welche dann als Multiplikatoren in Teamsitzungen den eigenen Lernprozess an die anderen Teammitglieder weitergeben. Somit sind alle Individuen in den zwei ausgewählten Teams involviert.

Selbstorganisierte PE-Gespräche

Zu 9: Auswertung der Erfahrungen, Modifizierung und Auswahl der nächsten iterativen Pilotierung

In einem gemeinsamen Workshop mit allen beteiligten Personen werden die methodischen und persönlichen Lernerfahrungen ausgewertet, um diesen PDCA-Zyklus abzuschließen. Es gibt Nuancen in der Weiterentwicklung vom Setting (Ablauf und Tools) der Personalentwicklungsgespräche. Zusätzlich gibt es Vorschläge, wie die Pilotierung im Bereich des Kundenservice weiter ausgerollt werden kann. Weiterhin ist in den Pilotteams beschlossen worden, wie diese Pilotierung in den Regelablauf überführt werden kann und in welchen Zyklen die Personalentwicklungsgespräche weiter stattfinden sollen. Alle Beteiligten (Abteilungsdirektor, Teamleiter und Mitarbeiter) berichten im Unternehmen in unterschiedlichen Gremien und Kontexten von den gemachten Lern- und Transfererfahrungen und ermöglichen auf organisationaler Ebene einen Erfahrungsaustausch. Es folgen weitere Unter-

Anpassung des weiteren Vorgehens

Veränderte PE-Gespräche

nehmensbereiche, die sich für die Implementierung der neuen Personalentwicklungsgespräche interessieren, womit die nächsten Iterationen der Transformation geplant werden können. Insgesamt wird die Veränderung der Personalentwicklungsgespräche mit neuen Augen betrachtet und es wird erkannt, welche Bedeutung dieses Vorgehens hat, bei dem der Fokus auf die Entwicklung des Individuums liegt. Die damit verbundene Führungsaufgabe, die Begleitung eines lebenslangen Lernprozesses auf der Ebene Individuum als Basis der Organisationsentwicklung, hat bis zur höchsten Entscheiderebene fruchtbare Diskussionen ausgelöst.

PDCA-Zyklen

Die folgende Übersicht (Abbildung 4.04) fasst die agile Vorgehensarchitektur zur Entwicklung und Förderung eines „permanenten Mindshifts im Sinne lebenslangen Lernens" zusammen: Jede Maßnahme erfolgt als PDCA-Zyklus und löst die entsprechende Aktivität auf der nachfolgenden Ebene aus. Zusätzlich erfolgt eine Rückkopplung der Ergebnisse aus dem jeweils stattgefundenen PDCA-Zyklus zur vorangegangenen Ebene. Nach Auswertung der Transfererfahrungen (Anwendung in der Linie) findet eine Modifikation und Auswahl der nächsten Pilotierung statt.

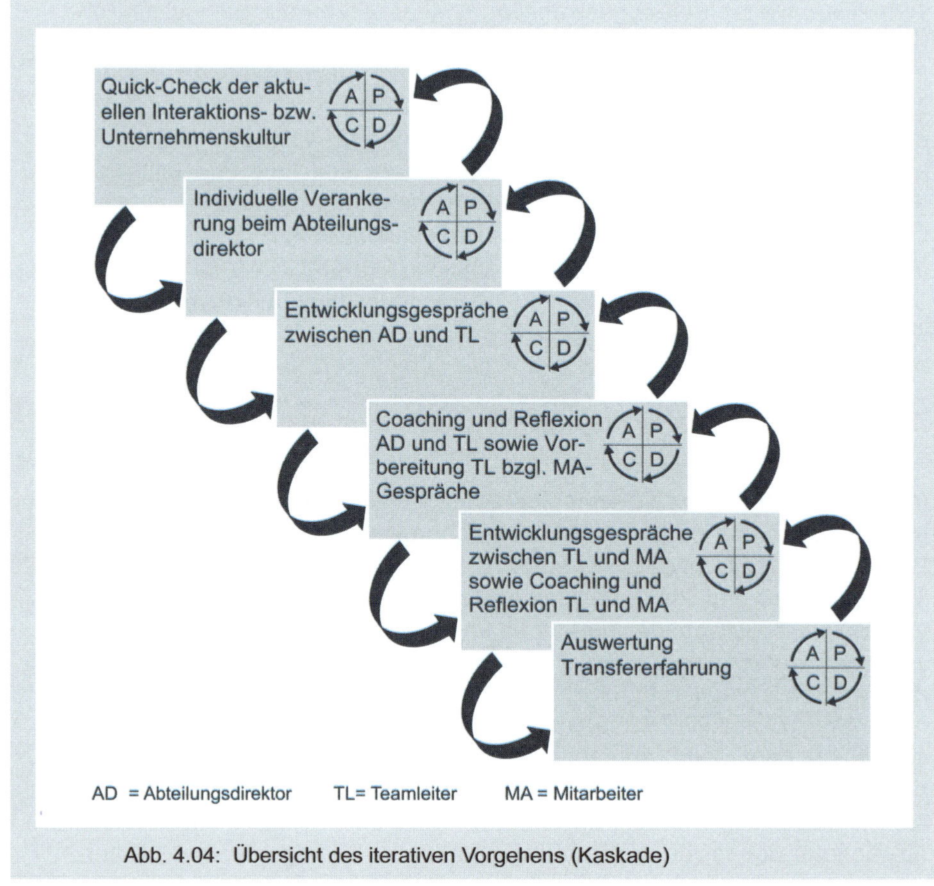

Abb. 4.04: Übersicht des iterativen Vorgehens (Kaskade)

4.2.4 Überprüfung der Zielerreichung

In dem Workshop zur Reflexion der Lernerfahrung wird auch der Bezug zu den ausgegebenen Zielen hergestellt. Die neue Gestaltung und veränderte Funktion der Personalentwicklungsgespräche hat dazu geführt, dass die betroffenen Individuen ein anderes Verhalten praktizieren. Aufgrund der Coaching-Haltung der Führungskräfte fühlen sich die Mitarbeiter besser abgeholt und „mehr auf Augenhöhe" (Ziel 1). Hierdurch ist es einfacher, sich auf die Selbstreflexion einzulassen und auch vermeintliche Schwächen in der Selbstwahrnehmung anzusprechen. Das persönliche Entwicklungsboard wird als Instrument für eine gemeinsame „Draufsicht" auf mögliche Entwicklungsziele und Handlungsalternativen als sehr hilfreich empfunden. Die einfache Struktur des Entwicklungsboards ermöglicht eine schnelle Lösungsorientierung und wird von allen Betroffenen als „alltagstauglich" beschrieben. Gleichzeitig fördert es die Selbstverantwortung der jeweiligen „Inhaber", was als wichtiger Impuls für die Identifikation mit den Veränderungszielen gewertet wird und dazu animiert, die Selbstführung weiterzuentwickeln (Ziel 2). Alle im Prozess beteiligten Personen fühlen sich von Beginn an in einem Lern- und Veränderungsprozess und können eigene Einstellungen bzw. damit verbundene Verhaltensweisen reflektieren. So können sie direkte Umsetzungserfahrungen machen (Ziel 4). Durch den Austausch der Transfer- und Lernerfahrungen in unterschiedlichen Gremien und auf unterschiedlichen Hierarchiestufen entwickelt sich ein internes Netzwerk zum Thema Selbstführung. Hier tauschen sich einmal im Monat interessierte Personen zu den gemachten Erfahrungen aus und geben Impulse für die Personal- und Organisationsentwicklung (Ziele 3 und 4).

Kommunkation auf Augenhöhe

Selbstführung

Transfererfahrung

4.2.5 Fazit

Nicht die Frage ist entscheidend, ob ich lebenslang lernen will, sondern wie (Lernen findet ja grundsätzlich statt – entweder stabilisierend und nicht verändernd oder destabilisierend mit der Option für Neues). Wenn ich mich verändern möchte, geht dies nur mit negativen Rückkopplungen, also abweichenden Informationen zu meinen Sichtweisen und Bewertungen und somit durch eine erlebte Verunsicherung. Nur wenn ich diese Unsicherheit als Preis der persönlichen und gemeinsamen Veränderung akzeptiere, kann ich „zu neuen Ufern" aufbrechen. Erst dann kann ich das Motto wählen:

Aushalten von Unsicherheit

> Sei selbst die Veränderung, die Du in der Organisation sehen/erreichen möchtest!

Motto

Mit jeder einzelnen Handlung und Bewertung von wahrgenommenen Handlungen und Verhaltensweisen wird die Organisation gestaltet. Dazu muss für Bewertungen und Verhaltensweisen Verantwortung übernommen werden, das ist die Konsequenz der Selbstführung.

Voraus-setzung

Erst dann, wenn diese Grundhaltung bzw. dieses zu entwickelnde Mindset bei einer kritischen Masse von Mitarbeitern und Führungskräften verankert ist, kann eine Organisation als agil bezeichnet werden. Die Fähigkeit, sich als Organisation weiterzuentwickeln, basiert auf der Entwicklungsfähigkeit und -bereitschaft des kleinsten Elements einer Organisation, dem Individuum.

Organisationsentwicklung sollte demnach nicht ausschließlich eine Anpassung an äußere Anforderungen sein. Erforderlich ist eine ausgewogene Balance zwischen Faktoren, die von innen – und damit vom Individuum – angestoßen werden, und von Faktoren, die von außen, also der Organisationsumwelt (Märkte, Ressourcen, Rahmenbedingungen), wirken. Die Begleitung und Unterstützung der Selbstführungs- bzw. Selbstreflexionskompetenzen der Individuen einer Organisation ist der zentrale Baustein des Konzepts „Lebenslanges Lernen".

4.3 Praxisbeispiele auf der Ebene Gesamtorganisation

4.3.1 Konsequente Selbstorganisation durch maximale Entscheidungskompetenz

Das folgende Beispiel soll verdeutlichen, wie konsequent Selbstorganisation im Unternehmen umgesetzt werden kann. Die Übertragung von Entscheidungsbefugnissen bezüglich Prozessen und Tätigkeiten an alle Mitarbeiter kann zu einer permanenten Veränderung in kleinen Schritten führen. Natürlich müssen die Entscheidungen über veränderte Abläufe transparent sein, denn der verantwortliche Vorgesetzte für den entsprechenden Prozess benötigt diese Informationen, um die Änderung zu bewerten und ggf. zu korrigieren. Es besteht also ebenfalls ein permanenter Rückkopplungsprozess zum letztendlichen Entscheider. Im beschriebenen Unternehmen bestätigt oder widerruft der zuständige Vorstand die durch einen Mitarbeiter (oder eine Führungskraft) getroffene Maßnahme.

Prinzipien

Damit wird zum einen deutlich, dass Verantwortung unteilbar – jedoch delegierbar – ist, und zum anderen, dass durch selbstorganisiertes Arbeiten in Verbindung mit transparenten Informationsflüssen flexibel und schnell gehandelt werden kann.

Die SYNAXON AG ist nach eigener Darstellung Europas führendes IT-Verbundunternehmen, das Dienstleistungen für Partnergesellschaften anbietet. Dort können prinzipiell alle Mitarbeiter unternehmensweite Entscheidungen treffen. Zum Beispiel hat eine Auszubildende aus dem Marketing im Rahmen eines turnusmäßigen Abteilungsumlaufs eine Prozessänderung in der Buchhaltung angestoßen. Bei der SYNAXON AG bedeutet das, dass jederzeit im Intranet eine Veränderung einer Tätigkeit bzw. eines Prozesses vorschlagen kann und dieser Vorschlag ab sofort gültig ist, sofern kein Vorstand ein Veto einlegt. Dieses Veto-Recht gilt unbefristet, wurde jedoch laut dem Vorstandsvorsitzenden seit 2006 noch nie gebraucht[3]. Dieses Maximum an Mitarbeiterbeteiligung ist prinzipiell in jeder Organisation möglich, wenn auch sicherlich von der Anzahl der Beteiligten im Verhältnis zu den Entscheidern abhängig.

Sofortige Veränderung

4.3.2 Programm Unternehmenskultur: Agile Kulturentwicklung – Arbeiten am System

Im nächsten Beispiel wird die Entwicklung der Unternehmenskultur bei den Stadtwerken einer Großstadt in Süddeutschland (Einwohnerzahl < 120.000) mit ca. 1.100 Mitarbeitern dargestellt. Das Unternehmen besteht nach einer Aufgliederung (Unbundling[4]) aus fünf eigenständigen Gesellschaften, die über eine Holding verbunden sind.

4.3.2.1 Ausgangslage

Nach einem Wechsel der Geschäftsführung in der Holding (der Auftraggeber) wurde ein neues Programm konzipiert, um die aktuellen wirtschaftlichen Probleme in den Griff zu bekommen und das Unternehmen zukunftsfähig aufzustellen. Damit soll vor allem flexibler auf die sich veränderten Rahmenbedingung im Wettbewerb der Versorgungsunternehmen bzw. auf die wachsenden Kundenanforderungen reagiert werden. Innerhalb des Programms gibt es diverse Projekte/Themen, die mehr oder weniger aufeinander abgestimmt sind.

Die wichtigsten handelnden Personen sind die Geschäftsführer aus den jeweiligen Gesellschaften und die Entscheider in den Querschnittsfunktionen aus der Holding wie Personal, Marketing und Unternehmenssteuerung (welche oftmals die Projektleitung wahrnimmt).

Faktor Unternehmenskultur

Ein Gegenstand bei diesem Programm ist auch die Unternehmenskultur. Bei einer aktuellen Mitarbeiterbefragung beteiligten sich weniger als 20 % der Mitarbeiter. Aufgrund geringer Mitarbeiterbeteiligung bei früheren Veränderungsprozessen wird eine hohe Unzufriedenheit der Mitarbeiter vermutet. Die Geschäftsführung will diesen Zustand schnellstmöglich bearbeiten und initiiert für die anstehende nächste Qualifizierung der Führungskräfte eine inhaltliche Auseinandersetzung mit dem Thema Unternehmenskultur. Nach

---

[3] Vgl. Roebers 2020.

[4] Entflechtung der Organisation und Aufgliederung in mehrere Unternehmen gem. EU-Richtlinie (1996) bzw. Energiewirtschaftsgesetz (1998).

einer Reihe von Workshops (2 Tage jeweils mit allen Führungskräften aus den unterschiedlichen Gesellschaften) wurde mit externer Unterstützung die Ist-Kultur beschrieben (Unternehmenskulturdiagnose) und eine gewünschte Soll-Kultur bzw. Entwicklungsrichtung erarbeitet. Die Führungskräfte der jeweiligen Gesellschaften erhalten den Auftrag, die gewünschte Soll-Kultur umzusetzen.

Erwartungen nicht erfüllt

Nach einem Statusbericht ein halbes Jahr später wird festgestellt, dass inzwischen nichts passiert ist und keine der Führungskräfte innerhalb der einzelnen Gesellschaften das Thema weiterbearbeitet hat. Daraufhin wird in der obersten Entscheidungsrunde beschlossen (hauptsächlich vom Geschäftsführer der Holding vorangetrieben, der „not amused" ist), dass ein Programm „Soll-Kultur" aufgesetzt wird, in welchem das Thema aktiv angegangen werden soll.

Neuer Auftrag

Hierzu werden aus jeder Gesellschaft 2-3 Mitarbeiter ausgewählt, die jeweils in ihrer Gesellschaft ein entsprechendes Projekt zum „Programm Soll-Kultur" leiten sollen. Die potenziellen Projektleiter sind in einer Projektmanagement-Ausbildung darauf vorbereitet worden. In diesen Kulturprojekten soll auch gleichzeitig der neu entwickelte Projektmanagement-Leitfaden pilotiert werden.

4.3.2.2 Ziele im Projekt

Die Kultur soll durch ein für die Mitarbeiter spürbar verändertes Handeln der Führungskräfte erreicht werden:

- hohe Beteiligung von Führungskräften (FK) und Mitarbeitern (MA) (gemessen an der tatsächlichen Beteiligungsquote)
- mindestens 3-4 konkrete Maßnahmen sollen pro PDCA-Zyklus und Themenfeld der Unternehmenskultur für das jeweilige Team erarbeitet und umgesetzt werden
- es soll der Austausch und die Interaktion aller Hierarchiestufen erhöht werden – mehr Kommunikation auf Augenhöhe (Zielgröße: MA-Befragung über die eingetretenen Änderungen nach dem Jahreswechsel).

4.3.2.3 Meilensteine im Vorgehen

- Workshop Führungskräfte: Diagnose der Ist-Kultur und Definition Soll-Kultur
- Aufsetzen des Programms Soll-Kultur inkl. Programm-Projektorganisation

- Ausbildung der Projektleiter und Ausgestaltung der Programm- und Projektorganisation
- Auftragsklärungsgespräch mit Entscheidern in den einzelnen Gesellschaften und Konkretisierung der Vorgehensplanung
- Erarbeitung von „Sinn und Zweck der Veränderung" mit den Führungskräften der einzelnen Gesellschaften (Change-Story) und Auswahl der ersten „Themenfelder Kultur"
- Informationsveranstaltung für die Mitarbeiter (mit einer Abfrage der Anforderungen an die ausgewählten Themenfelder Kultur)
- Starttermin der Umsetzungsworkshops
- Check der Umsetzungsergebnisse aus dem ersten PDCA-Zyklus
- Planung der ersten Iteration (zweiter PDCA-Zyklus) und Übergabe in die Linienverantwortung.

4.3.2.4 Inhaltliche Beschreibung der einzelnen Vorgehensschritte

Workshop Führungskräfte: Diagnose der Ist-Kultur und Definition Soll-Kultur

Kulturprofile im Ist-Zustand

Im Rahmen einer jährlichen Qualifizierung der Führungskräfte wird das Thema Kultur behandelt. Mithilfe des Zuordnungsschemas Unternehmenskultur (siehe Abbildung 4.05) wird in diversen Workshop-Settings die aktuelle Unternehmenskultur thematisiert, besprochen und reflektiert. Insgesamt sind alle Führungskräfte (vier Hierarchiestufen) bis zur Ebene Teamleitung an dieser Qualifizierungsmaßnahme beteiligt. Die Workshops werden jeweils innerhalb der einzelnen Gesellschaften mit den dazugehörigen Führungskräften durchgeführt, also nicht gesellschaftsübergreifend durchmischt. Von daher ist es für viele überraschend, dass sich bei allen Gesellschaften ein ähnliches Kulturprofil ergibt, sowohl in den eher kaufmännisch geprägten Bereichen wie Holding und Energiemanagement als auch in den vornehmlich technischen Gesellschaften wie Netze und Verkehr. Die Kultur wird insgesamt als sehr rangorientiert wahrgenommen mit wenig Spielraum für individuelle Ausgestaltung der jeweiligen Aufgaben und Prozesse. Die punktuell erlebte „Projektkultur" mit einem höheren Maß an gleichberechtigter Zusammenarbeit auf Augenhöhe und größerem Handlungsspielraum wird als attraktive Soll-Kultur definiert. Es ist beabsichtigt, in einem Zeitraum von fünf Jahren den gewünschten Soll-Zustand zu erreichen. Die jeweiligen Führungskräfte werden nach den Workshops beauftragt, „jetzt das Ganze anzupacken".

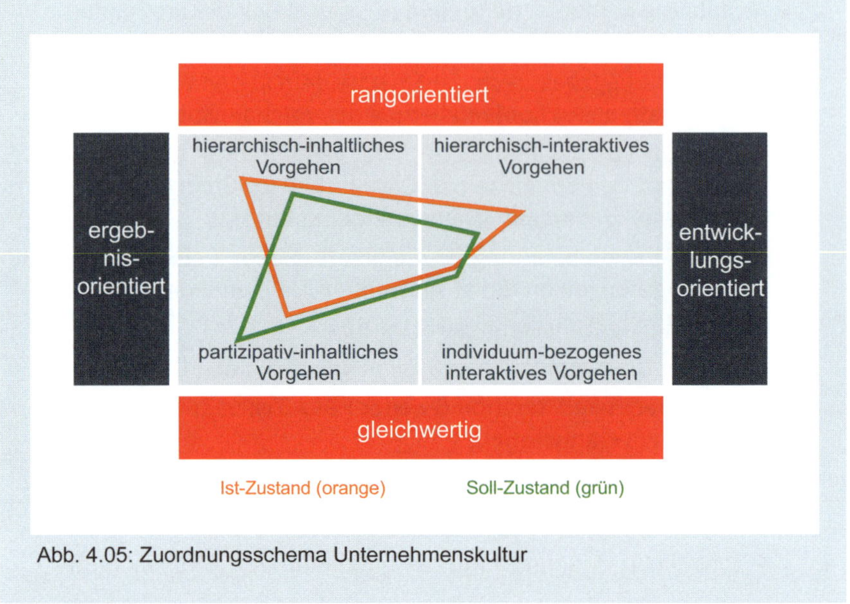

Abb. 4.05: Zuordnungsschema Unternehmenskultur

Aufsetzen Programm „Soll-Kultur" inkl. Programm-Projektorganisation

Erwartungs-enttäuschung

Nach etwa vier Monaten wird in einem Geschäftsführer-Meeting mit allen Gesellschaften das Thema „Soll-Kultur" auf die Agenda gesetzt. Der Geschäftsführer der Holding interessiert sich für den aktuellen Status der Umsetzungsaktivitäten in den einzelnen Gesellschaften. Das Ergebnis hierzu ist eher ernüchternd, da bis jetzt so gut wie keine Aktivitäten stattgefunden haben. Aussagen wie z. B. „So hatten wir das gar nicht verstanden", „Wir haben genug mit dem Tagesgeschäft zu tun" und „Wir wissen gar nicht so genau, was hierzu zu tun ist" machten die Runde. Hier wird nun schnell klar, dass mehrere Faktoren zusammengekommen sind, die dazu geführt haben, dass nichts passiert ist. Zum einem wird das Thema Kultur als wenig greifbar wahrgenommen: keiner in diesem Unternehmen hatte diesbezüglich Kompetenzen oder Erfahrungswerte. Einzig im Bereich Marketing gab es zuvor eine Kampagne über Werte und Außendarstellung. Was zum anderen noch mehr ins Gewicht fällt, ist die aktuelle hierarchische Unternehmenskultur. Wenn kein schriftlicher Auftrag vom obersten Vorgesetzten vorliegt, an den permanent berichtet werden muss, werden andere Aufgaben höher priorisiert. Die erforderliche Selbstorganisation und das eigenverantwortliche Vorgehen sind Fremdkörper in der Ist-Kultur des Unternehmens. Aus diesen Überlegungen heraus wird das Thema „Soll-Kultur" höher priorisiert und in das Programm- bzw. Projektmanagementportfolio des Hauses aufgenommen (siehe Abbildung 4.06). Der oberste Hierarch wird Mitglied in allen Lenkungskreisen der einzelnen Projekte der Gesellschaften. Zusätzlich werden interne Projektleiter bestellt, die mit externer Unterstützung (Kom-

Stabile Kultur verhindert Veränderungen

petenzen in Projekt- und Change-Management bzw. Kulturentwicklungsvorhaben) das Vorhaben organisieren und voranbringen sollen. Die Verantwortung für dieses Vorhaben wird klar auf die jeweiligen Geschäftsführer der Gesellschaften übertragen.

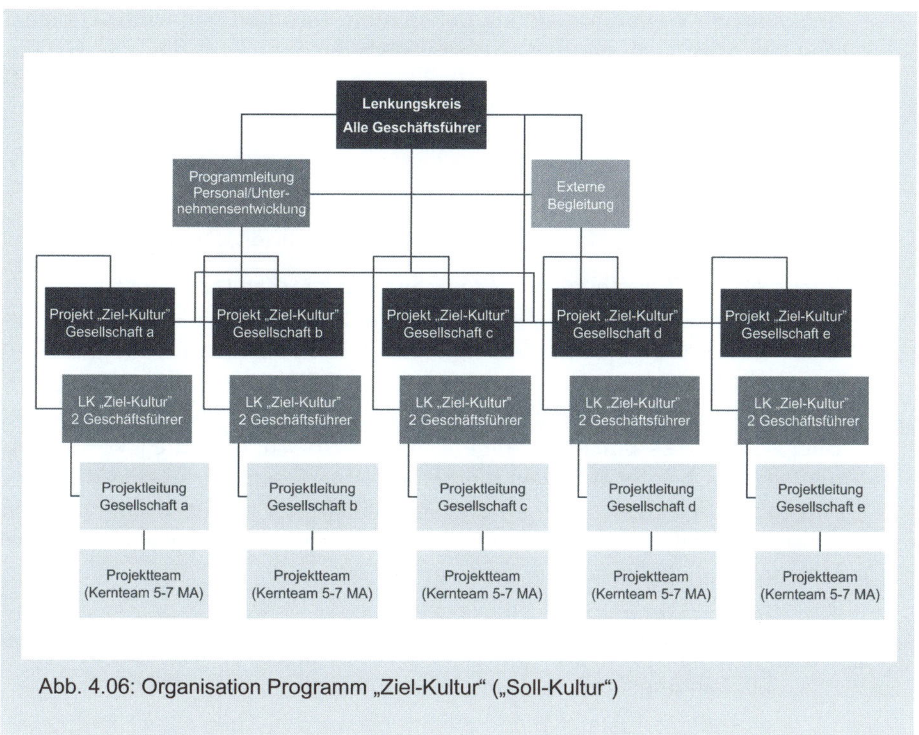

Abb. 4.06: Organisation Programm „Ziel-Kultur" („Soll-Kultur")

Ausbildung Projektleiter und Ausgestaltung der Programm- und Projektorganisation

Veränderte Methodik und ausgewählte Personen

Bei der Auswahl der potenziellen Personen für die Projektleitung wird darauf geachtet, die Rolle an solche Personen zu vergeben, die Interesse an persönlicher Weiterentwicklung haben und als positive Multiplikatoren zum Thema Kultur nach innen wirken können. Da zur selben Zeit eine erste Qualifizierungsmaßnahme zum Thema Projektmanagement stattfindet, in der ein neuer interner PM-Leitfaden eingeführt werden soll, werden diese beiden Aspekte miteinander verknüpft. Die Personen werden angesprochen und es werden Anreize angeboten, um die Rolle Projektleitung und die damit verbundene Herausforderung anzunehmen. Zusätzlich werden die Inhalte der Projektmanagement-Ausbildung um die Themen Change-Management und Unternehmenskultur ergänzt, um zumindest ein theoretisches Fundament für die Aufgabenstellung zu legen. Die Hauptverantwortung für das methodische Vorgehen liegt bei der Leitung Personalentwicklung und Leitung Unternehmenssteuerung, die mit den externen Beratern gemeinsam ein

Neue Projektteams

Programmgremium bilden und an die Entscheider berichten. Die jeweiligen Projektleiter der einzelnen Gesellschaften erhalten noch weitere personelle Ressourcen. So entsteht in jeder einzelnen Gesellschaft ein schlagkräftiges Projektteam. Bei der Planung des Vorhabens und der Auswahl der Mitarbeiter wird darauf geachtet, dass sie mit diesem Projekt die Möglichkeit zur persönlichen Weiterentwicklung bekommen. Des Weiteren wird bei diesen Überlegungen auch der Partizipationsgedanke berücksichtigt, um das Thema Unternehmenskultur und die damit verbundenen Aktivitäten so früh wie möglich durch positive Multiplikatoren im Unternehmen zu verankern.

Auftragsklärungsgespräch mit Entscheidern in den einzelnen Gesellschaften und Konkretisierung der Vorgehensplanung

Nachdem die Programm- und Projektorganisation erstellt worden ist, geht es darum, in Form einer professionellen Auftragsklärung die Inhalte zu konkretisieren und die Rahmenbedingungen bzw. Restriktionen für das weitere Vorgehen zu klären. In den jeweiligen Kick-off-Sitzungen mit den Lenkungskreisen der einzelnen Gesellschaften werden die Ziele und die verfügbaren Budgets und Ressourcen detailliert. In dem Wissen, dass die jeweilige Projektleitung – bei der aktuellen Hierarchiekultur – vermutlich keine kritischen Fragen zur Auftragsklärung an die Geschäftsführer stellen würde, sind die externen Berater mit anwesend. Grundsätzlich werden für alle Kulturprojekte folgende Zielsetzungen definiert:

- Die neue Soll-Kultur soll sich in Richtung „nicht-rangorientiertes Verhalten“ bewegen. Hierzu sind Verhaltensveränderungen sowohl bei Führungskräften als auch bei Mitarbeitern notwendig
- es soll der Austausch und die Interaktion zwischen allen Hierarchiestufen erhöht werden (Kommunikation auf Augenhöhe)
- beim Vorgehen sollen die Mitarbeiter intensiv beteiligt werden
- alle Führungskräfte sind in den Prozess involviert
- die Kulturentwicklung geschieht in allen Gesellschaften auf der Teamebene, um den höchstmöglichen Praxisbezug für die Umsetzung sicherzustellen
- aus jedem Team heraus entstehen 4-6 konkrete Maßnahmen zur Verbesserung der Zusammenarbeit im Sinne der gewünschten Stoßrichtung der angestrebten Soll-Kultur.

Als Aufwand werden je Gesellschaft zwei bis drei Personentage pro Mitarbeiter veranschlagt; die einzelnen Gesellschaften bestehen aus 80 bis 500 Mitarbeitern. Es kann also ein Vorgehensdesign entwickelt werden, was insgesamt ca. zwei Workshop-Tage für alle Mitarbeiter beinhaltet, was bei der größten Gesellschaft ca. 1.000 interne Personentage bedeutet, ohne die Ressourcen für das Projektteam gerechnet.

Da die internen Ressourcen knapp sind, werden für die Ausarbeitung der Vorgehensplanung zwei Monate Planungszeit angesetzt. Dies führt bei einigen Entscheidern zu Irritationen: „Wie? Nach zwei Monaten ist noch nichts passiert?“ – Die Berücksichtigung der Zeit für Planung und Reflexion entspricht offensichtlich nicht der aktuellen Ist-Kultur.

Neue Vorgehensarchitektur

In einer der früheren Besprechungen zur Auftragsklärung und Zielsetzung stand noch die Vorgabe im Raum, ein Projekt „bis zur Erreichung der Soll-Kultur“ aufzusetzen, was im Rahmen der vorher üblichen Vorgehensweise eine Projektlaufzeit von über vier Jahre bedeutet hätte. In der Planungsphase gab es daher folgende Überlegungen, die zu einer agilen Vorgehensarchitektur geführt haben:

- Die Projektdauer beträgt 12-15 Monate; länger laufende Kulturprojekte verlieren die Veränderungsenergie und versanden im Laufe der Zeit.
- Das Projekt wird als Initialzündung gesehen – anschließend soll die Verantwortung in die Linie überführt werden.
- Für ein ausgewähltes Thema wird ein kompletter PDCA-Zyklus durchlaufen und ein zweiter noch aus dem Projekt heraus angestoßen, um dann in die Linienverantwortung überzugehen (iteratives Vorgehen).
- Die Führungskräfte sind die Change-Manager, und Veränderungsarbeit soll zukünftig als Tagesaufgabe verstanden werden.
- Die Projektleiter moderieren das Projektteam und sind nicht für Ziele und Ergebnisse verantwortlich (die Ergebnisverantwortung liegt in den Händen des Teams).
- Künftig werden die Projektleiter eventuell durch interne Change-Management-Berater begleitet. Ein Konzept zur Qualifizierung wird im Projekt erarbeitet.
- Ein „agiler“ Veränderungsprozess der Unternehmenskultur soll angestoßen werden, was bedeutet, dass gangbare, kleine Schritte geplant bzw. umgesetzt werden. Die Ergebnisse sollten messbar sein.
- Es wird die größtmögliche Beteiligung aller Hierarchieebenen im Vorgehen angestrebt.
- Die Teams sind für ihre Selbststeuerung und damit für die Ergebnisse verantwortlich; den Teams wird daher auch die Verantwortung für den nachfolgenden Umsetzungsprozess übertragen.
- Es liegt in der Verantwortung der Auftraggeber, Verbindlichkeit einzufordern und die Umsetzung sicherzustellen.
- Konflikte/Widerstände werden permanent in den einzelnen Workshops thematisiert, aufgegriffen und bearbeitet.

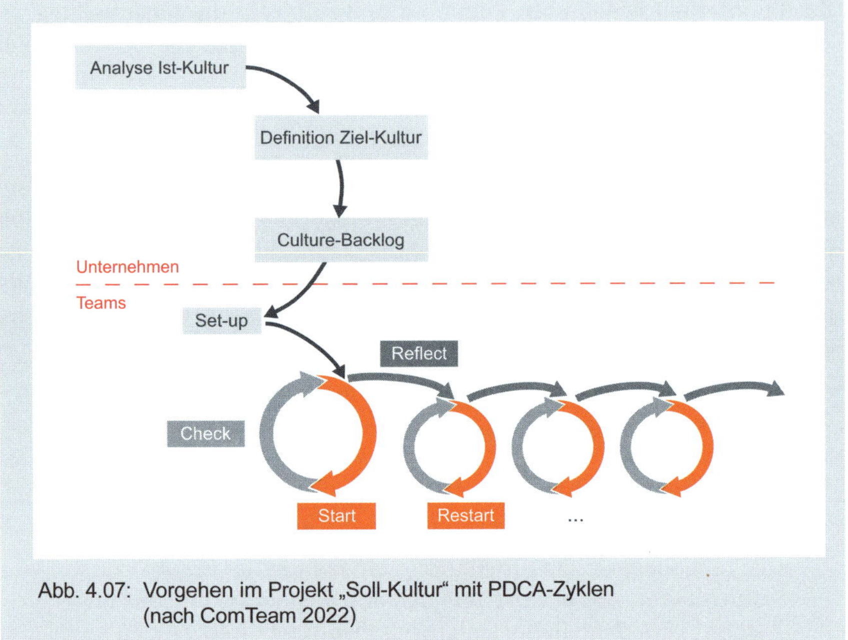

Abb. 4.07: Vorgehen im Projekt „Soll-Kultur“ mit PDCA-Zyklen (nach ComTeam 2022)

Erarbeitung „Sinn und Zweck der Veränderung“ mit den Führungskräften der einzelnen Gesellschaften (Change-Story) und Auswahl der ersten „Themenfelder Kultur“

Top-Down-Initiierung

Der erste Workshop im Projekt ist die Erarbeitung einer gemeinsamen Change-Story und die Auswahl eines ersten Themas zur Bearbeitung der Unternehmenskultur mittels PDCA-Zyklus. In diesen Workshop sind die Geschäftsführer und Abteilungsleiter der jeweiligen Gesellschaft eingebunden. Ziel ist es, die wesentlichen Eckpunkte und Fragen des Veränderungsprozesses zu erarbeiten, um durch die gemeinsame Arbeit das „Commitment der Führungskräfte“ zu gewinnen. Weiterhin sollen die erarbeiteten Ergebnisse „in das Gegenstromverfahren“ eingebracht werden, sodass alle Beteiligten informiert und damit in den Veränderungsprozess eingebunden sind. Diese Schritte sind die Basis für das Kommunikationskonzept und werden in weiteren Workshops mit den nächsten Hierarchieebenen (mit Gruppen- und Teamleiter) modifiziert und weiterentwickelt, sodass am Ende alle Führungskräfte sich mit dem Ergebnis weitestgehend identifizieren können. Die Hierarchieebenen Geschäftsführer/Abteilungsleiter und Gruppen- und Teamleiter werden in getrennten Workshops mit der Erarbeitung der Change-Story beauftragt, um hier die verschiedenen Perspektiven einzufangen, die in einem gemeinsamen Workshop aufgrund der vorhandenen Kulturbarrieren vermutlich nicht sichtbar geworden wären. Mit diesen Aktivitäten und Maßnahmen wird der Entwicklungsprozess ausgelöst und der Kommunikations- und Feedbackprozess initiiert.

Gegenstrom-verfahren

Wichtige Überlegungen bei dem Workshop-Design sind, Formate bzw. Rahmenbedingungen zu schaffen, die bereits ein anderes, zukünftig gewünschtes Verhalten möglich machen. Hierzu werden z. B. bei der Auswahl des ersten zu bearbeitenden Kulturthemas alle Teilnehmer gleichberechtigt in den Entscheidungsprozess eingebunden. Es wird keine offene Abfrage hinsichtlich der Entscheidung durchgeführt, die vermutlich der Geschäftsführer final beantwortet hätte, sondern über Punktevergabe der Rahmen geschaffen, in dem sich jeder gleichgewichtig einbringen kann. Der Schieberegler der Partizipation wurde mittels dieser kleinen Intervention von „Mit-Arbeit“ zu „Mit-Entscheidung“ verschoben, was dann in diesem Kontext ein neues Verhalten ermöglicht hat!

Erweiterte Partizipation

Der Sinn und Zweck der Veränderung sowie die Art und Weise des Vorgehens wird als „Change-Story“ formuliert (Abbildung 4.08).

Change-Story und Vorgehensweise im Projekt Soll-Kultur	
Warum verändern wir uns? Gründe „Warum kann es nicht so bleiben, wie es ist“?	*Wir nutzen zu wenig die vorhandenen Kompetenzen unserer Mitarbeiter!* ... es gab viele Veränderungen in der Vergangenheit, bei denen die Mitarbeiter nicht optimal in die Entscheidungsprozesse eingebunden waren. ... dadurch sind oft nicht alle Detailfragen bedacht worden und führen in der Umsetzung zu Problemen, was Veränderungsprozesse bremst und die Akzeptanz reduziert. ... wir denken zu stark rang- und bereichsorientiert, dies führt oft zu fehlender Eigeninitiative. ... der Informationsfluss von „oben nach unten“ und zwischen den Fachbereichen ist häufig mangelhaft.
Ziel/Vision der Veränderung? Ziel – Richtung – Motivation	*Wertschätzende Zusammenarbeit auf Augenhöhe – nicht Rang, sondern Wissen steht im Vordergrund.* Verlagerung weiterer Handlungs- und Entscheidungsspielräume von „oben nach unten“. Eigenverantwortung der Mitarbeiter erhöhen: „Fehler sind erlaubt!“ Anerkennung von Leistungen der Mitarbeiter: „Gut gemacht!“ Die Mitarbeiter in Entscheidungen mit einbeziehen: „Deine Meinung ist gefragt!“

Abb. 4.08: Change-Story im Projekt „Soll-Kultur“ (Teil 1)

Change-Story und Vorgehensweise im Projekt Soll-Kultur	
Was haben wir bislang geleistet? „Anerkennung bisheriger Leistungen“	Erste konkreten Maßnahmen aus den Mitarbeitervorschlägen umgesetzt. Häufigere Kommunikationsveranstaltungen aller Führungskräfte. Führungskräfte zeigen mehr Präsenz an der Basis. Wir fördern den Austausch mit der Basis. Informationsfluss von oben nach unten verbessert.
Wie verändern wir uns? „Sicherheit auf dem Weg zur neuen Kultur“	Wir gehen schrittweise vor und beteiligen kontinuierlich alle Mitarbeiter!
Was verändern wir? Fokus der Veränderung in der Organisation	Im Fokus der Veränderung steht die Verbesserung der Zusammenarbeit und das Miteinander von allen Mitarbeitern!

Abb. 4.08: Change-Story im Projekt „Soll-Kultur“ (Teil 2)

Informationsveranstaltung für die Mitarbeiter mit Abfrage der Anforderungen an die ausgewählten Themenfelder Kultur

Um die betroffenen Mitarbeiter aktiv in den Kulturveränderungsprozess einzubinden, finden Informationsveranstaltungen statt, bei denen die Mitarbeiter aktiv beteiligt werden. Die folgende Agenda beschreibt den Ablauf:

- Abteilungsbezogene Veranstaltungen von 30 bis 100 Mitarbeitern
- Abteilungsleiter stellt die Change-Story vor
- alle Führungskräfte verlassen danach den Raum
- Mitarbeiter sprechen in kleinen Gruppen über eigene emotionale Resonanzen sowie Glaubwürdigkeit und Sinnhaftigkeit des Vorgehens, moderiert vom Projektteam, und sammeln Anforderungen an das Kulturfeld „Führung“ als Basis für die weitere Bearbeitung des Themenfeldes in den Umsetzungsworkshops.

Rückmeldungen und Anforderungen/Erwartungen in den ausgewählten Themenfeldern

Analog zu den o. g. Informationsveranstaltungen moderieren die Projektteams Veranstaltungen für Mitarbeiter in Kleingruppen:

- Rückmeldungen zur Change-/Veränderungsstory: „Was hat Sie angesprochen, was nicht?“
- Erwartungsabfrage: „Welche Erwartung bzw. Anforderungen haben Sie an das Führungsverhalten Ihrer Vorgesetzten?“

Offenheit für negative Erfahrungen

Das inhaltliche Ergebnis der Change-Story wird dann allen Personen, die keine Führungskräfte sind, vorgestellt und daraufhin geprüft, ob die Kernbotschaften bei den Beteiligten eine positive emotionale Reaktion ausgelöst hat. Außerdem dient die Veranstaltung dazu, wahrgenommene Verhaltensweisen zu benennen, die zu Unzufriedenheiten in der Zusammenarbeit geführt haben. Neben der Abfrage von positiven emotionalen Reaktionen wird der Fokus bewusst auf Probleme gerichtet und der Raum dafür geöffnet, über negative emotionale Erfahrungen zu berichten.

Start der Umsetzungsworkshops

Sensibilisierung für kritische Themen

In der Vorbereitung der Workshops werden die Ergebnisse aus den ersten Mitarbeiter-Veranstaltungen verdichtet und aufbereitet, um sie dann den Führungskräften vorzustellen. Die Führungskräfte werden in ihren Regelmeetings befragt, welche Resonanzen die Ergebnisse bei ihnen auslösen. So soll eine Sensibilisierung für mögliche kritische Themenfelder in den Umsetzungsworkshops erreicht werden. Weiterhin wird auch über hilfreiche, neue Verhaltensweisen gesprochen, die den Zielen der zukünftig gewünschten Kultur eher entsprechen (siehe Change-Story).

Workshop-Design:

- Intro mit der Rahmenbedingung: „Es geht um beschreibbares Verhalten und um Respekt gegenüber den Sichtweisen anderer Personen“ (Input von Kommunikations- und Feedbackgrundlagen)
- Thematisieren des bisherigen Verhaltens sowie erste Ansätze für zukünftiges Verhalten formulieren (in getrennten Gruppen bearbeiten)
- Gegenseitiges Vorstellen der Ergebnisse (Ziel: Perspektivenwechsel und Akzeptanz der anderen Wahrnehmungen)
- Gemeinsames Erarbeiten von „zukünftigem Verhalten“ sowie Definieren der entsprechenden Situationen („Moment of Truth“), in denen das zu erwartende Verhalten beobachtet werden kann
- Kurze Analyse mit Schwerpunkt: „Was hat mir gut gefallen heute?“

Unterschiedliche Perspektiven ermöglichen

Aufgrund der Trennung zwischen den Führungskräften und den Mitarbeitern bei der Thematisierung kritischer Aspekte der Unternehmenskultur ist es den Mitarbeitern möglich, offen über die bisher negativ wahrgenommenen Verhaltensweisen zu sprechen. In der Gruppe der Führungskräfte gab es je nach Konstellation hierarchische Unterschiede von 2-4 Ebenen. Daher ist in dieser Situation eine kompetente Moderation erforderlich und es werden entsprechende Wokshop-Tools benötigt (z. B. geschlossene Kartenabfragen – keine offenen Brainstroming-Abfragen!), die jedem Einzelnen die Möglichkeit geben, seine Sicht der Dinge auszudrücken. Hierbei werden auch systemische Fragen eingesetzt, wie z. B.: „Was glauben Sie, welche Verhaltensweisen die Mitarbeiter als kritisch beschreiben?“ Hieraus entstanden in der Führungsgruppe sehr aufschlussreiche Diskussionen über sehr unterschiedliche Perspektiven und Wahrnehmungen. Damit wurde bereits ein partieller „Kulturentwicklungsprozess“ ausgelöst.

Die Moderatoren präsentieren jeweils die Ergebnisse aus dem Projektteam, um die (vermeintliche) Anonymität bestmöglich zu gewährleisten. Ergebnisse sind konkret beschriebene Verhaltensweisen, die sowohl für Führungskräfte als auch für Mitarbeiter gelten sollen.

Partizipatives Vorgehen

Nach einer Pause für die Teilnehmer, in der das Projektteam die Ergebnisse verdichtet und strukturiert, wird im Plenum gemeinsam entschieden, welche der beschriebenen Verhaltensweisen als Anforderungen an die Führungkräfte in welcher Reihenfolge bearbeitet werden sollen. Auf der Prozessebene bedeutet dies eine weitere Beteiligung in Richtung Selbstbestimmung („Woran wollen wir arbeiten?“).

Gewünschtes Verhalten konkret formulieren und beobachten

In der zweiten Bearbeitungssequenz des Umsetzungs-Workshops werden zukünftig gemeinsam gewünschte Verhaltensweisen definiert und beschrieben. Dazu wird festgehalten, welche Maßnahmen notwendig sind, damit das gewünschte Verhalten stattfinden kann bzw. in welcher Situation man konkret feststellen kann, ob das Verhalten stattfindet („Moment of Truth“). So kann an einem solchen Punkt geprüft werden, ob es eine Verhaltensänderung in die gewünschte Richtung gegeben hat. Gleichzeit wird die Aufmerksamkeit auf einen zukünftig gewünschten Zustand gelenkt, was mit einer Erhöhung der Veränderungsenergie einhergehen kann („if you can dream it – you can do it“/Formulierung im Futur 2: Wenn es erreicht worden sein wird, hat sich Folgendes verändert ...).

Die notwendigen Maßnahmen zur Erreichung des gewünschten Verhaltens sowie das Festlegen der „Moments of Truth“, in denen das Verhalten überprüft werden kann, sind konkrete Aufgaben, die in der Eigenverantwortlichkeit der jeweiligen Führungskräfte und Mitarbeiter liegen (und auch so akzeptiert werden).

Check der Umsetzungsergebnisse aus dem ersten PDCA-Zyklus

PDCA-Zyklus umsetzen

Im nächsten Vorgehensschritt werden die Ergebnisse der Umsetzung aus dem ersten PDCA-Zyklus überprüft. Im ersten Umsetzungs-Workshop wird gemäß PDCA-Zyklus das P (Plan) erarbeitet und mit konkreten Terminen und Zuständigkeiten versehen. Im zweiten Umsetzungs-Workshop wird dann geprüft, ob das D (Do) in der Zwischenzeit (eigentliche Umsetzung) zwischen Workshop 1 und 2 abgearbeitet worden ist und ob vor allem auch die gewünschte Wirkung erzielt wurde (Check).

Dieser Punkt ist für alle neu; bislang ist immer nur geprüft worden, ob die Aufgaben erledigt worden sind, nicht jedoch, ob diese eine gewünschte Wirkung erzielt haben bzw. welche Nachjustierungen notwendig sind (Act), um diese zu erreichen. Mit diesem zweiten Workshop geht methodisch ein erster PDCA-Zyklus mit dem DCA (Do-Check-Act) zu Ende.

Workshop-Design:

- Reflexion der umgesetzten Maßnahmen mit Ableitung von möglichen Modifizierungen bzw. anderen Aktivitäten
- Vorstellung der damaligen Ergebnisse im Plenum, anschließend werden Führungskräfte und Mitarbeiter in getrennten Gruppen nach Wirkungen und evtl. notwendigen Modifizierungen befragt (Beenden eines PDCA-Zyklus).

Fragen zur Reflexion der 1. Umsetzungsrunde für Führungskräfte

- „Wie zufrieden sind die Mitarbeiter mit der bisherigen Umsetzung bzw. Wirkung der Maßnahmen auf einer Skala von 1-10 (1 = gering, 10 = hoch)?“
- „Wie bewerten Sie die Einschätzung und wie erklären Sie sich eventuelle Unterschiede in der Einschätzung?“
- „Was könnten Sie tun, um die Zufriedenheit zu erhöhen – und wie können Sie nachsteuern?“

Fragen zur Reflexion der 1. Umsetzungsrunde für Mitarbeiter

- „Wie zufrieden sind Sie mit der bisherigen Umsetzung bzw. Wirkung der Maßnahmen auf einer Skala von 1-10 (1 = gering 10 = hoch)?“
- „Wie bewerten Sie die Einschätzung und wie erklären Sie sich eventuelle Unterschiede in der Einschätzung?
- „Was könnten Sie tun, um Ihre Zufriedenheit zu erhöhen?“
- „Wie könnte man ‚nachsteuern‘?“

Im Plenum werden die bisherigen Ergebnisse gewürdigt und Modifizierungsmaßnahmen gemeinsam erarbeitet.

Einleitung des zweiten PDCA-Zyklus mit eigenständiger Auswahl und Entscheidung, welche weiteren inhaltlichen Themen bzw. Kulturfelder bearbeitet werden

Es erfolgt eine Priorisierung und Sammlung von Anforderungen aus 2-3 Feldern der Unternehmenskultur (Verbindlichkeit, Zusammenhalt und Solidarität, Kunden).

Das Vorgehen erfolgt analog zur Arbeitsweise in der ersten Workshop-Serie:

- Bearbeitungssequenz 1:
  in getrennten Gruppen sammeln Führungskräfte und Mitarbeiter Beispiele für „bisheriges Verhalten“ sowie für „zukünftig gewünschtes Verhalten“
- Vorstellung der Ergebnisse
- Bearbeitungssequenz 2:
  gemeinsame Erarbeitung von Maßnahmen und Überprüfungspunkte („Moment of Truth“)
- Abschluss.

In dieser zweiten Workshop-Sequenz wird der Partizipationsgrad weiter erhöht: Die Mitarbeiter können selbst entscheiden, welche Themen bzw. Kulturfelder im zweiten PDCA-Zyklus bearbeitet werden („hier passiert etwas, und ich bin daran beteiligt“). Insgesamt haben sich die Führungskräfte und Mitarbeiter sehr konstruktiv über die Inhalte auseinandergesetzt, was in der ersten Workshop-Serie noch nicht in diesem Maße gelungen ist.

Planung der „Check-Workshops“ aus der ersten Iteration (zweiter PDCA-Zyklus) und Übergabe in die Linienverantwortung

Die zweite Lernschleife (PDCA-Zyklus) führt zur ersten Iteration (schrittweise Anpassung sowohl der Lerninhalte als auch des Lernprozesses) im Projekt „Soll-Kultur“.

Verantwortung ist unteilbar

Nach den zweiten Umsetzungs-Workshops werden die Termine für die dazugehörigen Checks der geplanten Effekte festgelegt. Gleichzeitig werden die zukünftigen Verantwortlichkeiten für die Führungsrollen festgelegt. Die Gesamtverantwortung wird beim Geschäftsführer als oberstem Change-Manager verankert. Er hat dafür zu sorgen, dass die notwendigen Ressourcen dafür bereitgestellt sowie alle Maßnahmen in die Gesamtplanung integriert und priorisiert werden. Operativ wird jedem Abteilungsleiter die Verantwortung für die Durchführung einer Workshop-Sequenz übertragen, in dem ein Kulturthemenfeld bearbeitet wird. Diese Zuständigkeit wird in die jährliche Zielvereinbarung aufgenommen, um so die Umsetzung sicherzustellen.

4.3.2.5 Lessons Learned

Positive Effekte

- Organisationsübergreifend gestartet
- Signal an Mitarbeiter gesendet
- Themen wie Führung, Zusammenarbeit, Konflikte, Kommunikation als Erfolgsfaktor für Leistungsfähigkeit (Erfolg von Projekten, effiziente Zusammenarbeit in Gruppen und Teams, Motivation der Mitarbeiter etc.) erkannt
- erste Maßnahmen umgesetzt
- Mitarbeiter beteiligt (Partizipationsgrad: tendenziell von „rang-orientiert/hierarchisch“ zu „gleichwertig/auf Augenhöhe“)
- im Verhältnis zu eingesetzten Mitteln: gute Ergebnisse.

Noch bestehende Herausforderungen

- Flughöhe der Maßnahmen: noch konkreter werden
- spürbares Verhalten: noch steigern
- Fokus auf Wirkung der Maßnahmen, nicht auf reine Umsetzung
- Integration in den Alltag.

Gemeinsame Reflexion als zentrales Element von Kulturveränderung

Dazu wird die übergeordnete Perspektive eingenommen:

„C“ im PDCA-Zyklus = Mehr als nur „Check“ der Ergebnisse, sondern Reflexion des Vorgehens: Wie muss die Beobachtung auf das Vorgehen und die Ergebnisse verändert werden, um die gewünschten Effekte zu erreichen?

- Haben die Maßnahmen die gewünschte Wirkung? Und falls nein, wieso nicht? – Mitarbeiter und Führungskräfte sollen gemeinsam prüfen, ob nicht nur inhaltlich, sondern vor allem auch im Vorgehen (Partizipation! Mitentscheiden) das Ziel erreicht worden ist
- Wie zufrieden sind die Beteiligten mit der Wirkung (Skala 1-10)? Warum hat es nicht gewirkt? Was hat uns gehindert, es umzusetzen? Was müsste passieren, damit die gewünschte Wirkung auftritt?
- Reflexion und Beteiligung sind eine neue Form des Dialogs, um kulturverändernd zu arbeiten
- Ein kontinuierlicher Verbesserungsprozess (KVP) ist eingeleitet
- Permanentes Lernen und Verbesserung sind zentrale Bestandteile von KVP
- Dieser begonnene Prozess selbst ist die eigentliche Kulturarbeit
- Die geänderte Form der Zusammenarbeit ist bereits ein erster Schritt in Richtung „neue Kultur“: KVP der Zusammenarbeit = Kulturarbeit.

Grundidee des Kulturprojekts: Erhöhung der Stufen der Partizipation

- Unterschiedliche Perspektiven offenlegen
- andere Form des Dialogs und der Zusammenarbeit ermöglichen
- Frage an Führungskräfte:
  „Was glauben Sie, wie zufrieden sind die Mitarbeiter mit der Wirkung der Maßnahmen?"
- Frage an Mitarbeiter:
  „Wie zufrieden sind Sie mit der Wirkung der Maßnahmen?" – Unterschiedliche Wahrnehmungen, unterschiedliche Perspektiven erkennbar werden lassen
- Extrempositionen diskutieren: Das ist die eigentliche Prozessarbeit, die Kulturarbeit
- Beziehungsebene in den Vordergrund stellen.

Effekte

- Es ist was passiert
- Wir haben es mitkontrolliert
- Wir sind dabei
- Partizipationsstufe erhöht (Mit-Entscheidung).

Erkenntnisse – oder: Prinzipien eines Kulturprozesses

- Der Ausgangspunkt von Kulturveränderung ist die Kulturanalyse (mittels Kulturprofilindikator, s. o.) sowie die anschließende gemeinsame Reflexion aller Beteiligten.
- Der Kontext bestimmt das Verhalten. Wir passen unser Verhalten in unterschiedlichen Kontexten an die jeweils geltenden formellen und informellen Regeln an.
- Es gibt unterschiedlich „richtiges" Verhalten in den unterschiedlichen Kontexten (einer bestimmten Abteilung, in Projekten oder in Entscheidungsgremien).
- Kulturentwicklung sollte daher in verschiedenen Kontexten stattfinden.
- Man zeichnet eine große Vision: Ziel-Kultur, die in ein bis zwei Jahren erreicht werden soll. – Die Erwartungshaltung ist enorm. Und das Gleiche gilt für die Herausforderung, vor die man sich selbst stellt.
- Das Ergebnis ist oft, dass kontinuierlich die alten Muster – die zur Gewohnheit geworden sind – abgerufen werden und statt einer Veränderung eher Frust aufkommt.

- Besser: Kleine, aber wirkungsvolle Impulse im Kulturprozess setzen. Maßnahmen, die sich schnell und nachhaltig umsetzen lassen, sorgen für unmittelbar sichtbare Erfolgsmomente. Reflexion erfolgt im Rahmen der Iteration.

Erlebbarkeit der Kulturveränderung

Das zentrale Element von Kulturveränderung ist das Erfahren der geänderten Denk- und Verhaltensweisen: Es geht um die erlebte Veränderung der Interaktionsregeln – sowohl der formalen wie der informellen. Die Transfererfahrung oder der sogenannte „Moment of Truth" ist notwendig – erst dort wird die Veränderung erlebbar, erst dann hat eine Kulturveränderung stattgefunden.

- Auch Rückschritte müssen legitim sein und frühzeitig als Quelle der Weiterentwicklung identifiziert werden.
- Die Organisation hat durch die Iterationen die Möglichkeit, sich stetig weiterzuentwickeln und damit die Zielsetzung systematisch anzupassen und zu gestalten.
- Kulturarbeit kann nicht delegiert werden.
- Das Thema Kultur ist bei den Entscheidern des Unternehmens platziert und wird als wichtig erachtet. Durch das Tagesgeschäft bleibt jedoch scheinbar keine Zeit, die Kulturarbeit mit der angemessenen Sorgfalt zu betreiben. Es wird dann oft versucht, das Thema in ein Projekt oder an den externen Berater abzugeben.
- Erwartet werden vorzeigbare Ergebnisse, die überprüft werden können. – Gefahr: Das Top-Management und in der Folge dann auch die weiteren Führungsebenen klinken sich aus dem Prozess aus. Dabei sind sie selbst die wichtigsten Personen im Kontext der Veränderung. Die Integration in den Alltag ist das zentrale Gebot!
- Kulturarbeit heißt immer, Zeit und Ressourcen zu investieren. Die Analyse, die Diskussion und die Reflexion benötigen Zeit, Energie und Aufmerksamkeit.
- Kulturarbeit muss als eine der zentralen Aufgaben im Unternehmen verstanden werden. Arbeit an der Kultur wird jedoch leider oft als zusätzlicher – teils lästiger – Aufwand bewertet.
- Kulturentwicklung ist als ständiger und selbstverständlicher Reflexionsprozess zu betrachten, eher wie ein kontinuierliches „Sich-um-die-Gesundheit-Kümmern". Dann hat es größere Chancen, irgendwann automatisch abzulaufen und in den Alltag integriert zu sein.

Prinzip

Kultur ist so etwas wie organisationale Fitness, die auf einem guten Level zu halten ist.

5 Gestaltungselemente der Organisationsentwicklung

Gestaltungselemente der Organisationsentwicklung werden den drei bereits eingeführten Ebenen (Individuum, Organisationseinheit, Gesamtorganisation) im Rahmen der Selbstorganisation zugeordnet. Wegen der Bedeutung der individuellen Haltung des Einzelnen für die Entwicklung selbst-organisierten Denkens und Handelns sind die entsprechenden Gestaltungselemente bedeutsam für das Verständnis und die Verwirklichung von individueller und organisationaler Selbstorganisation. Die individuelle (Persönlichkeits-)Entwicklung ist somit die Grundlage für die Einführung und Umsetzung eines sich-selbst-organisierenden Unternehmens.

Neben dem Individuum selbst stehen die Interaktionen mit anderen Angehörigen der Organisation im Mittelpunkt unserer Betrachtung. Die Interaktionen zwischen Individuen spielen sich auf allen drei Ebenen eines Systems ab. Und Veränderungen beruhen sowohl auf den persönlichen Lernprozessen des Einzelnen als auch auf seinen Interaktionen mit allen anderen Systemmitgliedern.

Die Wirkung der Gestaltungselemente ist in den vorausgehenden Kapiteln anhand der geschilderten Praxisbeispiele verdeutlicht worden. Weitere Beispiele werden im Folgenden aufgeführt.

Die Abbildung 5.01 ordnet die Gestaltungselemente als Kommunikations- und Interaktionsformen sowie Reflexionsmethoden im jeweiligen Kontext den entsprechenden Ebenen der organisationalen Veränderung zu und benennt die dabei wirksamen Rollen nebst Haltungen/Intentionen. Alle genannten Interaktionsformen und Reflexionsmethoden dienen der Selbstorganisation und Selbstführung sowie der Führung von anderen. In der Summe ihrer Anwendungen verändern sie die Zusammenarbeit sowie die Effektivität der Arbeit und damit die Qualität der Ergebnisse.

Allen Interventionen auf allen Ebenen liegt eine systematische Auftrags-, Kontext- und Rollenklärung zugrunde. Diese stellt die Grundlage jeder Maßnahme und damit jeder Veränderung dar.

Definition

Gestaltungselemente sind Interventionen, mit deren Hilfe Veränderungen auf allen Ebenen der Organisation angestoßen werden können. Die Interventionen bestehen aus Kommunikations- und Interaktionsformen sowie Reflexionsmethoden, welche alle Individuen – Führungskräfte wie Mitarbeiter – anwenden.

Ebenen	Rollen	Kontexte	Kommunikations- und Interaktionsformen, Reflexionsmethoden	Intention/ Haltung
A. Individuum	Führungskraft, Mitarbeiter, in-/externer Coach	Selbstführung und Coaching zur Unterstützung der Selbstführung	Stärkung der Selbstaufmerksamkeit, Persönliches Entwicklungsboard, Tetralemma, Verfahren zur Selbstreflexion, Feedback, Zwiegespräch, Coaching	„Das Experiment beginnt bei mir!“
B. Organisationseinheit	Teammitglied, Moderator, Trainer, Teamentwickler	Teamlernen und -entwicklung: Selbstorganisation von Teams	Konsent-Entscheidungsfindung, Beziehungsanalyse, resonanzbasierte Team-Retrospektive, Lean Coffee, Teamboard, Teamaufstellungen	„Das Ich bestimmt das Wir!“
C. Gesamtorganisation	Change-Manager, Organisationsberater und -entwickler	Organisationsübergreifende Lernprozesse: Arbeiten am Gesamtsystem	Transparenz von Entscheidungsregeln inklusive Rückkopplungsverfahren, Organisationsaufstellung, Unternehmenskulturdiagnose und -reflexion, Cultural Hacking	„Das Individuum ist Ausgangspunkt der Veränderung!“

Abb. 5.01: Ebenen, Rollen, Kontexte, Interventionen/Methoden sowie Intentionen/Haltungen

A Ebene Individuum

Gestaltungselemente auf der Ebene Individuum dienen der Entwicklung eines entsprechenden Mindsets („Das Experiment beginnt bei mir!") im Rahmen eines persönlichen Lernprozesses und sind unterschiedlich komplex: von Körperübungen (Progressive Muskelentspannung), Konzentrationsverfahren (Stopp-Intervention) und konkreten Instrumenten zur Verhaltensänderung (Persönliches Entwicklungsboard, Check Selbstführung) über die zentralen Elemente der Persönlichkeitsentwicklung (Selbstreflexion, Coaching) bis zur individuum-zentrierten Führung (siehe Kapitel 1), einem umfassenden Lern- und Veränderungskonzept. Die Auftrags-/Kontext- und Rollenklärung steht allen anderen Gestaltungselementen voran, da dieses Instrument für jede Veränderung auf allen Ebenen der Organisation (Individuum, Organisationseinheit, Gesamtorganisation) gilt:

1. Auftrags-, Kontext- und Rollenklärung
2. Übungen zur Verbesserung der Selbstaufmerksamkeit
3. Inneres Team[1]
4. Persönliches Entwicklungsboard[2]
5. Check Selbstführung
6. Tetralemma[3]
7. Musterunterbrechung durch Feedback
8. Resonanzbasierte Selbstreflexion
9. Zwiegespräch[4]
10. Coaching

Die Gestaltungselemente Auftrags-/Kontext- und Rollenklärung, Feedback, Zwiegespräch, Coaching und individuum-zentrierte Führung finden i. d. R. dyadisch, also in einer Zweierinteraktion statt; sie wirken dabei auch auf der Ebene Organisationseinheit (Gruppe/Team, Abteilung), da es sich auch um Instrumente der Beziehungsklärung handelt, die in diesem Rahmen ebenfalls stattfindet.

Es handelt sich bei den genannten Interventionen um komplexe innere (gedankliche) und äußere Handlungen. Sie beziehen sich auf die persönliche oder Persönlichkeitsentwicklung sowie auf die Entwicklung der zwischenmenschlichen Beziehungen. Sie sind sowohl Selbstzweck als auch Maßnahmen zur gemeinsamen Entwicklung der Zusammenarbeit:

---

[1] Vgl. https://www.schulz-von-thun.de/die-modelle/das-innere-team

[2] Adaptation des Teamboards von https://comteamgroup.com/fileadmin/contents/comteamgroup/Beratung/Kulturentwicklung/kultagil_Agiler_Kulturprozess_Web.pdf

[3] Vgl. Sparrer & Varga von Kibéd 2009.

[4] Moeller 2010.

Definition

Selbstzweck meint hier im positiven Sinne den Nutzen („Purpose“) für das Individuum; der andere Zweck ist die Weiterentwicklung – und damit die Sicherung des Überlebens – der Organisation.

B Ebene Organisationseinheit (Gruppe, Abteilung, Bereich)

Auf der Ebene Organisationseinheit stehen die Interaktionen einer Arbeitsgruppe im Mittelpunkt der Veränderung. Der Begriff „Teamentwicklung“ soll diese Lernprozesse beschreiben.

Ziel von Teamentwicklung

Teamentwicklung hat das Ziel aufgrund einer verbesserten Kommunikation und Kooperation, zielgerechtere Ergebnisse zu erreichen.

Die Entwicklung der Zusammenarbeit – und damit des Teams – erfordert die Klärung eines gemeinsamen Ziels, eines abgestimmten Vorgehens sowie der formalen wie informellen Rollen, die in einer Teamarbeit je nach Auftrag und Situation immer wieder neu zu definieren sind. Außerdem müssen Entscheidungsregeln festgelegt werden. Nicht zuletzt muss dieser gesamte Prozess überprüft werden, indem zunächst die Arbeitsweise, Rollen, Entscheidungswege und Ergebnisse beschrieben werden. Anschließend wird – anhand dieser Draufsicht – bewertet, welche Qualität das Vorgehen in dieser Form hat. Dann werden alternative Varianten bzw. Veränderungen von Auftragsklärung, Vorgehen, Rollenwahrnehmung, Kommunikation und Interaktion entwickelt.

Als Methoden dienen u. a. veränderte Entscheidungsregeln wie die Konsent-Entscheidung; weitere Verfahren sind die Beziehungsanalyse bzw. das Soziogramm. Die individuelle Innenschau im Rahmen der Zusammenarbeit ist ein weiteres Gestaltungselement von zukünftiger, veränderter Teamarbeit. Sie erfolgt in Form einer resonanzbasierten Team-Retrospektive. Mit diesen Instrumenten wird die Reflexion der Teamarbeit ermöglicht. Mit einem Teamboard werden Ausgangssituation und angestrebte Verhaltensweisen der Zusammenarbeit formuliert. Teamaufstellungen zeigen Beziehungsmuster in Gruppen auf und ermöglichen eine weitergehende Reflexion, insbesondere dann, wenn das Verfahren nach Selbstorganisationsprinzipien erfolgt:

11. Veränderte Entscheidungsprozesse in Teams: Konsent-Moderation
12. Beziehungsanalyse/Soziogramm
13. Resonanzbasierte Teamretrospektive
14. Lean Coffee
15. Entwicklung von Teamprinzipien und -werten
16. Teamboard
17. Teamaufstellungen.

C Ebene Gesamtorganisation

Auf der Ebene Gesamtorganisation werden in erster Linie die folgenden Gestaltungselemente wirksam:

18. Organisationsaufstellung „Territorigramm“[5]
19. Transparenz von Entscheidungsregeln inkl. Rückkopplungsverfahren
20. Diagnose und Reflexion der Unternehmenskultur
21. Cultural Hacking
22. In kleinen Schritten zur selbstorganisierten Organisation (Hypothesenkarten, Minimaler Change-Canvas)
23. Sich selbstorganisierende Führung und Zusammenarbeit – Arbeiten am Gesamtsystem.

Die Gestaltungselemente im Einzelnen

A Ebene Individuum

5.1 Auftrags-/Kontext- und Rollenklärung

Wir stellen dieses Gestaltungselement allen anderen voran, da es zum einen als Grundlage für alle Veränderungsaktivitäten in der Organisation gilt und zum anderen auf allen drei Ebenen (Individuum, Organisationseinheit, Gesamtorganisation) verwendet wird.

Die Auftragsklärung (Worum geht es? Was soll erreicht werden?) ist einerseits eingebettet in die Kontextklärung (In welchem Rahmen ist das Ganze zu sehen?) und wird andererseits unterstützt durch die Rollen- und Beziehungsklärung (Wer will was von wem in welcher Funktion?).

Im Rahmen von Selbstorganisation soll die Perspektive gewechselt werden von der formalen Organisations- und Beziehungsstruktur eines hierarchisch höherstehenden Auftraggebers und eines niedriger stehenden Auftragnehmers hin zu einer Interaktion auf Augenhöhe zwischen zwei sich-selbst-führenden Individuen (Kapitel 1.1 Führung und Selbstführung).

Verändertes Rollenverständnis und Interaktionsmuster

a) Kontextklärung: Wer sind die relevante Personen, wie sind deren Beziehungen, was sind die inhaltlichen Themen, welche Ziele sollen von wem verfolgt werden und wieso, welche Interessen stehen dahinter?

b) Beschreibung des zukünftigen Soll-Zustands: Die erwünschten Zustände sollen positiv formuliert (keine Nicht-Ziele) sein, so konkret wie möglich (beobachtbar) präzisiert werden und unter eigener Kontrolle stehen (durch den Sich-Selbst-Führenden erreichbar sein).

[5] Vgl. Gester & Clement 2001.

c) Rollen-, Beziehungsangebote und -antworten: Es muss geklärt werden, aus welcher Rolle (formal/informell) die Führungskraft spricht, wie sie den Sich-Selbst-Führenden anspricht (hierarchisch oder auf Augenhöhe), ob es nicht-ausgesprochene Erwartungen („hidden agenda“) gibt oder solche, die nicht mit den zukünftigen Soll-Zuständen einhergehen, und wie der Sich-Selbst-Führende das jeweilige Beziehungsangebot beantwortet.

Der Sich-Selbst-Führende formuliert den Auftrag nochmals mit eigenen Worten in dem Sinne, dass er sich als verantwortlich Handelnder darstellt. Er hinterfragt zukünftige Soll-Zustände und Kontextbedingungen, die bereits jetzt als hinderlich von ihm wahrgenommen werden. Er definiert darüber hinaus aus seiner Rolle die Beziehung zur Führungskraft, sodass für diese klar wird, wie der Sich-Selbst-Führende ihre Zusammenarbeit versteht: Sieht er sich als Empfänger einer Botschaft oder als gleichberechtigter Gesprächspartner auf Augenhöhe?

Auftragsklarheit als Holschuld

Die Klarheit des Auftrags liegt somit in der Verantwortung des Sich-Selbst-Führenden.

Eine solche Auftragsklärung beinhaltet u. a. die folgenden Fragen:

- Mit welchen Erwartungen tritt die Führungskraft an den (zukünftig) Sich-Selbst-Führenden heran?
- Was will der Sich-Selbst-Führende erreichen?
- Welches Anliegen von wem bzw. welcher Anlass steht im Hintergrund?
- Warum will die Führungskraft, dass diese Veränderung durchgeführt wird?
- Was will der Sich-Selbst-Führende?
- Wie und mit welcher Hilfe soll wer aktiv werden?
- Welche Verhaltensweisen und/oder Sichtweisen sollen verändert werden?
- Wer hat noch Interesse daran? Wer möchte es am liebsten verhindern?
- Seit wann besteht die Fragestellung bzw. das Problem?
- Wer hat das Problem bisher wie beschrieben?
- Wann und wo tritt das Problem nicht auf? Wie erklärt sich das die Führungskraft? Und wie der Sich-Selbst-Führende?
- Woran würde die Führungskraft merken, wenn das Problem gelöst wäre? Und woran der Sich-Selbst-Führende?
- Wie würden relevante andere Personen (Mitarbeiter, Kollegen, Kunden) die Situation beschreiben, wenn das Problem gelöst wäre?

Die Auftrags-/Kontext- und Rollenklärung findet sinngemäß auf den beiden Ebenen Organisationseinheit und Gesamtorganisation ebenfalls statt.

5.2 Übungen zur Verbesserung der Selbstaufmerksamkeit

Die hier beschriebenen Interventionen sollen die Selbstaufmerksamkeit des Individuums unterstützten. Dabei können zum einen Übungen mit primär körperorientiertem Ansatz angewandt werden und zum anderen Praktiken, die eine mentale Fokussierung verfolgen. In beiden Ansätzen geht es um die Wechselwirksamkeit von Körper und Geist und die dadurch verbesserte Fähigkeit, die Aufmerksamkeit auf sich selbst und damit auf das eigene Denken und Handeln zu richten.

5.2.1 Körperorientierte Übungen

Körperübungen lenken unsere Aufmerksamkeit auf unseren Körper – als denkende Wesen vergessen wir diesen allzu oft. Diese Übungen dienen dazu, unseren Körper bewusster wahrzunehmen und seine Signale besser zu nutzen. Wir können darüber hinaus durch die Beeinflussung unseres Körpers diesen aktivieren oder beruhigen – und damit wiederum unseren Geist entsprechend beeinflussen. Beispielhaft für viele Körperübungen werden die Progressive Muskelentspannung nach Jacobson[6] und das Körperpendeln beschrieben.

5.2.1.1 Progressive Muskelentspannung

Es geht hierbei um Konzentration sowie um Anspannung und Entspannung, also die Grundfunktionen unserer Muskulatur. Die Technik kann bei entsprechender Übung z. B. dabei nützlich sein, in Stresssituationen eine körperliche Entspannung herbeizuführen. Diese hilft dann weiterhin, sich mental leichter entspannen zu können.

Zunächst werden die Regeln der Progressiven Muskelentspannung beschrieben, anschließend der Ablauf der Übung. Zum leichteren Lernen beginnt man mit einzelnen Muskelgruppen separat zu üben, z. B. zuerst nur mit den Armen, dann mit Kopf und Rumpf und schließlich mit den Beinen. Im weiteren Verlauf der Übungspraxis können dann mehrere Muskelgruppen zusammenhängend trainiert werden, bis man den gesamten Körper an- und wieder entspannen kann.

---

[6] Vgl. Jacobson 2021.

Regeln:

- Konzentration auf die entsprechende Muskelgruppe
- Anspannung der Muskelgruppe auf ein Signal
- Spannung 5-7 Sekunden halten
- Spannung direkt und plötzlich auf ein Signal loslassen
- 30-50 Sekunden lang entspannen
- Konzentration auf die entsprechend Muskelgruppe während der Entspannung.

Reihenfolge:

1. Dominante Hand und Unterarm
2. Dominanter Oberarm
3. Nichtdominante Hand und Unterarm
4. Nichtdominanter Oberarm
5. Stirn
6. Obere Wangenpartie und Nase
7. Untere Wangenpartie und Kiefer
8. Nacken und Hals
9. Brust, Schulter und obere Rückenpartie
10. Bauchmuskulatur und Lendenpartie
11. Gesäß
12. Dominanter Oberschenkel
13. Dominanter Unterschenkel
14. Dominanter Fuß
15. Nichtdominanter Oberschenkel
16. Nichtdominanter Unterschenkel
17. Nichtdominanter Fuß

5.2.1.2 Selbstaufmerksamkeit und Körperstruktur – Körperpendeln

Mit dieser Übung wird die Aufmerksamkeit ebenfalls auf unseren Körper gelenkt. Hierbei werden die Körperhaltung und -position sowie entsprechende Bewegungen genutzt. Zweck der Übung ist es, durch die Konzentration auf den eigenen Körper (insbesondere die Wahrnehmung der Fußsohlen zum Boden) diesen intensiver wahrzunehmen. Ziel ist es, mit zunehmender Praxis die Selbstaufmerksamkeit zu erhöhen und sich in herausfordernden Situation wieder (schneller) fokussieren zu können. Die Übung kann individuell oder in einer Gruppe durchgeführt werden.

Ablauf

a) Strukturaufbau (Ausgangsposition)

- Ohne Schuhe in einem Kreis aufstellen (bei Gruppenübungen)
- aufrechte Stehhaltung einnehmen
- Beine parallel und Füße eng zusammenstellen
- Blick geradeaus halten
- Hände dicht an den Rumpf anlegen
- Fingerspitzen zum Boden richten
- Kronenpunkt sieht zur Decke (imaginäre Linie von der Wirbelsäule senkrecht nach oben)
- Augen schließen
- auf den Kontakt der Fußsohlen zum Boden achten:
  - mit den 3 Fußpunkten Ferse, Grundgelenk große Zehe, Grundgelenk vierte Zehe einen ausgewogenen Stand suchen
  - Wichtig ist die Verbindung Ferse-Großzehe
  - Wie zeigt sich aktuell der Stand der Fußsohlen in Bezug zum Boden? Gibt es z. B. eine Überbetonung der Innen- oder Außenkante des Fußes zum Boden?

b) Bevor die Bewegung beginnt, in Ruhe vom Hinterkopf bis zu den Fußsohlen einen Körperscan[7] durchführen mit der Frage: Gibt es einen Bereich (z. B. Schulter, Oberschenkel), wo mehr Spannung vorhanden ist, als es die Situation erfordert? – Wahrnehmen und für sich im Stillen beschreiben ohne zu bewerten.

c) Beginn der Bewegungen

- Ganz langsam beginnen, mit dem Körper nach vorne zu wippen und zwar so weit, dass man gerade noch ohne Probleme stehen kann. Anschließend sich langsam wieder zurückfallen lassen. Dann in die entgegengesetzte Richtung, also nach hinten, pendeln. Etwa für eine Minute ruhig und gleichmäßig hin und her pendeln.
- Dann die Bewegungen immer kleiner werden lassen und die Bewegungsrichtung so verändern, dass man schließlich seitwärts pendelt. Anschließend wieder wie zu Beginn verfahren, allerdings jetzt mit dem Körper nach rechts und links pendeln. Auch diese Bewegungen nach etwa einer Minute immer kleiner werden lassen.

---

[7] Körperscan: Imaginär den Körper betrachten und dabei am Hinterkopf beginnend, nacheinander auf Hals, Schultern, oberer Rücken, Lendenbereich, Becken, Beine und Füße die Aufmerksamkeit richten.

- Nun mit dem ganzen Körper um den eigenen Mittelpunkt kreisen, erst im Uhrzeigersinn und dann anders herum. Nach etwa einer Minute die Kreise wieder allmählich enger werden lassen und zwar so eng, dass sie von einem Außenstehenden kaum mehr als Bewegung wahrgenommen werden können.
- Zur Ruhe kommen und eine Weile in dem neugefundenen Mittelpunkt verharren. Wenn man seine Mitte gefunden hat, die eingetretene Ruhe genießen.

d) Nachspüren und Reflektieren

- Wie zeigt sich jetzt der Stand der Fußsohlen (in Bezug zum Boden) im Vergleich zu Beginn der Übung?
- Haben sich mögliche Überbetonungen von Innen- und Außenkanten der Fußsohle verändert?
- Hat sich die Auflagefläche verändert?
- Einen abschließenden Körperscan durchführen und wahrnehmen, inwieweit sich vorhandene Körperspannungen verändert haben.

5.2.2 Mentale Übungen

Mentale Übungen dienen dazu, unseren Geist zu ordnen. Dazu lösen wir uns in der jeweiligen Übungssituation grundsätzlich von allen Gedanken. Wir konzentrieren uns entweder auf einen Punkt oder z. B. auf unsere Atmung. Bei Letzterem stellen wir damit auch die Verbindung von Geist und Körper gezielt her. In Alltags- bzw. Arbeitssituationen fokussieren wir dadurch unsere Aufmerksamkeit. Dadurch können wir störende Einflüsse ausblenden und uns gezielter mit dem befassen, was wir denken bzw. tun. Wir unterstützen damit auch unsere Selbstführung.

5.2.2.1 Fokussierung der Aufmerksamkeit – auf den Punkt konzentrieren

Mithilfe dieser Übung kann die Konzentrationsfähigkeit allmählich gesteigert werden. Die Übung kann zu Beginn fünf Minuten dauern und kann bis auf zehn Minuten ausgedehnt werden.

Die Instruktion lautet:

- Zeichnen Sie zunächst einen schwarzen Punkt auf ein Blatt Papier und befestigen Sie dieses Blatt dann in Augenhöhe an einer Wand.
- Nehmen Sie ein bis zwei Meter von dieser Wand entfernt auf einem Stuhl Platz und blicken Sie in Richtung des Punktes.
- Entspannen Sie sich soweit, wie es Ihnen möglich ist, und versuchen Sie, Ihre Wirbelsäule aufrecht zu halten.
- Nun richten Sie Ihre Aufmerksamkeit auf den schwarzen Punkt.
- Bleiben Sie jedoch entspannt und blicken Sie ganz unverkrampft auf das Blatt Papier vor Ihnen an der Wand. Schauen Sie einfach nur auf den Punkt.
- Sobald ein störender Gedanke oder ein unerwünschtes Gefühl auftaucht, richten Sie Ihre Aufmerksamkeit erneut auf dem Punkt an der Wand.
- Vielleicht können Sie sich auch vorstellen, dass zwischen Ihnen und dem Punkt eine besonders intensive Verbindung besteht – einem Lichtstrahl vergleichbar, der zwischen Ihnen und der Wand verläuft.
- Jeder Gedanke, der Sie beherrscht, und jede Emotion, die in Ihnen aufsteigt, fließen ein in diesen Strahl, lösen sich auf und verwandeln sich in Konzentration.

5.2.2.2 Stopp-Intervention

Diese Technik dient dazu, in erster Linie störende Gedanken und auch entsprechendes Verhalten zu unterbrechen.

Ablauf

Beim Wahrnehmen von unerwünschten Gedanken und/oder Verhaltensweisen:

- Laut oder innerlich „Stopp“ rufen
- sich sofort auf seinen Atem konzentrieren
- beim Einatmen bis 7 zählen und eine Sekunde halten, dann ausatmen und dabei ebenfalls bis sieben zählen und wieder eine Sekunde den Atem halten
- 5-mal diesen Ablauf wiederholen
- dann sich geistig (und verhaltensmäßig) neu ausrichten.

Um die Stopp-Intervention leichter ausführen zu können und in Stresssituationen zur Verfügung zu haben, sollten zunächst zwei Zeitpunkte am Tag geplant werden, an denen der Ablauf der Atemübung durchgeführt wird.

5.3 Inneres Team

Widersprüche nutzbar machen

Das innere Team (a. a. O.) dient dazu, unterschiedliche, zum Teil ambivalente, eigene Meinungen, Sichtweisen oder Positionen zu einer Fragestellung oder einem Problem darzustellen und zu nutzen. Widersprüchliche Aspekte einer Lösung fallen immer dann ins Gewicht, wenn diese dadurch uneindeutig bzw. der sogenannte oder tatsächliche Preis zu hoch erscheint: „Das ist mir die Sache nicht wert!“ „Der Aufwand steht in keinem Verhältnis zum Ertrag!“ oder auch „Dann würde ich ja klein beigeben!“ Im letzteren Falle geht es weniger um eine sachliche Abwägung als vielmehr um eine persönliche Bewertung: Ist das Individuum bereit, sich auf etwas einzulassen, was es als Affront oder gar Angriff erlebt? Droht bei dieser Entscheidung eine persönliche Verletzung oder Missachtung? Der Beziehungsaspekt wird oft als bedeutsamer erlebt als inhaltliche Nachteile, die bei einer infrage stehenden Alternative drohen.

Um dieses Dilemma aufzulösen und die jeweiligen Vor- und Nachteile der einzelnen Positionen zu erkennen, werden die inneren Stimmen visualisiert. Dies geschieht in Form von Kreisen oder angedeuteten Personen, welche ihre jeweilige Meinung äußern. Sie können dann entsprechende Namen erhalten, wie z. B.

- der Kritiker
- die Naive
- der Unsichere
- der Beleidigte
- die Verständnisvolle
- der Empörte
- die Wütende
- der Ja-Sager.

Die (inneren) Aussagen aus verschiedenen Perspektiven auf das Problem werden bezüglich ihrer Nützlichkeit im Hinblick auf die Ausgangssituation untersucht. Prüffragen dazu können sein:

- Wovor schützt die Kritik und was verhindert sie?
- Welche Gefahr birgt eine naive Sichtweise und welche Chance liegt in ihr?
- Was verhindert eine unsichere Haltung und was ermöglicht sie?
- Wozu führt eine beleidigte Reaktion?
- Welche Vor- und Nachteile können durch eine verständnisvolle Position entstehen?
- Was verhindert eine empörte Haltung und was ermöglicht sie?
- Was kann eine wütende Reaktion bewirken und was verhindern?
- Wohin führt Ja-Sagen?

Die jeweiligen Antworten ermöglichen einen umfassenderen Blick auf die Situation und können zu vielfältigeren Sichtweisen führen. Dadurch werden neue Möglichkeiten geschaffen. Die Handlungsfähigkeit des Individuums wird erhöht.

5.4 Persönliches Entwicklungsboard

Das Persönliche Entwicklungsboard dokumentiert Anforderungen, Verhalten, Maßnahmen sowie den Status. Es wird auch als Lernprotokoll verwendet.

Anforderung	Mein Verhalten		Maßnahmen zur Erreichung des zukünftig gewünschten Verhaltens	Wo und wann erlebe ich das gewünschte Verhalten – „Moment of Truth“ (MoT)?	Status (Skala 1-10)	Prognose (Skala 1-10)
	bisher	zukünftig				
Im Gespräch mit Torben mich selbst kontrollieren und regulieren können	unsicher, überfordert	mir selbst bewusster auftreten	Selbstaufmerksamkeit bewusst üben	nächstes Gespräch	1	3
Teamsitzung so steuern, dass Interaktionen zielführend sind	angespannt, zu wenig Übersicht	ruhiger, überlegter handeln	Stopp-Intervention einüben	nächste Teamsitzung	2	4

Abb. 5.02: Persönliches Entwicklungsboard (Adaptation des ComTeam Teamboards, 2022) am Beispiel der Teamleiterin Magdalena

Bezug zum ersten Unternehmensbeispiel

Der Mitarbeiter/die Führungskraft notiert im Entwicklungsboard ihr persönliches Entwicklungsziel – häufig geht es um den Umgang mit kritischen Situationen bzw. entsprechenden eigenen Verhaltensweisen –, ihr diesbezügliches Handeln, die jeweilige Situation sowie die stattgefundene Veränderung. Für Magdalena könnte das Board so aussehen wie in der Abbildung 5.02 gezeigt.

5.5 Check Selbstführung

Der Check zur Selbstführung dient dazu, den aktuellen Umgang mit eigenen Veränderungsthemen (z. B. Resonanzen, Feedback, Selbstbeobachtung und Selbstreflexion, Konfliktverhalten) und die mögliche Entwicklung aufzuzeigen. Hierzu wird eine Skala zwischen zwei Polen des jeweiligen Kriteriums verwendet. Auf dieser Skala notiert das Individuum, wie es momentan diese Themen bearbeitet. Aufgrund dieser Selbsteinschätzung wird deutlich, wie weit der eigene Lernfortschritt bezüglich des einzelnen Kriteriums noch möglich ist.

Selbstführung und persönliche Entwicklung		
Aufwand für Nachbereitung und Reflexion	......................x....	Aufwand für Vorbereitung und Planung
Unterscheidung zwischen Verschwendung und Wertschöpfung (Außenorientierung am Kunden)	..............x............	Unterscheidung zwischen wichtig/dringlich (Innenorientierung an eigenen Prioritäten)
Konfliktbearbeitung	......................x....	Konfliktvermeidung
Mit eigenen (negativen) Resonanzen arbeiten	..............x............	Verhalten gedanklich (er)klären (z. B. bei Feedback)
Aktivierung der Selbstbeobachtung	......................x....	Identifikation mit dem führenden Anteil beim Inneren Team
Rollenorientierung (Führungskraft/Sich-Selbst-Führender)	......x.....................	Funktionsorientierung (Abteilungsleiter/Mitarbeiter)
Entwicklung von Selbstaufmerksamkeit und Growth Mindset	...................x.......	Fachliche Weiterbildung

Abb. 5.03: Check Selbstführung

In unserem ersten Unternehmensbeispiel (Kapitel 2) soll deutlich werden, wie die Teamleiterin (Magdalena) ihre Selbstführung verbessert: Sie berücksichtigt die o. g. Kriterien für ihre Situation (mehr oder weniger). Der Anstoß dazu kommt einerseits durch ihre als kritisch erlebten Erfahrungen (mit negativen Resonanzen arbeiten vs. eigenes Verhalten/Feedback erklären, Abbildung 5.03, rot umrahmte Zeilen) mit ihrem Mitarbeiter bzw. ihrem Team, und andererseits durch das kollegiale Gespräch mit ihrem vertrauten Kollegen (Robert). Dadurch wird der Blick nach innen möglich. Und damit ist sie aufmerksam sich selbst gegenüber: Sie nimmt Gedanken, Gefühle und Verhaltensweisen wahr, die ihr vorher nicht (in dieser Form) bewusst waren. Magdalena kann sich in einem ersten Schritt selbst reflektieren, d. h. eigene Denk- und Handlungsweisen neu wahrnehmen und verändern.

Selbstaufmerksamkeit als Voraussetzung

5.6 Tetralemma

Das Tetralemma[8] ist eine Entscheidungstechnik, welche sich von der klassischen Entweder-Oder-Logik löst. Die Technik kann insbesondere bei persönlichen bzw. beruflichen Fragen hilfreich sein, die lebenslaufrelevante Themen berühren (z. B. „Soll ich in der Firma bleiben, oder nicht?“ – „Soll ich ein Haus bauen oder nicht?“ – „Soll ich heiraten (mich scheiden lassen) oder nicht?“). Sie wird auch als eine Form systemischer Strukturaufstellung[9] praktiziert, bei der andere Personen die vier Positionen einnehmen und die jeweiligen Fragen beantworten, während der Fragesteller zuhört. Dieses Vorgehen wird von einem darin geschulten bzw. erfahrenen Moderator geleitet.

Vorgehen

Das Tetralemma kann mindestens auf drei verschiedene Arten bearbeitet werden:

- Der Anwender allein für sich
- zusammen mit einer Vertrauensperson (z. B. Coach, Kollege, Moderator)
- mit der Unterstützung von weiteren Personen und angeleitet durch einen Moderator.

Individuell geschieht dies durch die gedankliche Beantwortung der jeweiligen Leitfragen[10].

---

[8] Vgl. Sparrer & Varga von Kibéd 2009.

[9] Systemische Strukturaufstellung: systemisch meint hier die wechselseitige Abhängigkeit und Wirkung der Fragen und Antworten; Strukturaufstellung meint die vorgegebene Form der vier Positionen sowie das Einnehmen derselben durch vier Personen.

[10] Die Leitfragen in den Feldern der Abbildung 5.04 werden grundsätzlich zu Beginn des Verfahrens verwendet; weitere Fragen können im Verlauf an die jeweils gegebenen Antworten angepasst werden.

Stellvertreter beantworten die Leitfragen

Zusammen mit einem Coach bzw. einem Moderator erfolgt die Bearbeitung im Dialog. Mit der Unterstützung von vier weiteren Personen entsteht eine neue Qualität des Verfahrens: Der Entscheidungssucher stellt vier Personen in den vier Positionen auf. In ihrer jeweiligen Position beantworten sie, oft intuitiv, aus ihrer persönlichen Perspektive die entsprechenden Leitfragen vor dem Hintergrund der genannten Problemstellung. Der Problemgeber hört zu und stellt ggf. noch Verständnis- oder Vertiefungsfragen. Dieser kann dann für sich die erhaltenen Antworten mit seinen Sichtweisen abgleichen und sowohl inhaltlich überprüfen als auch seine bisherigen Beobachtungen reflektieren. So kann die bisherige Perspektive neu betrachtet und u. U. modifiziert werden. Nach der Beantwortung aller vier Felder (siehe Abbildung 5.04) fasst der Fragesteller alle Antworten zusammen und bildet für sich das Resümee aus dem Vergleich der Vor- und Nachteile der vier Positionen.

1. Entweder (das Eine) (Problem, Konflikt) ▪ Was *ermöglicht* Ihnen das Problem? ▪ Welche Möglichkeiten *nimmt* Ihnen das Problem?	**3. Beides** (Sowohl Problem, als auch Nicht-Problem) ▪ Was wäre, wenn *sowohl* das Problem *als auch* die Lösung gelten würde? ▪ Was *sowohl* ermöglicht *als auch* verhindert Ihnen das Problem?
4. Keines von Beiden (Weder Problem, noch Nicht-Problem) ▪ Was wäre, wenn *weder* das Problem *noch* das Nicht-Problem gelten würde? ▪ Was *weder* ermöglicht *noch* verhindert Ihnen das Problem bzw. das Nicht-Problem (= Lösung)?	**2. Oder (das Andere)** (Nicht-Problem = Lösung) ▪ Was wäre, wenn die Ausnahme (= Lösung) die Regel wäre? ▪ Was *ermöglicht* Ihnen die Ausnahme? ▪ Welche Möglichkeiten *nimmt* Ihnen die Ausnahme?

Abb. 5.04: Tetralemma

Vertiefung der einzelnen Positionen:

1. Entweder (das Eine): Das kann z. B. eine (bisherige) Lösung sein, die für den Fragesteller (Klienten) bei ähnlichen Fragen die „einzig richtige" gewesen ist und daher für ihn im Vordergrund steht, auch und gerade, da er sie in der Vergangenheit wiederholt („immer") angewendet hat. Jetzt führt sie nicht zur Lösung, sondern zum Problem.

2. Oder (das Andere): Das Andere steht für die gegenüberliegende Position des Tetralemmas und stellt das Gegenteil des Einen dar. Es steht somit im Gegensatz zu vorausgegangenen Lösungen bzw. dem jetzigen Problem. Daher wird es (zunächst) nicht in Betracht gezogen.
3. Beides (sowohl – als auch): Die dritte Position erzeugt eine neue Perspektive; von dieser kann man die beiden ersten Positionen – die vermeintlich sich ausschließende Alternativen darstellen – gleichzeitig betrachten und durch Gemeinsamkeiten und Unterschiede sowohl Vor- als auch Nachteile erkennen. Klassische Lösungen aus dieser Position heraus sind der Kompromiss (etwas von Beidem), die Iteration (erst das Eine, dann das Andere); oder es wird deutlich, dass es sich um einen Scheingegensatz handelt (die Alternative ist gar keine: „Work-Life-Balance[11]“) bzw. um eine Paradoxie („ständiges Prüfen auf Richtigkeit ist ein Fehler“).
4. Keines von Beiden (weder – noch): Während wir in der dritten Position noch ein teilnehmender Beobachter sind, können wir in der vierten Position unseren Konflikt mit hinreichender Distanz von außen betrachten. Die ursprüngliche Frage („entweder – oder“) stellt sich nicht mehr. Es entsteht eine neue Betrachtung. Beispiele sind:
   Weder öffentliche Verkehrsmittel noch individuelles Auto für den Weg zum Arbeitsplatz – sondern Home-Office/Video-Konferenz;
   weder autoritäre Führung noch Laissez-faire – sondern Selbstführung.

Eine fünfte, metaphysische Position überschreitet die vier ersten Positionen und lautet: „All dies nicht und auch das nicht.“ – Sie dient der vollständigen Distanzierung vom Problem.

Beispiel

In unserem ersten Unternehmensbeispiel (Kapitel 2) steht die Teamleiterin Magdalena vor einem für sie zunächst unlösbaren Konflikt mit ihrem Mitarbeiter Torben. Der Konflikt ist eingebettet in den Geschäftsleitungsauftrag „Einführen von agilem Arbeiten“ auf Teamebene. Magdalena hat allein keine Lösung für den Umgang mit Torben gefunden. Die scheinbare Alternative, sich entweder als Vorgesetzte autoritär durchzusetzen oder den Mitarbeiter – gleichsam aus einer Laissez-faire-Haltung – tun zu lassen, was er will, ist für die Teamleiterin ein Dilemma gewesen: eine für sie nicht akzeptable „entweder – oder“ Situation. Erst im Gespräch mit ihrem Kollegen Robert erkennt sie, dass eine „weder – noch“-Position hilfreich sein könnte: Die Lösung liegt für Magdalena darin, die ursprünglichen Alternativen fallen zu lassen und stattdessen ihr Führungsverhalten so zu verändern, dass Torben dies zum einen akzeptiert und zum anderen einen Anstoß erhält, das eigene Verhalten zu überprüfen.

[11] Arbeitszeit als Teilmenge der Gesamtmenge Lebenszeit kann keinen Gegensatz darstellen – die Gegenüberstellung an sich ist paradox, die Prämisse falsch. – Uns ist natürlich bewusst, dass mit „Life“ Freizeit statt Lebenszeit gemeint ist. Dies löst jedoch nicht den – vermeintlichen – Gegensatz auf, da er auf höherer Ebene in sich zusammenfällt.

5.7 Musterunterbrechung durch Feedback

Grundsätzlich kann Feedback verschiedene Bedeutungen bzw. Funktionen haben:

- Feedback als Leistungsrückmeldung (Sachebene)
- Feedback als Rückmeldung zu wahrgenommenem individuellen Verhalten (Beziehungsebene)
- Feedback als Instrument der Meta-Kommunikation (systemische Perspektive).

Leistungsrückmeldung

Eine Leistungsrückmeldung vom Vorgesetzten an den Mitarbeiter ist die häufigste Form von Feedback. Die Führungskraft formuliert ihre Bewertung zur Arbeit des Mitarbeiters. Dies ist funktional wichtig, um einen Rückkopplungskreislauf zwischen Auftrag oder Aufgabenstellung und Ergebnis zu schließen. Auch hier sollte kommunikativ der Respekt vor der Person bei gleichzeitiger Kritik am Arbeitserfolg beachtet werden. Auch inhaltliche (kritische) Rückmeldungen werden dann (leichter) angenommen, wenn für den Mitarbeiter die Wertschätzung seiner Person spürbar ist.

Beziehungsgestaltung

In der Beziehungsgestaltung dient Feedback dazu, diese zu verbessern. Dass ist in erster Linie bei als kritisch empfundenem Verhalten sinnvoll. Neben der klassischen Variante des Feedbacks, welche bei der o. g. Leistungsrückmeldung erfolgt, ist im Rahmen der Beziehungsgestaltung auf Erwartungen oder „Wünsche“ an den Mitarbeiter zu verzichten. Denn auch solche „Wünsche“ sind – trotz aller rhetorischen Weichmacher – eine Aufforderung an den Gesprächspartner, sich anders zu verhalten. Das ist grundsätzlich legitim und gerade bei Leistungsrückmeldungen auch funktional. Allerdings wirkt diese Erwartung als Forderung. Und diese belastet eher die Beziehung, als sie zu verbessern, wenn es um persönliches Verhalten und nicht um Inhalte geht.

Meta-Kommunikation

Meta-Kommunikation bedeutet, dass wir darüber reden, wie wir miteinander reden (und dient daher immer auch der Beziehungsgestaltung). Sie findet statt, indem eine Außenperspektive auf die Interaktion gelegt wird: Beide Gesprächsteilnehmer betrachten sich dabei, wie sie miteinander kommunizieren. Sie sind dann in der Lage, aus dieser Perspektive zu erkennen, wo ihre Kommunikation hinderlich ist. Sie können somit gemeinsam darüber reden, was sie verändern wollen. Es wird also über das gemeinsame Verhalten gesprochen und zwar aus einem Blickwinkel, als ob man über Dritte spräche. Dadurch wird eine Distanz zum eigenen und dem Verhalten der anderen Person hergestellt, welche die Betroffenheit reduziert und einen spannungsärmeren Umgang mit dem Problem ermöglicht.

Feedback kann somit der Bildung von Vertrauen und psychologischer Sicherheit dienen (siehe Kapitel G).

Effekt von Feedback

Die Teilnehmer am Feedback sind der Feedback-Geber und der Feedback-Nehmer. Der Feedback-Geber spricht ausschließlich in der Ich-Form (keine Du-Botschaften, keine Vorwürfe oder Angriffe) und schildert konkret beobachtetes Verhalten. Dabei sollte bewusst auf die im Feedback sonst üblichen „Wünsche/Erwartungen an den anderen" verzichtet werden. Diese Äußerungen signalisieren eine Forderungshaltung und üben somit einen Druck auf den Feedback-Nehmer aus. Dies führt eher zu einer Abwehrhaltung und behindert die Bereitschaft, die Rückmeldung anzunehmen.

Keine Erwartungen

Damit das Feedback seine Wirkung entfalten kann, gehen beide Gesprächspartner nach den in Abbildung 5.05 genannten Regeln vor .

Feedback-Geber	Feedback-Nehmer
beschreibt konkret eigene Wahrnehmung	verstehendes Zuhören, keine gedankliche Rechtfertigung
beschreibt konkret, was die Wahrnehmung in ihm ausgelöst hat (emotional und rational)	fragt nach, falls er inhaltlich etwas nicht verstanden hat
unterscheidet bewusst zwischen emotionalen und rationalen Auswirkungen	lässt das Gesagte wirken und prüft eigene Reaktionen, z. B. emotionale Auslöser (Selbstreflexion)
formuliert eigene Bedürfnisse (keine Handlungsaufforderung an den anderen)	leitet mögliche Handlungsoptionen ab (Selbstführung)

Abb. 5.05: Feedback-Regeln

Feedback ist eine wechselseitige Interaktion, die bei der Wahrnehmung des Feedback-Gebers beginnt. Das Feedback kann sowohl beim Feedback-Geber wie beim Feedback-Nehmer emotionale Reaktionen auslösen. Voraussetzung für einen gewünschten Lernprozess ist daher die Fähigkeit zur Selbstbeobachtung beim Feedback-Nehmer. Hierbei ist es besonders wichtig, das übliche Reiz-Reaktions-Muster zu unterbrechen, das sehr häufig zu einer sofortigen Antwort führt. Es geht vielmehr darum, sich die Zeit für eine entsprechende Selbstreflexion zu geben. Damit soll ein Zeitraum geschaffen werden, um verschiedene Handlungsoptionen bewusst abzuwägen. Ziel ist es, damit eine größere Klarheit für die Selbstführung herzustellen.

Unterbrechen des Reiz-Reaktions-Musters

Eine automatisierte Abfolge von äußerem Reiz und unmittelbarer eigener – häufig emotional geprägter – Reaktion soll gestoppt werden. Dadurch können Handlungsalternativen gebildet und ausgeführt werden. Die Kette aufeinanderfolgender (negativer) Reiz-Reaktions-Muster beider oder mehrerer Interaktionspartner soll somit unterbrochen werden. In welcher Form die gedanklichen Schritte der Selbstbeobachtung und Veränderung der entsprechenden Perspektive ablaufen, wird mit den Reflexionsstufen (Kapitel 3.8) beschrieben.

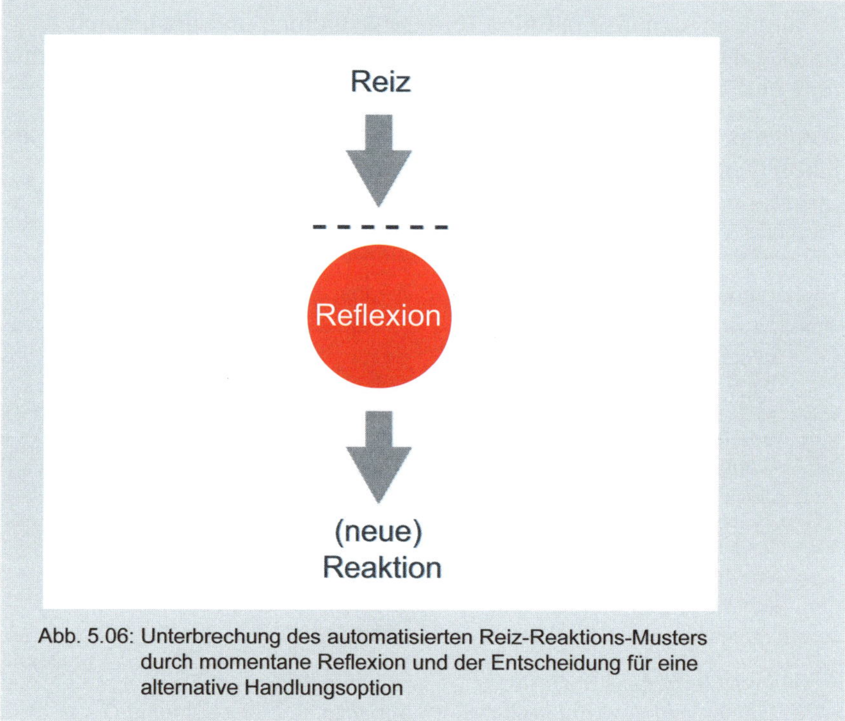

Abb. 5.06: Unterbrechung des automatisierten Reiz-Reaktions-Musters durch momentane Reflexion und der Entscheidung für eine alternative Handlungsoption

5.8 Resonanzbasierte Selbstreflexion

Resonanzbasierte Selbstreflexion ist ein möglicher Umgang mit inneren Resonanzen[12] (= Affekte, Gefühle, Körperwahrnehmungen), die als unangenehm bzw. kritisch erlebt werden. Diese Resonanzen dienen im Rahmen der Selbstreflexion als wichtige Hinweise auf das eigene Verhalten. Sie helfen dabei zu erkennen, welche inneren Zustände (Anspannung, Ärger, Wut oder der Impuls, die Situation zu vermeiden bzw. zu verlassen) unsere Reaktionen auf andere Personen auslösen. Diese Reaktionen sind

[12] Vgl. die soziologische Resonanztheorie (Rosa 2016): Resonanz als Beziehungsmodus und mögliche Antwort auf Entfremdung (Beziehung der Beziehungslosigkeit), die durch die technische Beschleunigung und die Beschleunigung des sozialen Wandels sowie die des Lebenstempos entsteht.

die Folge einer gelernten Verhaltensweise auf solche situativen Reize. Die Auslöser und die eigenen Reaktionen sind mittlerweile fest miteinander verknüpft. Die Verbindung hat sich so verfestigt, das sie auch in der aktuellen Situation stattfindet. Wichtig zu beachten ist: Der Auslöser meiner inneren Reaktion kommt von außen, meine eigene gedankliche und emotionale Reaktion findet in mir statt. Daher liegt die Verantwortung für den Umgang damit auch bei mir. Der Merksatz dazu heißt: „Selbstwahrnehmung statt Projektion".

Gelernte Reaktionen werden zu Mustern

Welche Erfahrung bzw. welcher Lernprozess in der Vergangenheit eine negative Bewertung ausgelöst hat, ist in der momentanen Situation oft nicht nachvollziehbar – spielt jedoch für die Funktion der kritischen Reaktion keine Rolle: Entscheidend ist, ob ich diese Resonanz bewusst wahrnehme, meine Aufmerksamkeit darauf lenke und mich dabei selbst beobachte. Dann kann ich die Perspektive ändern und aus einer neuen Position heraus meine innere Reaktion, meine Selbstbeobachtung, sowie deren Konsequenzen erkennen.

> Ich kann die Bewertung abschwächen, neutralisieren oder sie – im Extremfall – sogar in ihr Gegenteil verkehren. Statt meiner emotionalen Betroffenheit oder Verletztheit kann ich eine nachvollziehbare Handlung meines Gegenübers wahrnehmen, welche aus dessen Sicht verständlich oder angemessen war.

Veränderte Reaktion durch neue Bewertung

Erlebe ich, dass eine solche Situation neu oder anders stattfinden kann, und wird dadurch die innere Resonanz abgeschwächt oder sogar als neutral wahrgenommen, kann ich zukünftig in einer ähnlichen Situation anders reagieren. Meine Handlungsfähigkeit ist wesentlich erweitert. Die Fähigkeit zur Selbstführung und Selbstorganisation ist deutlich gestiegen.

Fragen zur resonanzbasierten Selbstreflexion:

- Welche Themen oder Ereignisse haben bei mir Resonanzen („Unwohlsein" oder „Freude") ausgelöst und mich somit an frühere Erfahrungen erinnert?
- Wie (lange) haben mich diese Resonanzen beschäftigt?
- Wie habe ich damals reagiert?
- Wie habe ich mich diesmal verhalten?
- Habe ich Energie aufgewendet, um bestimmte Themen oder Verhaltensweisen zu pushen?
- Habe ich Energie aufgewendet, um bestimmte Themen oder Verhaltensweisen zu unterbinden? Warum? (Hypothese)
- Wie kann ich mich alternativ verhalten?

Die Ergebnisse bzw. Überlegungen können dann genutzt werden, um kontinuierlich – im Sinne der permanenten Weiterentwicklung – das persönliche Entwicklungsboard zu befüllen und fortzuschreiben. Ein persönliches Resonanztagebuch kann genutzt werden, um am Ende eines Tages oder einer Woche die erlebten Resonanzen zu reflektieren. Ein Resonanztagebuch hat einen weiteren positiven Effekt: Im Alltagsgeschäft gehen negative Resonanzen oft schon nach kurzer Zeit verloren. Sie werden von persönlichen Schutzmechanismen überdeckt und sind dann – bis zu einer Wiederholung – nicht mehr präsent. Damit stehen diese Informationen für persönliche Entwicklungsschritte, im Sinne von Selbstaufmerksamkeit und Selbstreflexion, nicht mehr zur Verfügung.

5.9 Zwiegespräch

Fokussierung auf den Sprecher

Diese Intervention beinhaltet einen Dialog zwischen zwei Individuen mit dem Zweck, die Innenschau des anderen nachzuvollziehen. Durch das Zwiegespräch soll die Beziehung positiv entwickelt werden. Dazu sollte dem Gesprächspartner nicht nur die volle Aufmerksamkeit geschenkt, sondern das Gesagte als inneres Erleben des Gesprächspartners respektiert werden. Dies gilt auch und gerade dann, wenn dadurch eigene Betroffenheit ausgelöst wird. Insbesondere in Konfliktsituationen stellt das Zwiegespräch eine enorme Herausforderung dar.

Voraussetzungen für Zwiegespräch in Konfliktsituationen

Die Selbstkontrolle und Selbstregulation (s. o.) sind dabei ganz besonders gefordert.

Das Zwiegespräch[13] ist eine spezielle Form eines Feedbackgesprächs. Das Prinzip des Feedbacks[14] ist ein zentrales Element der Kommunikation und Gruppendynamik[15], wo hingegen das Zwiegespräch als besondere Form des Dialogs aus dem therapeutischen Kontext stammt: In schwierigen Beziehungskonstellationen, wenn ein konstruktiver Dialog aufgrund emotionaler Befindlichkeiten nicht mehr möglich ist, bekommt jede Person einen geschützten Raum, um die eigene subjektive Wirklichkeit zu verbalisieren. Im Sinne einer konstruktiven Gestaltung von Interaktionen zwischen zwei Individuen ist das Zwiegespräch mittlerweile zu einem wertvollen Kommunikationsinstrument der Selbstorganisation und -führung geworden. Es fördert wesentlich die Verbesserung der Beziehungsebene bzw. die Arbeitsbeziehung. Das Format Zwiegespräch stellt einen Rahmen dar, in dem es zumindest formal möglich erscheint, in dieser Zeit sich auf Augenhöhe zu bewegen.

Geschützter Raum für Kommunikation

[13] Vgl. Moeller 2010.

[14] Das ursprünglich Phänomen des Feedbacks stammt aus der Psycholinguistik (Clark 1986; Clark 1996) bzw. der Signaltheorie (Shannon & Weaver 1949).

[15] Vgl. Lewin 1953; Hall 1966; Hall 1976; Goffman 1978; Watzlawick, Beavin & Jackson 2002.

Jeder hat die Möglichkeit – auch im Rahmen einer hierarchisch geprägten Unternehmenskultur – über Dinge zu sprechen, die für ihn wichtig sind.

Im Zwiegespräch zeige ich dem anderen, wie ich mich selbst gerade in der Arbeitsbeziehung erlebe und welche Themen mich aktuell bewegen.

Sprecherperspektive

Die Grundhaltung in diesem Gespräch ist die wohlwollende Akzeptanz der subjektiven Wirklichkeiten und der Beschreibung bestimmter Situationen im Arbeitsalltag. Diese Grundhaltung (oder Mindset) fördert die Fähigkeit, Widersprüche auszuhalten (Ambiguitätstoleranz). Dadurch wird die Bewusstheit dafür geschärft, dass jeder Mensch die Welt aus seiner eigenen Perspektive interpretiert. Und dass die eigenen Interpretationen der Wirklichkeit nicht besser oder schlechter sind als die der anderen – „die Wahrheit beginnt zu zweit".

Subjektive Wirklichkeit anbieten

Im Vergleich zu klassischen Feedbackgesprächen gibt es in diesem Format keine Wünsche an die andere Person, wie diese sich idealerweise zu verhalten hat. Der „Wunsch für zukünftiges Verhalten", der im klassischen Feedback dazugehört, macht aus einer Ich-Botschaft eine Du-Botschaft („Ich wünsche mir von Dir, dass Du ..."). Das Zwiegespräch sollte demgegenüber den jeweiligen Gesprächspartnern ermöglichen, Verantwortung für ihre Selbstorganisation zu übernehmen. Damit werden sie dafür verantwortlich, wie sie mit dem Gehörten umgehen. Sie können und sollen über eigene Verhaltensoptionen bzw. -alternativen nachdenken und entscheiden.

Konsequente „Ich"-Botschaften ohne „Wünsche"

Es ist eine große Herausforderung, sich beim Beschreiben der eigenen erlebten Wirklichkeit zu öffnen und dem Gegenüber zu vertrauen. Eine noch größere Herausforderung ist das ausschließlich verstehende Zuhören. Damit ist der Versuch gemeint, das Gehörte nicht (gleich) zu bewerten und/oder gedanklich zu erklären oder sogar zu verklären. Dies fällt besonders schwer, wenn mich das Gehörte negativ berührt (Resonanzen auslöst) oder meiner subjektiven Sichtweise der Dinge wiederspricht. Hier gilt es umso mehr, die Beobachterperspektive einzunehmen, um aus dieser negativen Gedankenspirale auszusteigen und neugierig und wohlwollend zuzuhören und die andere Wirklichkeit zu akzeptieren. Wenn das beiden Partnern des Zwiegesprächs weitgehend gelingt, hat dies noch eine weitere besondere Bedeutung. Dem anderen gegenüber diese wertfreie Haltung einzunehmen ist das größte Entgegenkommen.

Verstehen wollen beim Zuhören

Es handelt sich dabei um die menschliche Begegnung – das wechselseitige bewusste Wahrnehmen: Ich verharre nicht im eigenen Denken, sondern nehme konzentriert die Worte des anderen wahr.

Die Wirklichkeit des anderen nachvollziehen

Nach unseren Erfahrungen in hunderten Zwiegesprächen führt das fast immer zu einem Gefühl einer größeren Vertrautheit (psychologische Sicherheit) zwischen den beiden Personen. Diese Vertrautheit kann als Basis zur Weiterentwicklung der Arbeitsbeziehung dienen. Allgemein gilt, dass der Inhalt bei Interaktion und Kommunikation weniger als die Hälfte der Wirkung ausmacht. Der größere Teil wird dem Ton und daneben auch der Körpersprache bzw. den daraus folgenden Bewertungen zugeschrieben.

Selbstwahrnehmung beim Sprecher

In Zwiegesprächen entsteht durch Aufmerksamkeit und bewusstes Zuhören eine höhere Qualität der Beziehung. Durch die Konzentration auf die andere Person und das Gesagte stellt sich oftmals noch ein weiteres Phänomen ein: Die Person, die gerade ihre Situation und Wirklichkeit beschreibt und nicht darauf aus ist, beim anderen etwas bewirken oder erreichen zu wollen, entwickelt oftmals neue eigene Betrachtungsweisen. Sie reflektiert ihre eigenen Aussagen und gewinnt dadurch neue Erkenntnisse über sich und die eigene Sichtweise.

Wenn es also gelingt, mit der oben beschriebenen Haltung in solche Gespräche zu gehen, kann die Qualität der Zusammenarbeit erheblich verbessert werden. Es gilt der Satz: Individuen und Interaktionen sind wichtiger als Prozesse und Tools!

Zwiegespräche sollen keine inhaltlichen Diskussionen ersetzen, sondern je nach Bedarf die Interaktions- bzw. Beziehungsqualität kontinuierlich gestalten und verbessern. Dann werden auch inhaltlich bessere Ergebnisse produziert!

Fazit

> Wir verlernen uns aufeinander zu beziehen, wenn es uns an wesentlichem, wechselseitigem Austausch mangelt.

Regeln für Zwiegespräche

- Keine Fragen. Keine Ratschläge. Jeder spricht über sich.
- Jeder spricht über das, was ihn bewegt: Wie er sich, den anderen, die Beziehung und sein (Berufs-)Leben erlebt.
- Jeder bleibt also bei sich. Das Gespräch hat kein anderes Thema. Es ist offen. Reden und Zuhören sollten möglichst gleich verteilt sein. Schweigen und Schweigen lassen, wenn es sich ergibt.
- Fester Zeitraum/Termin: Jeder bekommt ca. 20-30 min Zeit zum Reden und Zuhören.

Ausgeschlossen sind:

- Bohrende Fragen, Drängen, Missionierungsversuche
- Der Zwang zur Offenbarung im Zwiegespräch.

Ablauf Zwiegespräche

Redner:

- Wie geht es mir und welche Themen bewegen mich aktuell?
- Wie erlebe ich die Arbeitsbeziehung?
- Konkrete Wahrnehmung von Situationen schildern
- beschreiben, was das in mir auslöst
- evtl. eigene Bedürfnisse beschreiben (keine Erwartungen an den anderen formulieren)
- keine Bewertung und/oder gedankliche Erklärungen
- beim Reden nur bei mir bleiben
- beim Zuhören nicht abschweifen.

Zuhörer:

- Keine Diskussion bzw. Nachfragen
- volle Aufmerksamkeit dem Redner geben.

Reflexion (keine inhaltliche Bearbeitung):

- Wie gut ist es mir gelungen, im Gespräch nur zuzuhören und keine gedanklichen Erklärungen zu erzeugen bzw. diesen nachzugehen?
- Welche Resonanzen wurden beim Zuhören bei mir ausgelöst?
- Wie gut konnte ich die beschriebene subjektive Wirklichkeit des Gesprächspartners bedingungslos akzeptieren?
- Was ist mir beim Erzählen und Beschreiben meiner Wahrnehmung aufgefallen?
- Wie zeigt sich jetzt nach dem Gespräch die Situation mit meinem Gesprächspartner, hat sich hier irgendetwas verändert?

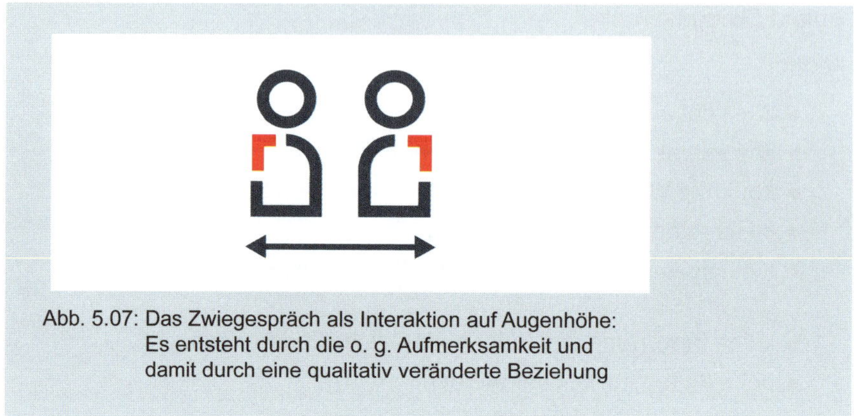

Abb. 5.07: Das Zwiegespräch als Interaktion auf Augenhöhe: Es entsteht durch die o. g. Aufmerksamkeit und damit durch eine qualitativ veränderte Beziehung

5.10 Coaching

5.10.1 Der Coachingprozess

Definition

Der Coachingprozess besteht aus dem Ablauf von Interaktionen auf einer als symmetrisch wahrgenommenen Beziehungsebene.

Dieser Ablauf besteht in aller Regel aus mehreren Phasen (mindestens drei), in denen der Auftrag oder das Anliegen des Kunden durch den Coach geklärt wird, die gemeinsame Bearbeitung der relevanten Themen des Kunden sowie der Abschluss bzw. Übergang in den Alltag ohne (regelmäßige) Begleitung durch den Coach. Zur Bearbeitung der Themen und der Rolle des Kunden dabei bildet der Coach Hypothesen über die Zusammenhänge zwischen dem Verhalten des Kunden und relevanten anderen Personen sowie den beschriebenen Problemen bzw. Auswirkungen des Verhaltens der Beteiligten. Durch die Interventionen des Coaches (häufig in Frageform) kann der Kunde sein Verhalten und die Bewertung seines Verhaltens überprüfen und ggf. ändern. Dies gilt auch für die Bewertung des Verhaltens anderer. Diese Überprüfung geschieht in unserem Unternehmensbeispiel ansatzweise im kollegialen Gespräch des Kollegen Robert mit der Teamleiterin Magdalena.

Die einzelnen Schritte im Vorgehen sind idealtypisch (siehe Kapitel 1, Abbildung 1.04):

1. Auftrag und Kontext klären
2. Sachverhalte erkunden
3. Hypothesen bilden
4. Optionen schaffen
5. Abschließen/Transfer anleiten.

Die Coachinginstrumente reichen von Verständnisfragen zum Anlass der Zusammenarbeit und den Hintergründen (Kontext), über die Zusammenhänge der geschilderten Sachverhalte, den Wechselwirkungen der Verhaltensweisen (Hypothesen) zu den Bewertungen des Kunden und möglicher Alternativen (Optionen) und schließlich zu Aufgaben, welche zwischenzeitlich in konkreten Alltagssituationen umgesetzt werden sollen (Transfer).

5.10.2 Ausgewählte Coachinginstrumente

Im Coachingprozess stehen dem Coach u. a. die folgenden Instrumente zur Verfügung:

- Fragen zur Zielklärung und dem gewünschten Effekt:
  „Wenn Sie Ihr Ziel erreicht haben, was ist dann anders in Ihrer Beziehung zu XY?"
- Fragen zum Kontext:
  „Wer hat ein Interesse am Coaching/an der Veränderung?" – „Wer nicht?"
- Lösungsorientierte Fragen (häufig im Konjunktiv formuliert):
  „Wenn Sie mit Ihrer Kollegin so reden würden wie vor dem Konflikt, wie würde sie sich verhalten?"
- Hypothetische Fragen (Annahmen über Veränderungen/Unterschiede):
  „Angenommen das Problem in Ihrem Team wäre gelöst, wie würden Sie dann miteinander umgehen?"
- Zirkuläre Fragen (Annahmen zum Denken und Handeln relevanter dritter Personen):
  „Wenn ich Ihren Chef zu diesem Thema befragen würde, wie würde er mir die Situation schildern?"
- Problem- vs. ressourcenorientierte Fragen (Stärken, Fähigkeiten, Möglichkeiten; sowie zur Funktion des Problems/möglichem Nutzen):
  „Was haben Sie bisher erfolglos unternommen, um die Situation zu ändern?" vs. „Woher haben Sie die Kraft genommen, es hier so lange auszuhalten?" – „Was bringt es Ihnen auszuharren?"
- Fragen zur Problemverschlimmerung – mit der Absicht, die eigene Handlungsfähigkeit prinzipiell aufzuzeigen, selbst wenn diese negiert wird:
  „Was könnten Sie tun, um die Situation zu eskalieren?" – „Wenn Sie an den Punkt gekommen sind, wo Sie das Projekt am liebsten vor die Wand fahren würden – wie ginge das?"

- Gedankenexperimente (Optionen zu Veränderungen):
  „Angenommen Sie würden morgen in der Teamsitzung auf Ihren Kollegen so zugehen, als ob er ein anderer, guter Kollege wäre – was würde geschehen?“
- Metaphern (bildhafte Beispiele für Problemschilderung und Lösungsalternativen):
  „Sie sind permanent aktiv, kommen aber nicht von der Stelle – vielleicht sollten Sie aus dem Hamsterrad aussteigen.“ –
  „Sie geben dem Konfliktkarussell bei jeder Drehung immer wieder einen neuen Schwung. Vielleicht bleiben Sie einfach mal sitzen.“
- Aufgaben zu konkreten Interaktionen mit relevanten Personen:
  „Geben Sie Ihrem Mitarbeiter einmal die Chance, einen Fehler selbst zu melden, anstatt ihm mehr oder weniger permanent über die Schulter zu schauen.“
- Fragen zu den Motiven (und nach den möglicherweise dahinter liegenden) des Kunden:
  „Was bringt es Ihnen, den Mitarbeitern immer wieder klarzumachen, dass Sie es besser wissen?“ – „Geht es tatsächlich nur um die inhaltliche Richtigkeit oder hat es mit etwas anderem zu tun?“
- Fragen zur Bewertung einzelner Phänomene (Verhalten relevanter Dritter, vermutete Sichtweisen):
  „Woran machen Sie es fest, dass Ihr Mitarbeiter nicht teamfähig ist?“
- Fragen zu den Motiven anderer relevanter Personen:
  „Wieso will Ihr Kollege Ihnen übel mitspielen?“
- Fragen nach biografischen Zusammenhängen zum aktuellen Problem (Wiederholung, Funktion in der Vergangenheit/Sekundärnutzen, stabile Denk- und Verhaltensmuster):
  „Wann ist Ihnen das in der Vergangenheit schon mal passiert, dass man Ihnen die Verantwortung für etwas gegeben hat, worauf Sie keinen Einfluss hatten?“
- Hypothesen des Coaches zu den jeweiligen Antworten des Kunden im Zusammenhang mit dem Ziel des Coachings und den sonstigen Informationen:
  Die Verletztheit der Kundin durch ihren Kollegen und ihre Reaktion darauf hängen mit ihrem Anspruch zusammen, hohe Leistungen zu erbringen.

Und daraus das Ableiten von

- Interventionen hierzu (Fragen, Beispiele, Aufgaben, Analogien): „Was würde geschehen, wenn Sie nicht darauf beharren, Recht zu haben?“– „Versuchen Sie einmal zunächst zu hören und dann zu fragen, wie der Mitarbeiter auf diesem Gedanken gekommen ist?“ – „Wenn in Teamsitzungen einer immer die Antwort gibt, halten sich die anderen zurück.“ –

Sowie

- Einordnen der Effekte aus diesen Maßnahmen: *Das Bedürfnis, Lob und Anerkennung zu erhalten, bestimmt das Verhalten in entsprechenden Situationen.* –

Um diese Erkenntnisse wiederum

- in den Prozess zurückzuführen: „Wie könnten Sie für Ihre Leistungen anerkannt werden, ohne dass sich die anderen Kollegen zurückgesetzt fühlen?“

Prozesssteuerung im Coaching

Der Coachingprozess kann nur zielführend vom Coach geleistet werden – und zwar im doppelten Sinne: sowohl inhaltlich als auch in der Steuerung des Prozesses –, wenn der Coach über die notwenige Reflexionsfähigkeit verfügt. Selbstkontrolle, Selbstregulation und Selbstführung müssen folglich vom Coach so weit beherrscht werden, dass er einerseits die Übersicht über den Verlauf des Coachings behält und andererseits sein eigenes Denken und Handeln darin erkennen kann.

B Ebene Organisationseinheit (Gruppe/Team, Abteilung, Bereich)

5.11 Veränderte Entscheidungsprozesse in Teams: Konsent-Entscheidungen

Konsent bedeutet, eine Entscheidung für diejenige Lösung bzw. Alternative zu treffen, welche die geringsten Gegenargumente erhält. Im Unterschied zum Konsens, der allgemein als mehrheitliche Einigung verstanden wird, geht es nicht um ein quasi demokratisches Prinzip in einem Abstimmungsverfahren, sondern um die Einigung als einen Prozess der Klärung von Widerständen. Nicht die Mehrheit liegt „richtig“, sondern die Position, welche als am wenigsten „unrichtig“ angenommen wird[16].

[16] Der Konsens, welcher in einem Konflikt als gemeinsame neue Lösung – über die konträren Positionen von zwei Parteien hinaus – als etwas originär Drittes entwickelt wird, ist eine besondere Form der Einigung.

Konsens = demokratisch	Konsent = soziokratisch
▪ Wer ist dafür?	▪ Welche Einwände gibt es?
▪ Maximierung der Zustimmung	▪ Minimierung der Zustimmungseinwände
▪ Wenig Rücksicht auf Minderheitsbedürfnisse	▪ Integration von Minderheitsbedürfnissen
▪ Wählen der vorgeschlagenen Lösung	▪ Beteiligte für gemeinsame inhaltliche (Weiter-)Entwicklung einbinden durch Integration der Einwände

Abb. 5.08: Konsens- vs. Konsent-Entscheidung

Konsent-Entscheidungen sind somit eine veränderte Methodik, um gemeinsam getragene Ergebnisse zu erzeugen. Sie erhöhen deutlich deren Akzeptanz. Damit schaffen sie einen Beitrag zur Selbstorganisation des Teams bzw. der Organisationseinheit.

Ablauf Konsententscheidung:

- Vorhandene Vorschläge vorstellen
- Vorschläge einzeln mit Widerstandspunkten bewerten (0 = kein Widerstand, 10 = höchster Widerstand)
- Widerstandsstimmen pro Vorschlag addieren
- Vorschlag mit Minimalwiderstand vorstellen
- Erste Meinungsrunde (Kreisprinzip, d. h. jeder nacheinander und keine Diskussion)
- Die Personen mit den höchsten Widerstandspunkten (Bedenken) zu Wort kommen lassen
- Einwände integrieren und Lösungsvorschlag weiterentwickeln (Verantwortung liegt bei allen)
- Zweite Meinungsrunde: Klären, ob Lösung so gangbar für alle ist, wenn notwendig eine zweite Runde zur Integration der Einwände
- Erfolg feiern.

5.12 Beziehungsanalyse/Soziogramm

Die folgenden Techniken ermöglichen eine Darstellung von Beziehungen im Team hinsichtlich unterschiedlicher Qualitäten (Nähe/Distanz, wahrgenommene Rollen, Unterstützung/Irritation). Anhand der Darstellung können die Beziehungsstrukturen im Team (besser) wahrgenommen und bearbeitet werden. Durch die Darstellung wird die empfundene oder zugeschriebene (von anderen wahrgenommene oder vermutete) Beziehungsqualität zu (ausgewählten) Kollegen offengelegt und kann gemeinsam diskutiert werden.

5.12.1 Rollenvielfalt im Team

In der folgenden Abbildung 5.09 werden beispielhaft Verhaltensweisen in Teams aufgeführt, die als „Rollen“ benannt werden:

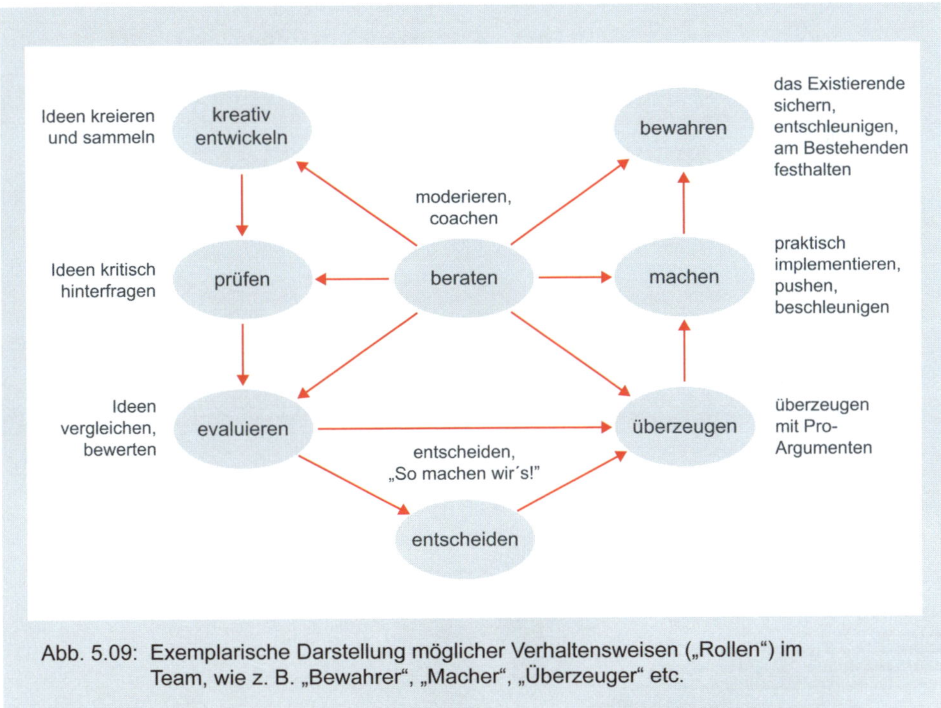

Abb. 5.09: Exemplarische Darstellung möglicher Verhaltensweisen („Rollen“) im Team, wie z. B. „Bewahrer“, „Macher“, „Überzeuger“ etc.

Jedes Teammitglied erhält ein erstes Blatt Papier, auf dem relevante Verhaltensweisen („Rollen“ wie z. B. in Abbildung 5.09) aufgeführt sind. Dann trägt jeder die Rollen auf einem zweiten Blatt ein, die er selbst für sich wahrnimmt (siehe Abbildung 5.10 „Selbsteinschätzung“). Jeder schreibt anschließend seinen Namen auf den ersten Bogen und gibt ihn synchron mit allen anderen an seinen Nachbarn weiter. Jetzt hat jeder das Blatt eines Teamkollegen vor sich und markiert die Rollen, welche er bei demjenigen wahrnimmt, dessen Name auf dem Papier steht. Anschließend wird wieder von allen gleichzeitig das Blatt weitergereicht und ausgefüllt, bis die Teammitglieder das Papier mit ihrem Namen zurückerhalten haben.

Selbst- und Fremdeinschätzung erstellen

Nun überträgt jeder die Anzahl der Rollen, welche ihm von den Kollegen zugeschrieben wurden, auf den zweiten Bogen (Abbildung 5.10) unter „Fremdeinschätzung“:

Selbsteinschätzung (Auswahl)								
	Kreativer	Prüfer	Bewerter	Entscheider	Überzeuger	Macher	Bewahrer	Berater
eigener Name								
	Fremdeinschätzung (Häufigkeiten)							
eigener Name								
	Kreativer	Prüfer	Bewerter	Entscheider	Überzeuger	Macher	Bewahrer	Berater
Kollege A								
Kollege B								
Kollege C								
Kollege D								
Kollege E								
Kollege F								
Kollege G								

Abb. 5.10: Wahrgenommene Rollenvielfalt im Team

Selbst- und Fremdeinschätzung vergleichen

Anschließend kann ein Abgleich zwischen Selbst- und Fremdeinschätzung (aller Kollegen) erfolgen. Dann besteht die Möglichkeit, die bestehenden Unterschiede zu thematisieren, einzelne Kollegen direkt anzusprechen und um weitere Details zu fragen. Somit können die Unterschiede als Grundlage zur weiteren Klärung dienen. Die dadurch entstehenden Informationen helfen sowohl dem Individuum als auch den jeweiligen Kollegen, ihre Sichtweisen zukünftig leichter zu prüfen und ggf. zu korrigieren.

5.12.2 Grafische Darstellung der Beziehungsstrukturen

Ausgehend von einem Individuum, das für die anstehende Klärung eine wichtige Rolle einnimmt, werden die Mitglieder des Teams als Kreise dargestellt. Der Abstand zueinander signalisiert Nähe oder Distanz, die Größe des Kreises steht für die Bedeutung oder das Gewicht der Person im Verhältnis zum Individuum. Darüber hinaus werden die Kreise mittels Pfeile in unterschiedlicher Art und Weise verbunden:

- eindirektional ausgerichtete Pfeile vs. Doppelpfeile
- dünne oder gestrichelte bzw. dicke Pfeile
- glatte vs. gezackte Pfeile (mit oder ohne Blitzsymbol)
- keine Verbindungslinie.

Die Art der Pfeile bezeichnet die Qualität der Beziehung (einseitig/wechselseitig, schwach vs. stark, positiv – neutral – kritisch).

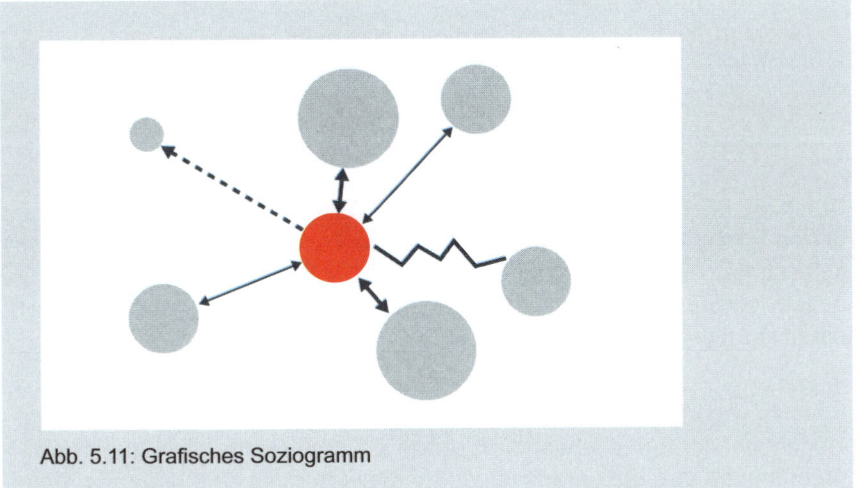

Abb. 5.11: Grafisches Soziogramm

Wahrnehmungen darlegen

Jedes Teammitglied hängt sein Soziogramm an die Wand, sodass alle Kollegen die Grafiken betrachten können. Durch die Darstellungen werden Unterschiede und auch Gemeinsamkeiten in der Wahrnehmung der Beziehungen deutlich. So können Mitglieder sowohl ihre eigenen Sichtweisen erläutern als auch wechselseitig die Gründe bzw. die Erfahrungen austauschen, die zu dieser Sicht geführt haben. Dabei sollte die Kommunikationsregel „Sprich per Ich!“[17] eingehalten werden, da Du-Botschaften Erwartungen erzeugen oder vom Empfänger als Angriffe empfunden werden.

---

[17] Vgl. Cohn 1994; Schultz von Thun 2013.

Subjektive Wirklichkeiten austauschen

Wichtig ist hierbei zu betonen, dass jede Grafik die subjektive Sichtweise des jeweiligen Individuums ausdrückt. Somit spricht derjenige über sich – und nicht über andere. Dadurch, dass jeder über sich sprechen kann, während die anderen zuhören, sprechen alle miteinander: Die Brücke vom Ich zum Wir wird geschlagen.

5.12.3 Beziehungsdefinition durch Feedback

Jedes Teammitglied erhält eine Pinnwandkarte in der Farbe, welche die drei untenstehenden Beziehungsaussagen symbolisiert. Die Aufgabe besteht darin, auf die jeweilige Karte den Namen eines Kollegen zu notieren sowie die Gründe für die Auswahl. Anschließend erhält der Ausgewählte die Karte und hört der zusätzlich mündlich formulierten Begründung zu.

- „Von Dir würde ich mich gerne in meiner Selbstorganisation unterstützen lassen."
- „Mit Dir würde ich gerne in einem sich selbst organisierenden Team zusammenarbeiten."
- „Von Dir fühle ich mich irritiert bzw. Du hast bei mir Resonanzen ausgelöst."

Durch die Rückmeldung an den einzelnen Kollegen werden Beziehungsqualitäten formuliert und begründet, die für die Zusammenarbeit in einem sich selbst organisierenden Team relevant sind. Die häufig als kritisch oder sogar negativ empfundene dritte Karte bietet in Wahrheit das höchste Potenzial für einen gemeinsamen Lernprozess.

Wahrnehmen und reflektieren beim Feedback geben

Ebenso wie in den beiden vorangegangenen (vermeintlich) positiven Aussagen soll der Sprecher von sich reden. Es geht darum, die eigenen Wahrnehmungen und die daraus folgenden Bewertungen zu begründen. Damit sagt er mindestens so viel über sich selbst wie über den anderen.

Sowohl durch das Aussprechen als auch durch die direkte Ansprache an den Kollegen sollen die eigenen Bewertungen und deren Gründe deutlich(er) werden. So wird eine intensivere Betrachtung möglich und bietet dem Sprecher die Chance, sich damit auseinanderzusetzen.

Beispiele für Feedbacks

Zu „Von Dir würde ich mich gerne in meiner Selbstorganisation unterstützen lassen."

Weil Du ruhig geblieben bist, als ich Dich bei unserer Ablaufplanung angegriffen habe. Und weil Du mir auf vorsichtige und akzeptable Weise vermittelt hast, wie ich mich verhalten habe. Ich konnte das nachvollziehen. Und habe gemerkt, und das ist mir schwergefallen, dass ich mich falsch verhalten habe. Daher glaube ich, dass Du mich auch zukünftig unterstützen kannst.

Zu „Mit Dir würde ich gerne in einem sich selbst organisierenden Team zusammenarbeiten."

Weil Du mir in der angespannten Situation, als es um die Entscheidungsfindung ging, aufmerksam zugehört hast. Und weil Du sogar besonnen reagiert hast, als ich Deine Begründung für die Alternative ignoriert habe: Ich konnte Deine Antwort gut nachvollziehen. Und ich möchte in dieser Hinsicht sehr gerne mehr von Dir lernen.

Zu „Von Dir fühle ich mich irritiert bzw. Du hast bei mir Resonanzen ausgelöst."

Ich fühle mich von Dir irritiert, weil ich mich über Deine Reaktion zu unserer Themenauswahl geärgert habe. Ich hatte das Gefühl, Du bist mir überlegen. Und dass ich mich Dir gegenüber nicht behaupten kann. – Allerdings merke ich jetzt, dass ich an diesem Punkt selbst etwas ändern muss.

Der Angesprochene bleibt Zuhörer und entscheidet für sich, ob und falls ja, wie er damit umgeht. Er kann seine Beziehungsdefinition zum Sprecher ebenfalls offenlegen, muss das aber nicht tun. Ein daraus resultierender Dialog ermöglicht beiden die Weiterentwicklung ihrer Beziehung.

5.13 Resonanzbasierte Team-Retrospektive

Die resonanzbasierte Team-Retrospektive (vgl. Kapitel 5.8 Resonanzbasierte Selbstreflexion) vertieft im Rahmen der Teamentwicklung das, was im Feedback angestoßen wird – die Selbstwahrnehmung: Was haben meine inneren Reaktionen auf äußere Gegebenheiten – Personen wie Situationen – mit mir selbst zu tun?

Alle Teilnehmer erhalten Pinnwandkarten, auf denen sie – jeder für sich – die folgenden fünf Fragen stichwortartig beantworten:

- Welche Verhaltensweisen der Kollegen haben bei mir ein „Unwohlsein“ ausgelöst und mich an negative Erfahrungen erinnert?
- Wie lange hat mich diese „Resonanz“ beschäftigt?
- Wie habe ich damals reagiert?
- Wie habe ich diesmal reagiert bzw. mich verhalten?
- Wie könnte ich mich alternativ verhalten?

Hiermit wird der Fokus auf das Individuum gelegt. Jedes Teammitglied spricht über eigene kritische Wahrnehmungen von einem oder mehreren Kollegen und von der Parallele zu einem Ereignis in der Vergangenheit. Der Sprecher beschreibt seine damalige emotionale Reaktion, deren Dauer und sein entsprechendes Verhalten. Dann stellt er die Verbindung zur aktuellen Situation im Team her, indem er seine jetzige innere Reaktion und sein Verhalten schildert. Abschließend nennt er für ihn mögliche Verhaltensalternativen.

Beispiel für eine Sequenz in der Team-Retrospektive

Du hast mich mit Deiner Reaktion auf meinen Vorschlag an eine Situation erinnert, in der ich mich sehr verletzt gefühlt habe. Ich war damals gar nicht fähig zu reagieren. Ich habe mich überrollt und hilflos gefühlt. Das hat mich fast den Rest der Arbeitssitzung beschäftigt. Jetzt habe ich mich nicht nur genauso gefühlt, sondern mich auch noch über mich selbst geärgert: Dass ich damals – und jetzt wieder – hilflos war. In der Zwischenzeit habe ich mir überlegt, dass ich beim nächsten Mal meine Gefühle ausdrücken werde.

Nachdem jeder seine Selbstreflexion in der Gruppe geäußert hat, besteht die Möglichkeit, sich sowohl im Plenum als auch unter vier Augen weiter auszutauschen. Es gelten dabei die Feedback-Regeln, beispielsweise keine Wünsche oder Erwartungen an den anderen auszusprechen. Damit soll ein Erwartungsdruck oder das Gefühl einer Verpflichtung vermieden werden.

5.14 Lean Coffee

Selbstgesteuerte Arbeitsweise

Die Lean-Coffee-Methode dient dazu, sich zu einem Thema auszutauschen, z. B. „Wieviel Führung braucht es in einem selbstorganisierten Team?“ Bei dieser Methode besteht kein Zwang, konkrete Ergebnisse zu erarbeiten. Bei entsprechendem Interesse bzw. Engagement der Teilnehmer für ein Thema kann das natürlich geschehen. Die Methode lässt sich auch bei einem Projektstart bzw. Beginn eines Change-Prozesses gut einsetzen, um Themen zu sammeln, die für die handelnden Personen relevant sind. Durch die Möglichkeit, eigene Themen einzubringen und dann gemeinsam zu priorisieren, entsteht sowohl eine hohe Identifikation als auch eine selbstgesteuerte Arbeitsweise der Teilnehmer im Workshop. Als Instrument dient ein Kanban-Board (Abbildung 5.12).

Backlog (Themen-bestand)	to discuss (noch zu besprechen)	in discussion (wird gerade besprochen)	discussed (erledigt)	next action (anstehende Maßnahme)

Abb. 5.12: Modifiziertes Kanban-Board für Lean-Coffee-Meetings

Folgende Arbeitsprinzipien sind zu beachten:

- Rollenverteilung: Wer betreut das Kanban-Board? Wer achtet darauf, dass die vorgegebene Zeit eingehalten wird? Wer achtet darauf, dass alle zu Wort kommen?
- Kommunikationsregel: Jeder spricht nacheinander im Kreis.
- Würdigung des Resultats: „Es ist gut so, wie es ist."

Der Ablauf eines Lean Coffee mit einer Dauer von ca. 60 min ist wie folgt strukturiert:

1. Themen bzw. Aspekte sammeln, die von den Teilnehmern unter dem Kernthema näher diskutiert werden sollen (2-3 Aspekte pro Teilnehmer)
2. Themen kurz vorstellen (jeder Teilnehmer stellt seine Aspekte vor)
3. gemeinsames Clustern und Verdichten der Themen
4. Priorisierung auf Kanban-Board (Punktevergabe durch die Teil-nehmer)
5. Diskussionsphase mit Zeitbegrenzung (z. B. 10 min pro Thema)
6. je nach Bedarf zweite Iteration (z. B. 5 min Verlängerung) – Team entscheidet mittels Konsententscheid (s. o. Kapitel 5.11)
7. Retrospektive und gemeinsamer Abschluss (evtl. Klärung anstehender Maßnahmen.

Beispiel

In unserem ersten Unternehmensbeispiel (siehe Kapitel 2) könnte die Teamleiterin Magdalena die Lean-Coffee-Methode und die beschriebene Vorgehensweise nutzen, um die notwendigen Themen der Mitarbeiter zu sammeln und anschließend bearbeiten zu können. Sie schafft damit die Möglichkeit, sich gemeinsam mit den Kollegen mit dem Auftrag auseinanderzusetzen, „agil zu arbeiten".

5.15 Entwicklung von Teamprinzipien und -werten

Eine Möglichkeit für den Start eines Teamentwicklungsprozesses ist die Orientierung an Prinzipien bzw. Werten für sich selbstorganisierende Teams. Anhand von als relevant definierter Kriterien (siehe Abbildung 5.13) kann ein gewünschter Soll-Zustand gemeinsam formuliert werden. Dazu wird ein Teamboard (siehe Kapitel 5.14) gemeinsam ausgefüllt, um Anforderungen, Verhaltensweisen, Maßnahmen zu deren Umsetzung sowie die Situation zu beschreiben, in der das neue Verhalten beobachtet werden kann. Als Ausgangspunkt für den gemeinsamen Entwicklungsprozess werden hier beispielhaft Prinzipien bzw. Werte sich selbstorganisierender Teams aufgeführt. Die Samlung erfolgt gemeinsam im Team ohne Vorgaben, die Auswahl findet idealerweise mittels Konsent-Entscheidung (siehe Kapitel 5.11) statt.

Prinzip	Wert	Handlung
Adaption	Einfachheit	Anpassen an Umweltbedingungen
Aktive Einbindung	Gemeinsamkeit	Beteiligen – auch Kunden – durch Mitwirkung
Bevollmächtigtes Team	Selbstverpflichtung	das Team entscheidet selbst
Experimentieren	Mut	das Team probiert aus
Flow	Fokussierung	voll konzentriert arbeiten, in ihr aufgehen
Iteration	Verbesserung	mehrfache Wiederholung gleicher Prozesse, um sich der Lösung anzunähern
Kleine Schritte	Einfachheit	kleine Schritte machen
Kontinuierliche Verbesserung	Einfachheit, Fokussierung, Selbstverpflichtung	fortwährende kleine Verbesserungsschritte
Ökonomie	Mehrwert	wirtschaftlich denken
Prozessorientierung	Einfachheit, Fokus, Selbstverpflichtung	die geplante Lösung steht nicht am Anfang, sie entwickelt sich in kleinen Schritten mit viel Feedback
Reflexion	Erkenntnis	Arbeitsfortschritt und Zusammenarbeit regelmäßig überprüfen

Abb. 5.13: Beispiele für Prinzipien und Werte sich selbstorganisierender Teams (ibo Akademie: Schulungsmaterial in Anlehnung an Hofert 2016) (Teil 1)

Prinzip	Wert	Handlung
Sagen statt Fragen	Offenheit	eigene Meinung äußern
Selbst-organisation	Selbstverpflichtung	das Team organisiert sich selbst
Sinn stiften	Sinnhaftigkeit	Mitarbeiter geben ihrer Arbeit Sinn
Unterstützung	Gemeinsamkeit	das Team hilft sich selbst bzw. jedem Teammitglied
Verantwortung	Selbstverpflichtung	zur übernommenen Aufgabe und eigenem Verhalten stehen
Verschwendung eliminieren	Sparsamkeit	Verschwendung identifizieren und Situation/Verhalten ändern
Vielfalt	Respekt	Verschiedenartigkeit bzgl. Alter, Geschlecht, sexueller Orientierung, kultureller Zugehörigkeit etc. fördern
Zusammen-arbeit	Gemeinsamkeit	Nicht nur im Team sondern auch darüber hinaus mit Kunden und andern Abteilungen zusammenarbeiten

Abb. 5.13: Beispiele für Prinzipien und Werte sich selbstorganisierender Teams (ibo Akademie: Schulungsmaterial in Anlehnung an Hofert 2016) (Teil 2)

Dieses Instrument wäre für die Teamleitersitzung in unserem ersten Unternehmensbeispiel (Kapitel 2) hilfreich gewesen, um gemeinsam zu klären, was die Grundlagen (Werte und Prinzipien) einer selbstorganisierten Zusammenarbeit sein sollen. Wichtig hierbei ist die konkrete Beschreibung zukünftig gewünschter Verhaltensweisen, die dann die Basis für die kontinuierliche Verbesserung der Zusammenarbeit darstellen („Check“ im PDCA-Zyklus). Dies geschieht dadurch, dass ein entsprechendes Teamboard formuliert wird.

Bezug zum ersten Unternehmensbeispiel

Das Vorgehen kann wie folgt strukturiert werden:

- Die Beteiligten wählen gemeinsam drei Prinzipien bzw. Werte für sich selbstorganisierende Teams aus und priorisieren diese.
- Die Mitglieder klären ihr Verständnis der Begriffe und formulieren anschließend die entsprechenden „Handlungsübersetzungen“ für das Teamboard.

- Das Teamboard wird mit den ausgewählten Prinzipien ausgefüllt (Abbildung 5.14).
- Die Mitglieder diskutieren mögliche Anwendungsszenarien in ihrer Arbeitsumgebung.
- Das Vorgehen wird mittels der resonanzbasierten Team-Retrospektive (Kapitel 5.13) reflektiert.

5.16 Teamboard

Voraussetzungen für den gemeinsamen Entwicklungsprozess schaffen

Das Teamboard dient der Formulierung und Nachverfolgung gemeinsamer Maßnahmen zur Weiterentwicklung als Team. Ziel ist die Verbesserung der Interaktion, vor allem der Kommunikation und Kooperation im Team bzw. der Gruppe oder Abteilung. Damit sollen die individuellen Beschreibungen von wahrgenommenen Verhaltensweisen im Team konkret erfasst und nachvollziehbar beschrieben werden. Ziel dabei ist, die Unterschiede der individuellen Wahrnehmungen abzubilden. Im nächsten Schritt findet dann eine gemeinsame Formulierung der gewünschten Verhaltensweisen im Team statt. Damit soll eine „gemeinsame Wirklichkeit“[18] in der Kommunikation hergestellt werden, die die Grundlage dafür ist, den gewünschten Zustand (im Rahmen eines PDCA-Zyklus) herzustellen. Für diese Umsetzung werden als notwendig erkannte Maßnahmen definiert und umgesetzt, um das gewünschte Verhalten zu ermöglichen. Zusätzlich wird die Situation („Moment of Truth“) beschrieben, in der das gewünschte Verhalten stattfindet. Dies ist wiederum die Basis, um den „Check“ durchzuführen, ob das gewünschte Verhalten stattgefunden hat und die erwartete Wirkung eingetreten ist. Im Beispiel in Abbildung 5.14 wäre dies die Überprüfung, ob im nächsten Meeting gemeinsam Kriterien für eine Team-Retrospektive (siehe Kapitel 5.13) definiert werden, um einen Lernprozess durch die Reflexion der Zusammenarbeit zu beginnen.

Entscheidend für den gemeinsamen Lernprozess sind die Interaktionen auf Augenhöhe. Für den Teamentwicklungsprozess sind nicht nur die ausgewählten Themen relevant, sondern vor allem, wie die Auseinandersetzung darüber erfolgt. Weiterhin soll das Teamboard nicht nur eine methodische Hilfe sein, um ein bestimmtes Ergebnis zu erreichen. Vielmehr soll die Vorgehensweise selbst zum gemeinsamen Lernen beitragen:

- Wie setzen wir uns mit den relevanten Themen auseinander?
- Wie klar bringen wir uns dabei ein?
- Wie kollegial arbeiten wir zusammen?
- Welche neuen Perspektiven erkennt jeder für sich und wir für uns gemeinsam?
- Inwieweit fördern die Interaktionen unser gemeinsames Verständnis von Teamarbeit?

---

[18] Watzlawick, Beavin & Jackson 2002.

Die aufgeführten Fragen sind weitere beispielhafte Aspekte einer Team-Retrospektive, die den Lernprozess des Teams unterstützen und fortführen.

Anforderung	Unser Verhalten		Maßnahmen (to do)	Wo und wann erleben wir das neue Verhalten – "Moment of Truth" (MoT)	Status/ Prognose (Skala 1-10)	
	bisher	neu			bisher	neu
Lernprozesse initiieren	sporadisch ohne Format	regelmäßige Team-Retrospektiven	gemeinsam Kriterien bzgl. Inhalte und Durchführung festlegen	Team reflektiert die Zusammenarbeit gemäß der Kriterien im nächsten Meeting	2	5

Abb. 5.14: Teamboard für das Prinzip „Reflexion“

5.17 Teamaufstellungen

5.17.1 Kriterienorientierte Teamaufstellung

Im Rahmen von Teamentwicklung kann die Zusammenarbeit auch anhand von relevanten Kriterien eingeschätzt werden. Diese können vom Team selbst definiert werden, oder es kommen standardisierte Kriterien zur Anwendung, die sich schon bewährt haben. Solche Kriterien sind z. B.

- Identifikation
- gegenseitige Abhängigkeit
- Rollenverständnis
- soziale Kontakte
- Kooperationsstrategien
- Konfliktverständnis.

Diese Kriterien werden jeweils in einer geringen und hohen Ausprägung definiert, um ein möglichst großes gemeinsames Verständnis zu erzeugen, was damit gemeint ist. Die in Abbildung 5.15 formulierten Definitionen werden an einer Pinnwand visualisiert. Dann schätzt jedes Teammitglied still für sich die Ausprägungen der Kriterien für das eigene Team ein. Anschließend erhält jeder sechs Klebepunkte und markiert die individuelle Einschätzung der Kriterien auf der eingezeichneten Linie zwischen den Polen. Die größten

Individuelle Einschätzungen

Unterschiede zwischen den individuellen Einschätzungen werden thematisiert und deren Bedeutung in den Augen der Teammitglieder erfragt. Diese Bewertungen sind dann wiederum Gegenstand der Reflexion über den Entwicklungsstand der Gruppe.

Eine geringe Ausprägung kennzeichnet eher eine formale Gruppe, eine hohe Ausprägung weist auf ein „echtes“ Team hin.

gering	Identifikation mit der Gruppe	hoch
Die Teammitglieder beziehen sich häufig auf andere Gruppen. Sie benutzen „ihr“ oder „euch“, wenn von den Kollegen die Rede ist.	——-‹—›—-	Die Teammitglieder zeigen eine hohe Bereitschaft, Aufgaben zu übernehmen. Sie sprechen von „wir“ oder „uns“, bezogen auf die Gruppe.
gering	**gegenseitige Abhängigkeit**	**hoch**
Häufiges Herausfordern anderer Kollegen; Gebrauch von „ich“ statt „wir“.	—-‹—›——-	Offenes Sprechen über gemeinsame Ziele; Einfordern von Feedback von anderen.
gering	**Rollenverständnis**	**hoch**
Einzelne haben hohen Redeanteil; Beiträge anderer werden häufig unterbrochen; nur spezielle Personen leiten Themenwechsel ein.	-—‹—›——	Redner sind offen für Fragen; eigene Probleme werden thematisiert; Themenwechsel werden von verschiedenen Personen durchgeführt und akzeptiert.
gering	**soziale Kontakte (in der Gruppe)**	**hoch**
Förmliche Anrede; wenig oder keine informelle Kommunikation; Distanziertheit	———‹—›	Umgangssprache; ausgeprägte informelle Kommunikation; gemeinsame Pausen

Abb. 5.15: Definition von Teamkriterien (Teil 1)

gering	Kooperations-strategien	hoch
Die Durchsetzung persönlicher Ziele steht deutlich im Vordergrund; Sachverhalte werden als nicht verhandelbar dargestellt.	<—>———	Input von Kollegen wird aufgegriffen und in die eigenen Ziele integriert. Mit „was-wäre-wenn"-Fragen werden die unterschiedlichen Konsequenzen auf Teamverträglicheit geprüft.

gering	Konflikt-verständnis	hoch
Konfliktäre Themen werden ignoriert oder heruntergespielt; Konflikte auf der Sachebene werden auf der Beziehungsebene ausgetragen. Konflikte auf der Beziehungsebene werden als Sachthemen dargestellt (kaschiert). Entscheidungen werden vertagt. Unterschiedliche Argumente werden nicht ausreichend ausgetragen.	——<—>—	Konflikte werden auf der ursächlichen Ebene bearbeitet. Probleme werden offen angesprochen; die Beteiligten formulieren ihre Position; sie interessieren sich für die Argumente der anderen; das Bemühen um tragfähige Lösungen steht im Vordergrund.

Abb. 5.15: Definition von Teamkriterien (Teil 2)

Nach der stattgefundenen Reflexion kann dann eine Teamaufstellung durchgeführt werden:

Teamaufstellung je Kriterium

Das gesamte Team stellt sich im Raum auf einer Linie zwischen zwei Polen auf, deren Ausprägungen jeweils eines der o. g. Kriterien beschreibt (es können natürlich auch andere, aktuell ausgewählte Fragen zur Kommunikation und Zusammenarbeit ausgewählt werden).

Unterschiede und Gemeinsmkeiten

Jedes der sechs Kriterien wird separat angesprochen und erläutert. Dann verteilen sich alle Teammitglieder auf einer imaginären Linie zwischen den beiden Polen (die Linie kann auch durch ein Klebeband auf dem Boden sichtbar gemacht werden). Die Verteilung der Kollegen auf dieser Linie zeigt zum einen deren individuelle Position bezüglich des jeweiligen Kriteriums und zum anderen die Unterschiede (bzw. Ähnlichkeiten) zwischen den Teammitgliedern.

Eigene Position beschreiben

Jeder kann durch Blick entlang der Linie sowohl seine absolute Position zwischen den Polen als auch seine relative Position zu den übrigen Kollegen wahrnehmen. Hierzu befragt begründen die Teammitglieder nacheinander ihre Position bezüglich der beiden Aspekte (absolut und relativ).

Im Anschluss können sich die Kollegen über ihre Verteilung bei jedem Kriterium austauschen; dadurch wird das gegenseitige Verständnis gefördert. Als kritisch wahrgenommene Kriterien können weiter vertieft und deren Bedeutung kann für die Entwicklung des Teams erörtert werden.

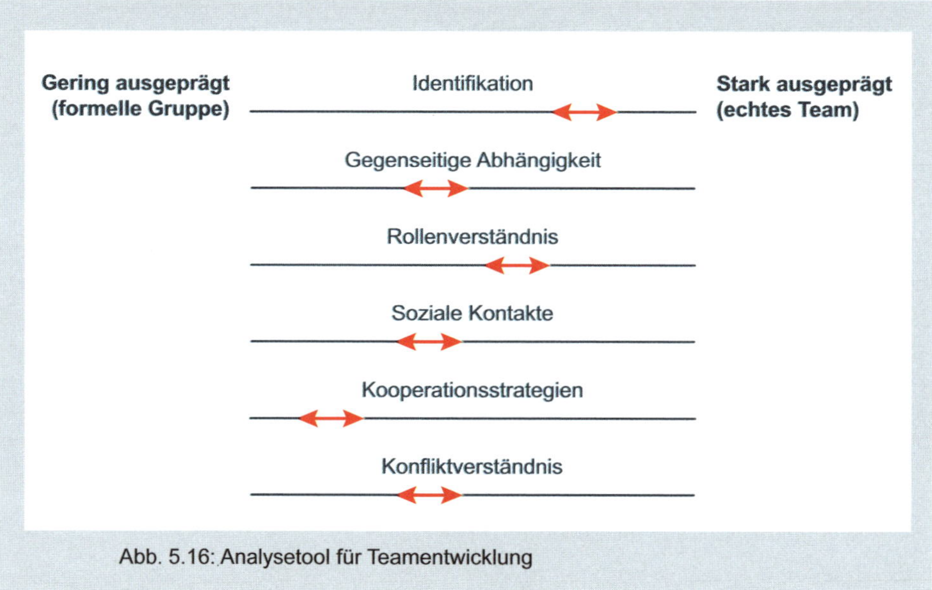

Abb. 5.16: Analysetool für Teamentwicklung

5.17.2 Themenbezogene Teamaufstellung

Im Rahmen von Teamsitzungen, Workshops oder konkreten Teamentwicklungsmaßnahmen können aktuelle Themen bzw. die Sichtweisen der Teilnehmer dazu im Raum abgebildet werden. Dieses Vorgehen ähnelt zum einen der zuvor beschriebenen kriterienorientierten Teamaufstellung. Zum anderen unterscheidet sich die themenbezogene Aufstellung durch die Möglichkeit, spontan ein aktuelles Thema aufzugreifen und flexibel in den Ablauf eines Workshops einzubauen. Hierbei werden ebenfalls zwei Pole (z. B. hohe vs. niedrige Ausprägung) des gewählten Themas am Boden markiert. Der Abstand sollte so groß sein, dass sich alle Teilnehmer auf der Verbindungslinie (imaginär oder gekennzeichnet) zwischen diesen Polen frei bewegen können. Nach der Formulierung der Fragestellung verteilen sich alle Personen gemäß ihrer individuellen Sichtweise zum Thema auf dieser Linie.

Spontane Aufstellung zu relevantem Thema

Aus diesem Vorgehen ergeben sich mehrere Vorteile:

Nutzen der Aufstellung

- Die Unterschiede zwischen den Meinungen werden räumlich sichtbar.
- Jedes Individuum kann sich sowohl relativ zu anderen Personen als auch absolut im Abstand zu den beiden Polen des gewählten Themas selbst wahrnehmen.
- Jedes Teammitglied wird in seinen relativen und absoluten Abständen von allen anderen Individuen wahrgenommen.
- Diese individuellen und kollektiven Wahrnehmungen können zum einen als Ausgangspunkt einer Auseinandersetzung über das jeweilige Thema dienen und zum anderen für die Reflexion des gesamten Vorgehens.
- Es können Vorher-/Nachher-Vergleiche angestellt werden, sowohl innerhalb einer Arbeitssitzung als auch zwischen dem aktuellen und einem späteren Zeitpunkt.

Beispielfragen für solche themenbezogenen Teamaufstellungen sind:

Beispielfragen

- Wie zufrieden sind wir mit der gerade getroffenen Entscheidung?
- Wie gut können wir über eigene Betroffenheit im Team sprechen?
- Wie zufrieden sind wir mit unseren aktuellen Ergebnissen?
- Wie leicht fällt es uns, Selbstkritik im Team zu äußern?
- Wie wahrscheinlich ist es, dass wir für das aktuelle Problem eine Lösung finden?

Die Teamaufstellung erfolgt selbstorganisiert:

Selbstorganisiertes Vorgehen

1. Ein Moderator instruiert das Vorgehen, wiederholt die Fragestellung bzw. formuliert diese aufgrund der Diskussion im Team und fordert anschließend die Teilnehme auf, sich zwischen den beiden Polen zu verteilen.
2. Der Moderator fordert jeden auf, seine Position zu begründen und zu beschreiben, wie stimmig er diese sowohl im Verhältnis zu den Kollegen als auch absolut zu den beiden Polen erlebt.
3. Anschließend können sich die Teammitglieder darüber austauschen, welches Bild ihres Teams sie selbst erzeugt haben und was jeder für sich daraus schlussfolgert.
4. Anschließend können erste Ideen zur Bearbeitung von Entwicklungsschritten gesammelt werden.
5. Weiterhin können die Teammitglieder Termine festlegen, bis zu denen sie individuell oder auch in Kleingruppen Umsetzungsmaßnahmen formuliert haben. Erste Maßnahmen können natürlich auch im Rahmen der stattfindenden Sitzung erarbeitet werden.

Abschließend beschreiben die Teilnehmer ihre Wahrnehmung vom Ablauf und reflektieren ihr Vorgehen: Welche neuen Sichtweisen auf die eigene Person und das Team haben sich ergeben? Wie könnte die (Selbst-)Beobachtung noch variiert werden, um weitere Sichtweisen zu ermöglichen? (siehe Kapitel 5.13 Resonanzbasierte Team-Retrospektive).

C Ebene Gesamtorganisation

5.18 Organisationsaufstellung

Systemisch-selbstorganisierte Aufstellung „Territorigramm"[19]

Das „Territorigramm" ist eine besondere Team- bzw. Organisationsaufstellung, die alle wesentlichen Prinzipien selbstorganisierten Vorgehens berücksichtigt. Dies wird durch die Struktur und den Ablauf in diesem Verfahren sichergestellt. Folgende Methoden und Techniken sind Elemente des „Territorigramms":

a) Sogenannte „Liliputs" werden als bildhafte Stellvertreter für jeden Teilnehmer erstellt und durch die Teilnehmer verwendet. Ein „Lilliput" ist ein miniaturisiertes Standbild des Fotos eines Teilnehmers. Durch virtuelle Spiegelung entsteht eine zweiseitige „Janus-köpfige" Ansicht jeder Person.

b) Dadurch wird eine Subjekt-Objekt-Trennung möglich: Der Teilnehmer handelt als Subjekt, indem er seinen „Lilliput" auf einer vorher markierten Fläche platziert; anschließend kann er sich – und alle anderen Teilnehmer – als Objekt betrachten. Somit wird eine Beobachtungsposition für jeden erzeugt, wodurch die nachfolgenden Reflexionen über die Aufstellung wesentlich unterstützt werden.

c) Die Teilnehmer handeln autonom und eigenverantwortlich: Jeder platziert nur seinen „Lilliput". Im Unterschied zu anderen (auch systemisch genannten) Aufstellungen hat niemand die Aufgabe oder gar das Recht, die Anwesenden so hinzustellen, wie er oder sie glaubt, dass dies die richtige bzw. zutreffende Position sei.

d) Alle Teilnehmer sind (formal) gleichberechtigt – Rangordnung und Hierarchie spielen keine Rolle: Der Geschäftsführer oder der Abteilungsleiter hat nicht mehr Rechte als der rangniedrigste Mitarbeiter.

e) Der Moderator steuert rein ablauftechnisch das gesamte Verfahren, ohne inhaltlich Einfluss auf die Ergebnisse zu nehmen. Die Selbstorganisation des Teams bzw. der (Teil-)Organisation wird dadurch sichergestellt.

---

[19] Gester & Clement 2001.

Das Kriterium für die Aufstellung in der ersten Phase (Vergangenheitsaufstellung) ist die Nähe bzw. Distanz zu den anderen Teilnehmern. Es geht darum, die Beziehungsdimension abzubilden. Andere Kriterien wie z. B. Rang, Aufgabe, Kompetenzen beeinflussen diese bzw. wirken wechselseitig mit der Beziehungsdimension. Gleichzeitig wird davon ausgegangen, dass die Beziehung zwischen den Personen die grundlegende Einflussgröße für ihre Kommunikation und Zusammenarbeit ist.

Nähe und Distanz als primäres Kriterium

Erste Phase

Die erste Phase beginnt mit dem Zeitpunkt der Firmen- oder Abteilungsgründung bzw. dem Eintritt des Dienstältesten der anwesenden Teilnehmer. Daher wird die Reihenfolge der „Züge" (Positionierung des eigenen „Liliputs" auf der markierten Fläche) vorher festgelegt. Die „Anciennitätspolonaise" wird häufig verwendet und hat sich – auch in unserer eigenen Anwendung – als nützlich[20] erwiesen:

Vorgehen in zwei Phasen

Die „Anciennitätspolonaise" stellt ein Ordnungsverfahren dar, nach welchem die Teilnehmer in eine Reihenfolge gebracht werden. Diese dient dazu festzulegen, wer an welcher Stelle (wortwörtlich) zum Zuge kommt. Grundsätzlich kann auch jedes andere Kriterium für die Bildung einer Reihenfolge verwendet werden; entscheidend ist, dass das Kriterium bezüglich der Beziehungen der Teilnehmer untereinander und für die Fragestellung neutral ist.

Definition

Bei größeren Gruppen bzw. deutlichen Unterschieden in der Zugehörigkeitsdauer werden sogenannte „Epochen" oder Jahrgangsgruppen gebildet: Dazu werden die Teilnehmer in Kleingruppen (z. B. 5-10 Personen) gemäß ihrer Zugehörigkeitsdauer getrennt.

Nach der ersten Positionierung einer Jahrgangsgruppe darf sich jeder Teilnehmer einmal (in derselben Reihenfolge wie beim ersten Setzen des „Liliputs") „repositionieren": d. h. er oder sie darf den „Liliput" an einen anderen Platz stellen bzw. die Position korrigieren. Der Zweck dieser „Korrektur" ist es, die eigene Position im Verhältnis zu allen anderen Liliputs bzw. Teilnehmern noch einmal anpassen zu können. Nach der (Re-)Positionierung der letzten Jahrgangsgruppe dürfen sich alle Teilnehmer noch ein zweites und letztes Mal in dieser Phase des Territorigramms repositionieren, es beginnt wieder der Dienstälteste. Die dann eingenommene Position bleibt für die erste Phase bestehen.

Repositionierung

[20] Die Dauer der Firmen- bzw. Abteilungszugehörigkeit ist ein neutrales Ordnungskriterium und kann von allen Teilnehmern akzeptiert werden.

Reflexion

Am Ende der ersten Phase diskutieren die Teilnehmer in ihren Jahrgangsgruppen, welche Informationen sie aus der Aufstellung gewonnen haben. Dazu dürfen selbstverständlich von allen Beteiligten der Gruppe Fragen gestellt werden. Am Ende dieser Gruppenarbeit treffen sich alle Teilnehmer wieder im Plenum. Hier wiederholt sich das Reflexionsangebot, diesmal gemeinsam für alle Beteiligten. Ergebnisse werden idealerweise am Flipchart dokumentiert.

Zweite Phase

Umgekehrte Reihenfolge

Die zweite Phase oder „Visionsaufstellung" läuft in umgekehrter Reihenfolge ab: Der anciennitätsjüngste Teilnehmer beginnt mit dem ersten „Zug". Diese und alle weiteren „Züge" nehmen ihren Ausgang aus der Aufstellung am Ende der ersten Phase.

Jetzt geht es in der „Visionsaufstellung" darum, die hypothetische Zukunft in der Abteilung bzw. Firma zu erzeugen. Sehr hilfreich dazu ist die Formulierung einer Fragestellung, welche bereits vor dem Beginn des Verfahrens formuliert worden und allen Teilnehmern bekannt ist. – Falls dies unter Umständen, aus welchen Gründen auch immer, nicht geschehen ist, stellt der Moderator zu diesem Zeitpunkt die Frage an alle, ob bzw. welche Frage für die Zukunft besteht oder relevant ist.

Relativ allgemeine Fragen sind z. B.:

Fragen zur Visionsaufstellung

- Wie wollen wir in drei (oder fünf) Jahren aufgestellt sein?
- Wie müssen wir uns organisieren, um die (strategischen) Ziele zu erreichen?
- Wie sollten wir uns aufstellen, um erfolgreicher miteinander arbeiten zu können?

Bei allen diesen Fragen soll wiederum die Beziehungsdimension als wesentlicher Aspekt der Kommunikation und Kooperation im Vordergrund stehen. Daher findet die Visionsaufstellung ebenfalls nach dem übergeordneten Kriterium von Nähe und Distanz statt.

Bei den Reflexionsmöglichkeiten der Jahrgangsgruppen bzw. im Plenum kann nun nicht nur diskutiert bzw. gefragt werden, welche Informationen sich für wen ergeben haben, sondern auch, welche möglichen Hypothesen, Richtungen oder auch Lösungsideen für die Fragestellung bei den Teilnehmern vorhanden sind.

Selbstorganisierter Veränderungsprozess

Hieraus ergeben sich Aufgaben für Führungskräfte und Mitarbeiter, die mit den jeweiligen Verantwortlichen festgelegt und für die Termine vereinbart werden. Zu den definierten Zeitpunkten berichten dann die Zuständigen über die Ergebnisse, welche wiederum diskutiert und entschieden werden. Damit setzt die Abteilung bzw. das Unternehmen den Lern- und Veränderungsprozess selbstorganisiert fort.

Gelegentliche Bedenken gegenüber Aufstellungen in Organisationen werden damit begründet, dass Situationen aus dem Ruder laufen oder einzelne Teilnehmer emotional stark betroffen sein könnten. Beim „Territorigramm" handelt es sich jedoch um eine „kalte" Aufstellung, da die emotionale Betroffenheit dadurch kontrolliert werden kann, dass Subjekt und Objekt voneinander getrennt sind und die Ergebnisse diskutiert und reflektiert werden können. Es wird darüber hinaus vom Moderator nicht pseudo-psychologisch gefragt, „wie sich das anfühlt" oder „was das mit Dir macht".

Niemand muss überhaupt etwas sagen. Die Aufgabe heißt lediglich, sich – mittels des eigenen Lilliputs – zu positionieren.

Autonomie des Individuums

Der Nutzen dieses Verfahrens besteht aus mehreren Aspekten: Zum einen wird hierbei Selbstorganisation praktiziert. Diese findet in einem geschützten Rahmen unter Anleitung eines Moderators statt. Daher kann Selbstorganisation von jedem Teilnehmer idealtypisch erlebt werden. Weiterhin kann diese Aufstellung als Ausgangspunkt für die dann im Unternehmen fortgesetzte Selbstorganisation verwendet werden. Zum anderen wird durch die Trennung von Subjekt (die Person des Teilnehmers) und Objekt (der miniaturisierte Stellvertreter) die Reflexion des eigenen Handelns im Rahmen von Selbstorganisation unterstützt. Die Teilnehmer können viel leichter die Rolle des Beobachters einnehmen, als dies ansonsten möglich ist; sie wechseln ständig zwischen den Ebenen des handelnden Subjekts (Person) und der des beobachtbaren Objekts (Lilliput). Neben dieser individuellen Reflexionsmöglichkeit wird darüber hinaus die gemeinsame Reflexion des gemeinsamen Handelns als Organisation bzw. Organisationseinheit angeboten.

Reflexion in zwei Kontexten

In unserem ersten Unternehmensbeispiel (siehe Kapitel 2) wird während des Führungskräfteworkshops ein Territorigramm durchgeführt. Es wird räumlich sichtbar, dass Abteilungsleiter Carsten mit seinen Teamleitern Hans und Brigitte in der Visionsaufstellung abseits des Geschäftsführers und anderer Führungskräfte, u. a. auch Magdalena, steht. In der Reflexion fühlt sich Magdalena sicher und erlebt eine für sie tragfähige Ausgangsposition für die weitere Veränderung. Diese ist zwar nicht einfach wegen der Distanz zu ihrem direkten Vorgesetzten Carsten, andererseits empfindet sie dadurch eine gewisse Freiheit und Unabhängigkeit, um sich selbst und gemeinsam mit ihrem Team weiter zu entwickeln. Carsten erlebt sich als verunsichert und irritiert und kann noch keine eindeutige Entwicklungsrichtung ohne spürbare Herausforderungen erkennen. Er kann momentan die Irritation für sich selbst noch nicht nutzen. Der Geschäftsführer sieht, was er zu Beginn seines Veränderungsauftrages nicht gesehen bzw. nicht berücksichtigt hatte. Für ihn ist es sowohl ein individueller wie gemeinsamer Lernprozess, der eine neue Qualität bekommen hat.

Bezug zum ersten Unternehmensbeispiel

5.19 Transparenz von Entscheidungsregeln inklusive Rückkopplungsverfahren

Die Transparenz von Kommunikation und Entscheidungsregeln bzw. Entscheidungswegen ist ein wesentliches Element zur Förderung von Organisationsentwicklung. Nicht die Transparenz von Entscheidungen selbst führt zu Veränderungen, sondern die Transparenz der Mechanismen, welche zur Entscheidung geführt haben.

Erst durch Rückkopplung entsteht Kommunikation

Die Transparenz von Entscheidungsregeln sollte daher ergänzt werden durch ein Rückkopplungsverfahren, welches auf der Ebene der Gesamtorganisation idealerweise sowohl durch physische Präsenz der Teilnehmer als auch digital praktiziert wird. Ein Rückkopplungsverfahren macht deutlich, wie von wem auf welchen Ebenen der Organisation was kommuniziert bzw. entschieden wird. Dies geschieht dadurch, dass Vertreter aller Hierarchieebenen des Unternehmens sowie ausgewählte Schlüsselpersonen (z. B. Mitarbeitervertreter und Personen, die ein aktuelles Veränderungsthema direkt verantworten) veränderungsrelevante Fragen bearbeiten. Die Geschäftsleitung der Organisation beantwortet zunächst die vom Moderator formulierten Fragen zu den

- anstehenden Themen
- betroffenen Organisationsbereichen
- gewünschten Soll-Zuständen
- Terminen
- Schnittstellen
- Konfliktpotenzialen
- Befugnissen
- Verantwortlichkeiten.

Repräsentative Partizipation

Die übrigen Teilnehmer kommentieren diese Antworten. Aus den Kommentaren werden Themenbündel gebildet; diese werden priorisiert und in der entsprechenden Reihenfolge in Kleingruppen bearbeitet. Die dabei formulieren Aufgaben werden terminiert, deren Ergebnisse zum vereinbarten Zeitpunkt präsentiert und anschließend durch die Verantwortlichen entschieden. Somit werden durch die Führungskräfte und Mitarbeiter der Organisation – repräsentativ – alle kritischen Aspekte der geplanten Veränderung bzw. des aktuellen Stands der Organisationsentwicklung behandelt. Die entsprechende Kommunikation ist transparent und die Entscheidungen bzw. deren Wege und Regeln sind sichtbar. Und das Top-Management erhält einen Einblick in die Bedeutung seines Vorgehens anhand der Reaktionen der Mitarbeiter und Führungskräfte. Im Weiteren werden die getroffenen Entscheidungen im Unternehmen umgesetzt. Die Ergebnisse der Umsetzung werden wiederum in die Arbeitsgruppe zurückgemeldet. Dort werden die Ergebnisse aufgegriffen und deren Bedeutung für das weitere Vorgehen

Rückkopplung

diskutiert. Darauf basierend werden die nächsten Themen in gleicher Art und Weise bearbeitet.

Potenziell vollständige Partizipation

Durch die Möglichkeit der (regelmäßigen) Rückkopplung durch die Beteiligten – welche damit aus der Rolle der passiv Betroffenen heraustreten und aktiv werden – entstehen Interaktionen über alle Ebenen und Bereiche der Organisation hinweg. Somit können alle Mitarbeiter (einschließlich Führungskräfte) des Unternehmens miteinander interagieren. Klassisch wurde dieses Vorgehen bisher durch sogenannte „Soundingboards" oder „Resonanzgruppen"[21] ermöglicht, in welchen Führungskräfte und Mitarbeiter aller Ebenen stellvertretend für ihre Kollegen aktuelle Veränderungsthemen bearbeiten.

Zweifacher Wirkmechanismus

Durch die Rückkopplungen zu den offengelegten Entscheidungsregeln erhalten die Entscheider (i. d. R. das Top-Management) Informationen zur Klarheit, Wirkung und Akzeptanz ihrer Entscheidungen. Somit können auf zwei Ebenen Veränderungen stattfinden: Zum einen kann das Management die „Richtigkeit" seiner Entscheidungen prüfen und zum anderen können neue Formen der Entscheidungsfindung praktiziert werden. Dies wird exemplarisch anhand der veränderten Entscheidungsregeln in einem Unternehmen aufgezeigt (siehe Kapitel 4.3.1).

5.20 Diagnose und Reflexion der Unternehmenskultur

Für die Diagnose der Unternehmenskultur werden zunächst Kriterien bzw. als relevant wahrgenommene Themen ausgewählt. Diese sollten beobachtbar sein; ansonsten sind diese Kriterien messbar zu formulieren.

In einem zweiten Schritt werden die Ausprägungen der jeweiligen Themen durch die Mitglieder der Organisation beschrieben. Dies dient dazu, eine Ausgangslage für das weitere Vorgehen zu schaffen: Die Ausprägungen werden entweder als akzeptabel oder als veränderungsbedürftig bewertet.

Kulturveränderung in kleinen Schritten

Drittens wird der gewünschte Soll-Zustand der zu verändernden Themen formuliert. Bei deutlich ausgeprägter Hierarchie- und Ergebnisorientierung eines Unternehmens sollten zum einen bei der Definition der Soll-Kultur keine zu großen Differenzen zur Ist-Kultur entstehen. Zum anderen ist zu empfehlen, sich dem anzustrebenden Soll-Zustand in kleinen Schritten und sich wiederholenden Zyklen – im Sinne eines PDCA-Ablaufs – zu nähern: Die Organisation sollte nicht überfordert und die relevanten Themen der Veränderung sollten nicht „verbrannt" werden. Ein entsprechendes Vorgehen wird im Folgenden beschrieben, beginnend mit ausgewählten Themen der Unternehmenskultur (siehe Abbildung 5.17).

---

[21] Vgl. Berner 2015.

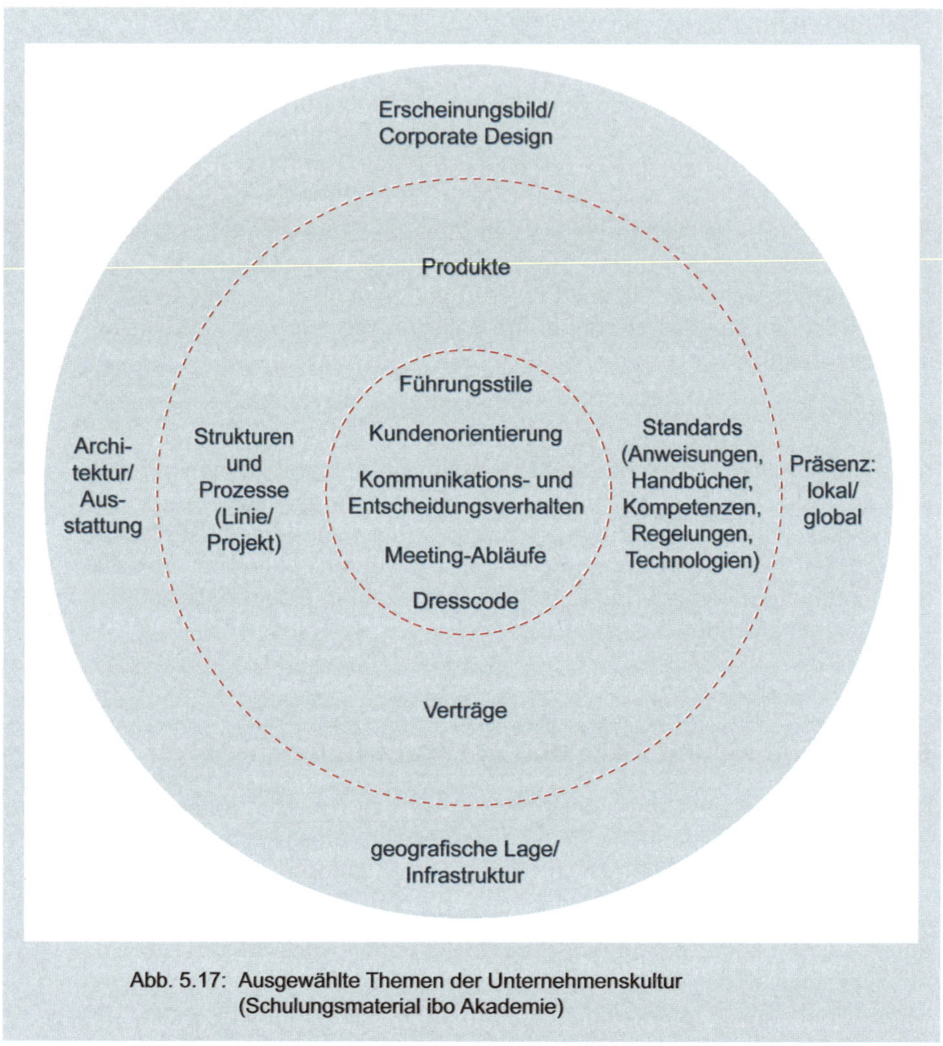

Abb. 5.17: Ausgewählte Themen der Unternehmenskultur (Schulungsmaterial ibo Akademie)

Zum anderen dient als Rahmen für die Analyse und Entwicklung der Unternehmenskultur das Zuordnungsschema „organisationale Ausgangslage und Entwicklungspotenzial" (siehe Kapitel G, Abbildung G.03). Die Bezeichnungen der vier Entwicklungsfelder werden entsprechend angepasst, wenn dieses Schema für die Kulturanalyse verwendet wird (vgl. Kapitel 1, Abbildung 1.08).

Ein mögliches Vorgehen zur Kulturanalyse gliedert sich in folgende Schritte:

1) Definition der Kulturthemen und des Zuordnungsschemas
2) Diagnose der Unternehmenskultur (Ist-Kultur)
3) Formulierung der Soll-Kultur

4) Priorisierung der Kulturentwicklungsaufgaben und Beschreibung der Umsetzungsschritte
5) Bearbeitung der priorisierten Kulturthemen.

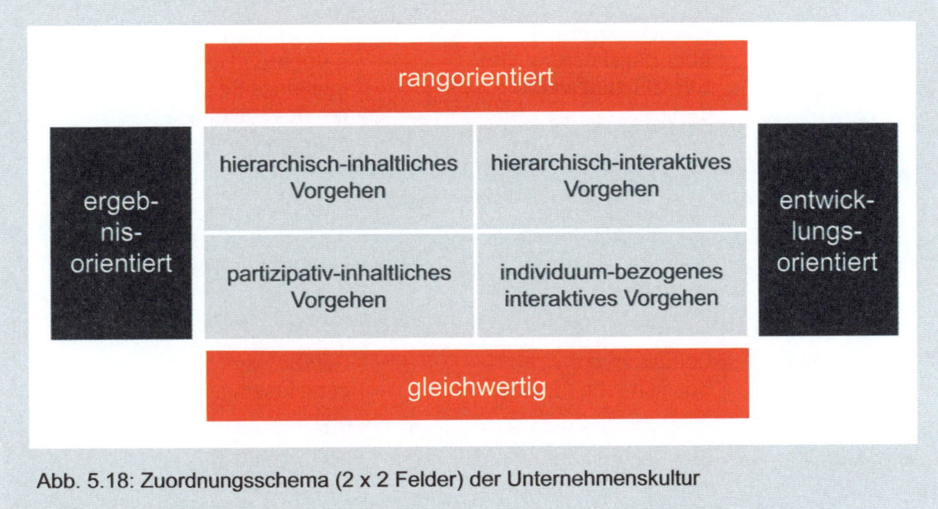

Abb. 5.18: Zuordnungsschema (2 x 2 Felder) der Unternehmenskultur

Das entscheidende Merkmal für die selbstorganisierte Weiterentwicklung der Unternehmenskultur ist die gemeinsame Auseinandersetzung mit den als relevant beschriebenen Themen.

Dieser Prozess der Beschreibung, Reflexion und Veränderung sowohl der Sichtweisen als auch der daraus sich ergebenden Verhaltensänderungen soll durch eine entsprechende Moderation idealerweise auf Augenhöhe geschehen. Durch diese Form des Dialogs können bereits partizipative Lernprozesse ausgelöst werden. Werden diese aufgegriffen und kontinuierlich fortgesetzt, entsteht daraus ein weitergehender Prozess der sich selbstorganisierenden Kulturentwicklung.

Sich selbst organisierende Kultur-entwicklung

Zu 1 und 2)

Gemeinsame und unterschiedliche Wahr-nehmungen

Nach der Definition der zu behandelnden Kulturthemen werden typische Aussagen für diese beschrieben und den vier Feldern des Schemas zugeordnet; häufig erhalten die Felder dementsprechende Bezeichnungen (siehe Abbildung 5.19 Teil 1 - Teil 6). Bei der Erfassung der Beispiele werden gemeinsame und unterschiedliche Wahrnehmungen deutlich. Diese Erfahrungen und der Austausch darüber werden für die Formulierung des gewünschten Soll-Zustands genutzt. Ein wichtiger Aspekt dieses Vorgehens ist, dass unterschiedliche Perspektiven der beteiligten Personen dadurch aufgezeigt werden.

		Ideen-Kultur (A)			Projekt-Kultur (B)		
			Ist	Soll		Ist	Soll
1	Kunden	Kunden sind Fans und über Begeisterung und Überzeugung verbunden.			Kunden sind Geschäftspartner und über das gemeinsame Optimieren des Leistungsangebots verbunden.		
2	Kunden	Auf Beschwerden wird spontan reagiert: harsche Ablehnung oder überzeugte Akzeptanz.			Beschwerden werden kühl analysiert und entsprechend ihrer vermuteten Wirkung auf das Ergebnis angenommen oder missachtet.		
3	Führung	Geführt wird durch Begeisterung für eine Idee.			Geführt wird durch gemeinsam angestrebte Ziele.		
4	Führung	Hierarchien können – wenn es sie denn gibt – im Alltag auch ignoriert werden.			Hierarchien gibt es, treten aber im Alltag weitgehend in den Hintergrund.		
5	Macht + Hierarchie	Macht und Einfluss hat, wer neue Ideen beisteuert und den bisherigen Rahmen kreativ sprengt.			Macht und Einfluss hat, wer relevantes Wissen und Kompetenzen einbringt.		
6	Macht + Hierarchie	Privilegien haben eine geringe Bedeutung und werden flexibel eingesetzt.			Privilegien sind an die Leistung gebunden und werden bei Bedarf angepasst.		
7	Anerkennung + Kritik	Lob und Anerkennung werden spontan von jedem an jeden gegeben.			Lob und Anerkennung werden allen Beteiligten für das erfolgreiche Ergebnis gegeben.		
8	Anerkennung + Kritik	Fehler werden zur Kenntnis genommen und es werden neue Wege gesucht.			Fehler werden analysiert, Schlussfolgerungen gezogen und Massnahmen ergriffen.		
9	Zusammenhalt + Solidarität	Zusammenhalt entsteht durch gemeinsame Visionen.			Zusammenhalt entsteht durch eine klar definierte Mission.		

Abb. 5.19: Aussagen zu ausgewählten Kulturthemen in den vier Feldern des Zuordnungsschemas (vgl. ComTeam 2022), hier Ideen-Kultur und Projekte-Kultur (Teil 1)

		Ideen-Kultur (A)			Projekt-Kultur (B)		
			Ist	Soll		Ist	Soll
10	Strukturen + Prozesse	Strukturen und Prozesse entwickeln sich meist spontan, nur dort, wo unbedingt nötig, und sind sehr flexibel.			Strukturen und Prozesse werden auf die Erreichung des Ergebnisses ausgerichtet, sind zeitlich begrenzt und werden situativ angepasst.		
11	Strukturen + Prozesse	Regeln entstehen spontan, wirken unbewusst und ändern sich auch wieder spontan.			Regeln sind klar und deutlich definiert, werden systematisch überprüft und angepasst.		
12	Verbindlichkeit	Verbindlichkeit gilt der neuesten Idee.			Verbindlichkeit gilt dem gemeinsam angestrebten Ziel.		
13	Verbindlichkeit	Pünktlichkeit und Termintreue sind etwas Individuelles.			Pünktlichkeit und Termintreue dienen dem Erreichen des Ergebnisses und werden durchgesetzt.		
14	Veränderung + Projekte	Die ständige Suche nach neuen Ideen löst Veränderungen aus, die dann mit viel kreativer Energie angegangen werden.			Neue Einsichten und Erkenntnisse lösen Veränderungen aus, die dann systematisch umgesetzt werden.		
15	Veränderung + Projekte	Projekte werden spontan und dynamisch organisiert.			Projekte werden mit standardisierten Tools situationsbezogen bearbeitet.		
16	Mitarbeiter	Neue Mitarbeiter werden offen aufgenommen und man lässt sie mal machen.			Neue Mitarbeiter werden mit ihren Fähigkeiten eingeschätzt und so unterstützt, dass sie schnell einsatzfähig sind.		
17	Mitarbeiter	Entlohnung ist wenig systematisiert und erfolgt im Hinblick auf künftige Erfolge.			Entlohnung ist transparent und richtet sich primär nach dem individuellen Beitrag zum Erfolg.		

Abb. 5.19: Aussagen zu ausgewählten Kulturthemen in den vier Feldern des Zuordnungsschemas (vgl. ComTeam 2022), hier Ideen-Kultur und Projekte-Kultur (Teil 2)

		Ideen-Kultur (A)			Projekt-Kultur (B)		
18	Mitarbeiter	Mitarbeiter reagieren autonom und spontan auf Krisen.	Ist	Soll	Mitarbeiter bearbeiten Krisen systematisch in Teams.	Ist	Soll
19	Leistung + Erfolg	Als Leistung gelten neue Impulse und Ideen.			Als Leistung gilt der Beitrag zum gemeinsam erzielten Ergebnis.		
20	Leistung + Erfolg	Ziele entstehen aus spontanen Ideen und bleiben flexibel.			Ziele werden vom Auftraggeber oder Kompetenzträger gesetzt und mit den (Umsetzungs-) Verantwortlichen konkretisiert.		
21	Leistung + Erfolg	Erfolgreich ist, wer Ideen zu neuen Lösungen entwickelt.			Erfolgreich ist, wer exzellente Beiträge zum Gesamtergebnis leistet.		
22	Ressourcen + Zeit	Ressourcen werden spontan für das eingesetzt, was einzelne oder das Team begeistert.			Ressourcen werden flexibel, aber gezielt zum Erreichen des Ergebnisses eingesetzt.		
23	Ressourcen + Zeit	Zeit wird situationsabhängig angepasst und ermöglicht individuellen Spielraum.			Zeit wird geplant und gemanagt.		
24	Konflikte	Konflikte entstehen, wenn kreative Freiheiten eingeschränkt werden.			Konflikte entstehen, wenn jemand nicht zur Lösungsfindung beitragen wird.		
25	Konflikte	Konflikte werden schnell angesprochen – ohne Anspruch auf eine gemeinsam getragene Lösung.			Konflikte werden inhaltlich kontrovers diskutiert.		

Abb. 5.19: Aussagen zu ausgewählten Kulturthemen in den vier Feldern des Zuordnungsschemas (vgl. ComTeam 2022), hier Ideen-Kultur und Projekte-Kultur (Teil 3)

		Struktur-Kultur (C)			Familien-Kultur (D)		
			Ist	Soll		Ist	Soll
1	Kunden	Kunden sind Vertragspartner und über ausgehandelte Vereinbarungen verbunden.			Kunden sind Partner und über Vertrauen und individuelle Lösungen verbunden.		
2	Kunden	Beschwerden werden ganz formal nach einem definierten Prozess gemanagt.			Beschweren werden sehr individuell behandelt, je nachdem, von wem eine Beschwerde kommt.		
3	Führung	Geführt wird durch definierte Prozesse und Auftragserteilungen.			Geführt wird durch enge persönliche Beziehung und persönliche Autorität.		
4	Führung	Hierarchien werden klar im Alltag definiert und in der Praxis eingehalten.			Hierarchien gibt es, im Alltag wirken aber vor allem die informellen.		
5	Macht + Hierarchie	Macht und Einfluss gehen klar aus dem Organigramm hervor.			Macht und Einfluss hat, wer das Vertrauen der einflussreichen Personen genießt und sich als nützlich erwiesen hat.		
6	Macht + Hierarchie	Privilegien sind fest mit der Position verbunden und eindeutig geregelt.			Privilegien werden individuell gewährt oder nach eigenem Ermessen genommen.		
7	Anerkennung + Kritik	Lob und Anerkennung sind formalisiert und folgen der Hierarchie.			Lob und Anerkennung werden von einigen einflussreichen Personen gegeben.		
8	Anerkennung + Kritik	Fehler werden reklamisert, Schuldige gesucht, sanktioniert und Korrektur verlangt.			Fehler werden ignoriert oder sanktioniert, je nachdem, wer den Fehler macht.		
9	Zusammenhalt + Solidarität	Zusammenhalt entsteht durch Zugehörigkeit zu einer Organisationseinheit.			Zusammenhalt entsteht durch Vertrautheit und Loyalität.		

Abb. 5.19: Aussagen zu ausgewählten Kulturthemen in den vier Feldern des Zuordnungsschemas (vgl. ComTeam 2022), hier Struktur-Kultur und Familien-Kultur (Teil 4)

		Struktur-Kultur (C)			Familien-Kultur (D)		
			Ist	Soll		Ist	Soll
10	Strukturen + Prozesse	Strukturen und Prozesse werden festgeschrieben und deren Einhaltung hat eine große Bedeutung.			Strukturen und Prozesse werden nach Personen ausgerichtet, sind oft unausgesprochen und dennoch wird erwartet, dass alle sich danach richten.		
11	Strukturen + Prozesse	Regeln werden festgeschrieben und sind dann nur noch schwer veränderbar.			Regeln wirken informell und müssen nicht von allen gleich eingehalten werden.		
12	Verbindlichkeit	Verbindlichkeit beruht auf den Regeln und Normen der Organisation.			Verbindlichkeit beruht auf persönlichen Vereinbarungen.		
13	Verbindlichkeit	Pünktlichkeit und Termintreue sind gesetzt und werden über die Hierarchieebene geprägt.			Pünktlichkeit und Termintreue richten sich nach den Vorlieben einiger weniger einflussreichen Personen.		
14	Veränderung + Projekte	Leidensdruck löst Veränderungen aus, die dann „top down“ initiiert und in der Linie abgearbeitet werden.			Individuelle Befindlichkeiten oder Interessen einflussreicher Personen lösen Veränderungen aus.		
15	Veränderung + Projekte	Projekte folgen verbindlichen Prozessen und Regeln.			Projekte werden individuell gestaltet.		
16	Mitarbeiter	Neue Mitarbeiter werden auf ihrer vorgesehenen Stelle eingesetzt und durchlaufen gleichzeitig einen geregelten Einarbeitungsplan.			Neue Mitarbeiter werden eng begleitet und über persönliche Beziehungen gefördert.		
17	Mitarbeiter	Entlohung ist systematisiert und basiert auf einer klaren Einstufungssystematik.			Entlohnung ist individuell und erfolgt nach Abwägung der einflussreichen Personen.		

Abb. 5.19: Aussagen zu ausgewählten Kulturthemen in den vier Feldern des Zuordnungsschemas (vgl. ComTeam 2022), hier Struktur-Kultur und Familien-Kultur (Teil 5)

		Struktur-Kultur (C)			Familien-Kultur (D)		
18	Mitarbeiter	Mitarbeiter warten ab, bis sie von oben erfahren haben, wie sie sich in der Krise verhalten sollen.	Ist	Soll	Mitarbeiter betrachten Krisen als gemeinsame Herausforderungen und rücken noch näher zusammen.	Ist	Soll
19	Leistung + Erfolg	Als Leistung gilt die Zielerreichung des Einzelnen.			Als Leistung gilt das Engagement des Einzelnen.		
20	Leistung + Erfolg	Ziele werden in einem Prozess definiert und über die Hierarchieebene konkretisiert.			Ziele werden von einflussreichen Personen vorgegeben, deren Umsetzung von ihnen beauftragt wird.		
21	Leistung + Erfolg	Erfolgreich ist, wer sich an Vorgaben hält und die definierten Ziele erfüllt.			Erfolgreich ist, wer den Erwartungen der einflussreichen Personen entspricht.		
22	Ressourcen + Zeit	Ressourcen werden geplant und strikt nach Plan verteilt und verrechnet.			Ressourcen werden von den einflussreichen Personen abgewogen und nach individuellen Bedürfnissen gewährt.		
23	Ressourcen + Zeit	Zeit wird über Termine, Pläne und Listen organisiert und eingehalten.			Zeit wird von einflussreichen Personen gewährt.		
24	Konflikte	Konflikte entstehen, wenn Vorschriften ignoriert werden.			Konflikte entstehen, wenn persönliche Interessen übergangen werden.		
25	Konflikte	Konflikte werden so lange ignoriert, bis sie eskaliert werden.			Konflikte werden mit Macht ausgefochten oder für beendet erklärt.		

Abb. 5.19: Aussagen zu ausgewählten Kulturthemen in den vier Feldern des Zuordnungsschemas (vgl. ComTeam 2022), hier Struktur-Kultur und Familien-Kultur (Teil 6)

Zu 3)

Soll-Kultur

Die Formulierung einer Soll-Kultur erfolgt anhand der Anforderungen an eine gewünschte Entwicklung, wie z. B. „wir wollen agiler werden“ (siehe Kapitel 2). Hierbei kann dann die Entwicklungsrichtung lauten: „Mehr auf Augenhöhe zusammenarbeiten“ und „mehr Gestaltungsspielraum in der Bearbeitung der Aufgaben und Prozesse geben“. Als erste Orientierung dienen die Bewertungen der Aussagen im Ist-Zustand der jeweiligen Themen (z. B. durch die Markierung grüner Haken beim Ist-Zustand und rotes Kreuz beim Soll-Zustand).

Im nächsten Schritt wird die Frage beantwortet: „In welchem der vier Felder soll bei welchen Aussagen der grüne Haken bei „Soll“ gesetzt werden?“ – Die Häufigkeit der Nennungen bei den jeweiligen Aussagen gibt eine Orientierung, in welche Richtung (in welches Feld) die Veränderung gehen soll (z. B. weg von der „Struktur-Kultur“ hin zur „Ideen-Kultur“).

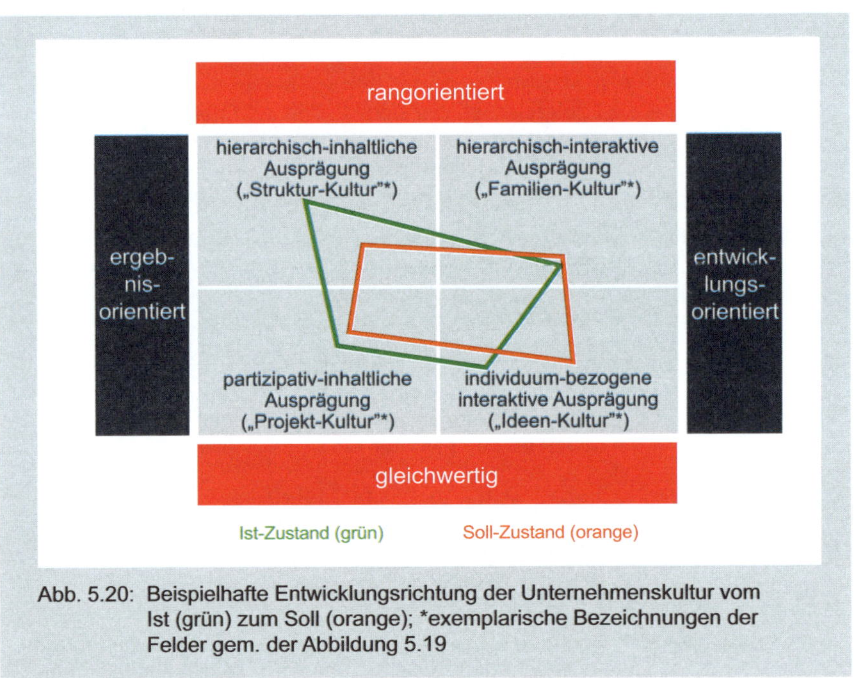

Abb. 5.20: Beispielhafte Entwicklungsrichtung der Unternehmenskultur vom Ist (grün) zum Soll (orange); *exemplarische Bezeichnungen der Felder gem. der Abbildung 5.19

Zu 4)

Maximale Beteiligung

Die Richtung der gewünschten Weiterentwicklung zeigt zunächst an, welche Kulturthemen zu bearbeiten sind. Die dazu notwendige Priorisierung der Themen (z. B. durch die Häufigkeit der Nennung) sollte idealerweise so erfolgen, dass möglichst alle Personen im Unternehmen eingebunden sind. Als inhaltliches Ergebnis steht die Reihenfolge fest, in der die einzelnen Kulturthemen in einem ersten Zyklus bearbeitet werden (z. B. Führungsverhalten und Umgang mit Konflikten).

Zu 5)

Umsetzung gewährleisten

Es wird empfohlen, die priorisierten Kulturthemen in Workshops mit den bestehenden Organisationseinheiten zu bearbeiten, um die Umsetzung zu gewährleisten. In den Workshops dient das Umsetzungsboard als Instrument, um die gewünschten Veränderungen und die Situationen, in denen diese beobachtet werden können, festzuhalten (siehe Abbildung 5.21).

Anforderung	Unser Verhalten		Maßnahmen (to do)	Wo und wann erleben wir das neue Verhalten – "Moment of Truth (MoT)"	Status/ Prognose (Skala 1-10)	
	bisher	neu			bisher	neu
gemeinsame Entscheidungen treffen	Hierarch entscheidet	gemeinsamer Entscheidungsprozess	Vereinbarung über Entscheidungsfindung verabschieden	im Entscheiderkreis	1	4

Abb. 5.21: Transformationsboard zum Kulturthema „Führung“ (vgl. ComTeam 2022)

Für die Bearbeitung der ausgewählten Kulturthemen werden zunächst zwei Umsetzungsworkshops geplant.

Ablauf Umsetzungsworkshop 1:

Workshop 1

- Planung der konkreten Teambesetzung für die Workshops
- Sammlung der Anforderungen an das ausgewählte Kulturthema
- Beschreibung von bisherigen Verhaltensweisen hierzu in Kleingruppen
- Vorstellung und Verdichtung der Ergebnisse im Plenum
- Frarbeitung von konkreten gewünschten Verhaltensweisen mit flankierenden Maßnahmen im Plenum
- Beschreibung wo und wann das neue Verhalten erlebbar wird („Moment of Truth“), als Basis zur Überprüfung des gewünschten Soll-Zustands.

Ablauf Umsetzungsworkshop 2:

Workshop 2

- Check der „Moments of Truth“ in Bezug auf die Erfüllung der Anforderungen bzw. Erreichung der gewünschten Soll-Zustände
- Bei Nichterfüllung erfolgt eine Analyse und Überarbeitung des Boards im Plenum: die gewünschten Soll-Zustände, Maßnahmen und „Moments of Truth“ werden modifiziert
- Nachdem alle bisher aufgeführten Punkte geprüft worden sind, werden weitere Anforderungen im ausgewählten Kulturthema bearbeitet bzw. ein neues Kulturthema behandelt (womit ein neuer Zyklus beginnt).

Es wird empfohlen, dieses Workshopsetting (2 Workshops) als methodisches Gerüst zu nutzen und damit den Plan-Do-Check-Act-(PDCA-)Zyklus zu realisieren. Sollte die Kulturentwicklung nicht in einem Projekt mit einem dafür geplanten Aufwand stattfinden, sondern in der Linienorganisation, empfehlen wir, pro Quartal ein bis zwei Anforderungen pro Kulturthema zu bearbeiten. Damit wird erfahrungsgemäß das System nicht überlastet und es findet trotzdem ein permanenter Entwicklungsprozess statt.

5.21 Cultural Hacking

Cultural Hacking bedeutet, mit kleinen Veränderungen im eigenen Verantwortungsbereich unerwünschte Zustände zu beenden bzw. gewünschte zu etablieren. Ein einfaches Beispiel ist Zeitdisziplin bei Besprechungen.

Beispiel

Es ist in einer Organisation üblich („Kultur“), dass Teilnehmer zu spät zu Veranstaltungen kommen; dies findet regelmäßig bei unterschiedlichen Anlässen statt. Ein Maßnahme im Sinne von Cultural Hacking wäre, die Tür des Besprechungsraums nach dem geplanten Beginn der Arbeitssitzung abzuschließen und auch nicht wieder (vor der nächsten Pause) zu öffnen. Und zwar unabhängig davon, wer zu spät kommt und damit draußen vor der Tür bleibt!

Für ein systematisches Vorgehen bei Cultural Hacking empfiehlt sich folgende Struktur:

1) Einsichten gewinnen:

Vorgehensschritte

- Problem beschreiben: Was ist das Problem? Wann tritt es auf? Wann nicht? Tritt es immer gleich auf? Was genau soll verändert werden?
- Problem hinterfragen/die hypothetische Funktion beschreiben: Wozu ist es nützlich? Was ist das Problem am Problem? Wodurch wird das Problem zum Problem?

- Ansatzpunkt finden: Wo kann wirksam angesetzt werden? Gibt es eine Schwachstelle?

2) Optionen kreieren:

- Hebel zur Veränderung formulieren: Wie kann das Problem aufgedeckt/verändert werden?
- Auswirkungen einschätzen: Welcher Nutzen entsteht durch die Intervention? Welche Nachteile können auftreten?
- Risiken abwägen: Was wären die Folgen von auftretenden Schäden? Welche können wie vermieden werden? Welchen können wie eingegrenzt werden, wenn sie denn auftreten?
- Intervention auswählen

3) Experiment starten:

- Intervention mit größtem Nutzen und geringstem Aufwand durchführen
- Ergebnis bewerten und Konsequenzen für das weitere Vorgehen ableiten.

Bei der Risikoabwägung sollte der Grundsatz beachtet werden:

Grundsatz

> Wähle die Intervention, die einen nachhaltigen Effekt ohne zu große nachteilige Auswirkungen besitzt.

Abb. 5.22: Auswahlbereich für Interventionen bei Cultural Hacking (SCHELLER 2017)

5.22 In kleinen Schritten zur sich selbstorganisierenden Organisation

Minimale Veränderungen

Der Weg zur sich selbstorganisierenden Organisation kann durch viele kleine Ansätze erfolgen. Diese können sowohl einzeln als auch integriert in einem zusammenhängenden Vorgehen angewandt werden. Als weitere minimale Veränderungsansätze (Micro Changes) werden Hypothesenkarten[22] und Minimaler Change Canvas[23] vorgestellt. Diese Interventionen zeigen, wie über erste Hypothesen zur Veränderung bzw. einer zu entwickelnden Auftragsklarheit (warum, wozu, was, wer, wann, wie?) in Verbindung mit den bereits beschriebenen Gestaltungselementen eine kontinuierliche Entwicklung zu einer sich selbstorganisierenden Organisation stattfinden kann.

Hypothesen-Karte
Wir nehmen an, dass wir durch
‹diese Veränderung› ‹dieses Problem›
lösen, was uns ‹diesen Nutzen› bringt,
was wir an ‹dieser Messgröße›
messen.

Abb. 5.23: Hypothesenkarte (Scheller 2017)

Mit der Hypothesenkarte werden erste Annahmen bezüglich eines unerwünschten Zustands/Problems sowie einer entsprechenden Lösung mit einem erwarteten und messbaren Nutzen getroffen.

Mit einem Minimalen Change Canvas (siehe Abbildung 5.24) kann die Ausgangssituation für das weitere Vorgehen beschrieben werden.

---

22 Vgl. Scheller 2017.

23 Vgl. Bertagnolli, Bohn & Waible 2018; Little 2016.

Minimaler Change Canvas		
Warum?	**Wozu?**	**Was?**
Warum machen wir die Veränderung? → Welche Probleme sollen überwunden werden?	Wozu ist die Veränderung gut? Wozu machen wir die Veränderung? → Nutzen der Veränderung für die Organisation	Was wollen wir erreichen? Was soll gemacht werden? → Zielzustand
Wer?	**Wann?**	**Wie messen wir den Erfolg?**
Wer ist von der Veränderung betroffen? → Personen, Rollen, Prozesse, Strukturen	(Bis) wann setzen wir das um? → Zeitraum/Zeitpunkt der Veränderung	Woran messen wir den Fortschritt? Wie sieht der Zielzustand konkret aus? → Messkriterien und Ergebnisse

Abb. 5.24: Minimaler Change Canvas (SCHELLER 2017)

Situativ gewählte Gestaltungselemente

Die einzelnen Instrumente, die auf dem Weg der kleinen Schritte möglich sind, werden im Folgenden in der Abbildung 5.25 dargestellt. Dort wird vermerkt, ob die Anwendung sofort, mittelfristig oder auch nicht vorgesehen ist. Diese Einschätzungen sollten wiederum als momentane Bewertung im Rahmen eines konkreten Vorgehens verstanden werden. Bei veränderten Rahmenbedingungen, Kundenerwartungen, internen Veränderungen bzgl. Zielen, Ressourcen und/oder Strukturen sollte diese Übersicht entsprechend angepasst werden.

Gestaltungselemente	sofort einführen, weil ...	mittelfristig, wenn...	nicht einführen, weil ...
Übungen zur Selbstaufmerksamkeit			
Zwiegespäch			
Coaching (Unterstützung der Selbstführung)			
Persönliches Entwicklungsboard			
Check Selbstführung			
Lean Coffee			
Konsent-Entscheidungsfindung			
Teamboard			
Soziogramm			
Team-/Organisations-aufstellung			
Resonanzbasierte Team-Retrospektive			
Entwicklung von Team-prinzipien und -werten			
Cultural Hacking			
Kulturdiagnose und Reflexion			

Abb. 5.25: Ausgewählte Gestaltungselemente auf dem Weg der kleinen Schritte zur sich selbstorganisierenden Organisation

Ein beispielhaftes Vorgehen in kleinen Schritten (Micro Changes) kann wie folgt geschehen:

Vorgehen in kleinen Schritten

- Einladung zu einem Lean Coffee veröffentlichen
- Thema vorstellen und Dringlichkeit der Problemlösung unter Beachtung des Kundenfokus diskutieren
- Koalitionen schmieden/Transformationsteam bilden (Hypothesenkarte erarbeiten)
- Erste Schritte festlegen (Change Canvas, Kanban, PDCA-Zyklus) und Dauer für das Experiment definieren
- Täglichen Austausch kurz und prägnant durchführen – die Zusammenarbeit flexibel praktizieren
- Abstimmung präzisieren: Wer macht was bis wann und braucht welche Unterstützung?
- Retrospektiven durchführen
- Zusammenarbeit im Team reflektieren und aus den Erkenntnissen lernen (= Schlussfolgerungen beim nächsten Mal anwenden)
- Ergebnisse dem Kunden vorstellen und Feedback einholen
- Rückmeldungen auswerten und konsequent umsetzen
- Ausblick: Was soll im nächsten Durchgang vom Team erarbeitet bzw. umgesetzt werden?

5.23 Sich selbstorganisierende Führung und Zusammenarbeit – Arbeiten am Gesamtsystem

Ausgehend vom Check Selbstführung (siehe Abbildung 5.03) soll die Verbindung vom individuellen Sich-Selbst-Organisieren über individuumzentrierte Führung bis zur selbstorganisierten Zusammenarbeit und Kulturveränderung hergestellt werden. Dazu dient die folgende Checkliste (Abbildung 5.26).

Führung und Zusammenarbeit im Kontext von Selbstorganisation		
kurze, experimentelle Iterationen	.........x......	phasenorientiertes/ plangetriebenes Vorgehen
kontinuierliches, individuelles Controlling	.....x..........	punktuelle Informationen in Meetings
Veränderungsteam	...........x....	Projektorganisation
Selbstorganisation als kultureller Rahmen	....x..........	Einführung von (Selbst-organisations-)Tools
Motivation über persönlichen Erfolg	..........x....	Motivation über Systemerfolg
Beteiligte zu Betroffenen machen	...x...........	nur formal Beteiligte
Zwiegespräche	..........x....	Personalbeurteilungs-gespräche
gemeinsame Vision	.........x.....	Zielvorgabe
Kundenorientierung	...x..........	Organisations-orientierung
flexible Meeting-Land-schaften	.......x.......	feste Arbeitsformen
Face-to-Face Kommunikation	......x........	E-Mail-Kommunikation

Abb. 5.26: Beispielhafte Checkliste für sich selbstorganisierende Führung und Zusammenarbeit

Mit dieser Checkliste kann überprüft werden, inwieweit die Selbstorganisation – ausgehend vom Individuum über die Organisationseinheit bis zur Gesamtorganisation – die Prinzipien der Veränderung verfolgt. Diese Prinzipien sind im abschließenden Kapitel 6 zusammengefasst.

6 Sieben Prinzipien der Veränderung

Sollen Veränderungen erfolgreich sein, lassen sich aus dem bisher Gesagten die folgenden Prinzipien ableiten:

6.1 Anschlussfähigkeit zur Unternehmenskultur

Die Anschlussfähigkeit zur Unternehmenskultur, d h. sowohl den offiziellen wie den informellen Regeln, Handlungsweisen und Überzeugungen, welche maßgeblich in der Organisation wirksam sind, ist zu beachten bzw. herzustellen. Nur dann kann eine störungsfreie Kommunikation (= „Herstellen einer gemeinsamen Wirklichkeit“ nach Paul Watzlawick 2021) auf den verschiedenen Ebenen mit den Beteiligten stattfinden. Logischerweise kann auch nur dann über eine Veränderung bzw. einen entsprechenden Auftrag gesprochen werden, wenn diese gemeinsame Wirklichkeit besteht (dies gilt gleichermaßen für interne wie für externe Auftragnehmer).

6.2 Beteiligte zu Betroffenen machen

Die Umkehrung der bekannten Regel des Organisationsmanagements hat den Zweck, die Identifikation mit dem Veränderungsvorhaben und die entsprechende Verbindlichkeit sicherzustellen. Mitarbeiter werden durch die direkten Kontakte mit anderen Mitarbeitern und über die Mitwirkung in dem Vorhaben selbst zu Betroffenen. Damit soll weiterhin gewährleistet werden, dass jeder Einzelne die notwendige Verantwortung übernimmt. Dies geschieht allein schon dadurch, dass die Beteiligten selbst erleben, wie sie ihre eigenen Entwicklungsmöglichkeiten beeinflussen können. Das Prinzip, Beteiligte zu Betroffenen zu machen, kann nicht vorausgesetzt werden. Es stellt vielmehr meistens eine erste Lernaufgabe der Organisation dar. Dabei müssen die kulturellen Spielregeln, und dabei insbesondere das Führungsverhalten und die Entscheidungsregeln, entsprechend entwickelt werden. So werden die Unternehmenskultur und die entsprechenden Lern- bzw. Entwicklungsherausforderungen der Organisation zum Gegenstand eines Veränderungsprozesses.

6.3 Selbstführung aller Beteiligten

Die Selbstführung aller Beteiligten ist zu initiieren. Das diesbezügliche Motto lautet:

„Das Experiment beginnt bei mir!“

Motto

Hiermit ist gemeint, eigene negative Resonanzen (als kritisch oder belastend empfundene Wahrnehmungen, Gefühle und Körperreaktionen) als Ausgangspunkt der individuellen Veränderung zu nutzen. Hierzu muss zum einen gelernt werden, negative Emotionen bzw. Reaktionen auszuhalten und damit selbstkritisch umzugehen. Zum anderen müssen aus den negativen Erfahrungen Schlüsse gezogen werden, um damit die Person bzw. Persönlichkeit weiterzuentwickeln. Dies wird auch als „Selbstwachstum" (J. Kuhl 2001) bezeichnet.

6.4 In kleinen Schritten experimentieren

In kleinen Schritten experimentieren („Funktionsoptimierung" bestehender Strukturen; P. Kruse: Persönliche Kommunikation) und/oder grundsätzlichen Wandel („Prozessmusterwechsel"; P. Kruse, persönliche Kommunikation) auslösen sind die beiden klassischen Varianten der Veränderung. In beiden Fällen ist die Machbarkeit zu prüfen bzw. ist möglichst realistisch einzuschätzen, inwieweit Belastbarkeit und Akzeptanz auf Seiten der Betroffenen gegeben ist. Wenn z. B. bisherige hierarchische Strukturen und eine dementsprechende Unternehmenskultur in einem „großen Wurf" abrupt in eine „holokratische" umgewandelt werden soll, ohne die notwendigen Lernprozesse zu durchlaufen, wird das vorhersagbar nicht funktionieren. Werden die alten Entscheidungs- und Kommunikationsregeln nicht angepasst, wird diese „Disruption"(!) eine weniger leistungsfähige Organisation zur Folge haben.

Wir konzentrieren uns hier auf die direkte, unmittelbare und in kleinen Schritten stattfindende Veränderung[1]. Hierbei wird aus der Rückkopplung der letzten Aktivität die nächste Anpassung gefolgert und umgesetzt: Wir nutzen die permanente Abfolge ständiger PDCA-Zyklen.

6.5 Iteratives Vorgehen

Grundsätzlich sind sowohl beim Experimentieren in kleinen Schritten als auch nach einem grundlegenden Wandel weitere Anpassungen notwendig, um die neuen Abläufe und Strukturen zu optimieren und zu stabilisieren. Lernen ist kein einmaliger Schritt sondern ein laufender Prozess. Wird iterativ vorgegangen, kann schrittweise vom bereits Erreichten das nächste (Zwischen-)Ziel angesteuert werden. Durch die mehr oder weniger permanente Rückkopplung (im PDCA-Zyklus) wird zum einen die inhaltliche Optimierung sichergestellt. Zum anderen wird das Vorgehen selbst für die Beteiligten nachvollziehbar und ist auch leichter zu bewältigen.

[1] Durch das flexible und bewusste Handeln von jedem Individuum auf allen Ebenen der Organisation unterscheidet sich unser Vorgehen von der bekannten „kontinuierlichen Verbessung" (KVP).

6.6 Transparenz der Veränderung

Sowohl zur Nachjustierung des Vorgehens als auch zur Beteiligung aller Individuen ist eine zeitnahe und für alle verfügbare Information über den Stand des Veränderungsprozesses notwendig. Die regelmäßigen bzw. ereignisbezogenen Informationen erhöhen die Verbindlichkeit für die Beteiligten und unterstützen die Lernprozesse auf allen Ebenen. Für das Individuum wird die Transparenz durch das Feedback von Kollegen, Mitarbeitern und Führungskraft erreicht. Auf Teamebene geschieht dies ebenfalls durch Feedback, Prozessanalyse und -reflexion. Für die Gesamtorganisation können die Informationen über eine Intranetplattform zur Verfügung gestellt werden. Im Rahmen einer Resonanzgruppen-Methode können dabei auch Rückfragen bzw. Kommentierungen durch die Individuen erfolgen.

6.7 Reflexion des Vorgehens

Die Reflexion des Vorgehens muss Bestandteil des Veränderungsprozesses sein. Die bei dem gewählten Vorgehen gewonnenen Erkenntnisse – methodisch, inhaltlich, interaktionsbezogen – sind zum einen wesentliche Informationen zur Nachsteuerung (s. o. Prinzipien 5 und 6) und zum anderen die eigentlichen Lernfortschritte: Wie wurde gearbeitet, kommuniziert und welche Ergebnisse sind dabei entstanden? Reflexion ist die Überprüfung der (Selbst-)Beobachtung, also das Einnehmen einer zusätzlichen (Meta-)Perspektive. Dies geschieht zunächst durch Feedback Dritter und der Anleitung zur Selbstreflexion; des Weiteren praktiziert das Individuum dieses Instrument für sich selbst. Sowohl die Erkenntnisse aus dem Vorgehen, als auch die Fähigkeit zur Nachsteuerung desselben ergänzen sich sinnvollerweise bei der Optimierung des Lernens. Neben den inhaltlichen Resultaten sind die Lerneffekte auf methodischer und interaktionsbezogener Ebene mindestens genauso relevant für eine erfolgreiche Veränderung:

Der Erfolg eines Vorhabens hängt entscheidend davon ab, die Bedingungen des Lernens zu erkennen und zu verstehen, um dann diesen Prozess zielführend weiterentwickeln zu können.

Es gilt das (Meta-)Prinzip:

Inhalte sind austauschbar (und verändern sich sowieso wieder) – neue Interaktionsmuster und verbesserte Zusammenarbeit ermöglichen jedoch erst die Anpassung an neue Herausforderungen. Und letztere stellen den Gegenstand eines mehr oder weniger permanenten Lernprozesses dar. Die Ergebnisse dieses Lernprozesses entscheiden über die Anpassungs- und damit Überlebensfähigkeit der Organisation.

Glossar

Auftragsklärung: Die Interaktion, in der definiert wird, wer was von wem will

Besucher: Ein Coaching-Teilnehmer, der sich selbst nicht als Kunde sieht, sondern (häufig von einem Vorgesetzten) zum Coaching geschickt wurde

Beziehung: Gegenseitige Wahrnehmung von aufeinander bezogenen Interaktionen

Beziehungsanalyse: Im Rahmen der Auftragsklärung stattfindende Bewertung der Arbeitsbeziehung

Beziehungsgestaltung: Die Entwicklung der Interaktionen im Rahmen einer Beziehung

Beziehungsqualität: Das Bewertungsergebnis einer Beziehung

Coaching-Element: Ein Teil des Coaching-Prozesses, häufig ein Instrument zur Unterstützung des Lernens beim Kunden, wie z. B. Selbstreflexion

Coaching-Kompetenz: Die Fähigkeit, Coaching-Elemente anzuwenden

Delegations-Prinzip: Die Weitergabe von (Teil-)Aufgaben an eine andere (häufig hierarchisch niedriger stehende) Person, verbunden mit der Erteilung von Kompetenzen (Befugnissen) und der Übertragung der entsprechenden Verantwortung; daher auch als AKV-Prinzip (Aufgaben/Kompetenzen/Verantwortung) bezeichnet

Denken: Geistige Operationen, mittels derer Fragen beantwortet, Probleme gelöst und Bewertungen erstellt werden können

Denk- und Verhaltensmuster: Umfangreiche und z. T. komplexe Schemata, nach denen Denken und Handeln stattfindet

dezentral: lokal verortet und nicht von einer zentralen Stelle aus gesteuert

Double-Loop-Learning: Lern- und Veränderungskonzept nach Chris Argyris (2015), bei dem nicht nur das Ergebnis eines Prozesses mit den Zielen verglichen wird, sondern vor allem die Entscheidungsregeln, nach denen die Bewertung erfolgt, mittels neuer Informationen geprüft werden

Entwicklung, individuelle: Lern- und Veränderungsprozess, der in erster Linie das Denken und Bewerten sowie das Handeln eines Individuums bezeichnet

Entwicklungsboard, persönliches: Arbeitsblatt, auf dem die Ist-Ausprägung einer Verhaltensweise festgehalten wird sowie der angestrebte Zustand, das methodische Vorgehen zur Veränderung, die Kriterien (Beobachtungsmerkmale) und die Situation, in der die Veränderung wahrgenommen werden kann

Entwicklungspotenzial: Die Möglichkeiten des Lernens und der Veränderung eines Individuums

Feedback: Rückkopplung von Informationen an ein an einer Interaktion beteiligtes Individuum, die verschiedene Funktionen erfüllen kann (Leistungsrückmeldung, Beziehungsklärung, Meta-Kommunikation)

Führung: Die Einflussnahme eines (i .d .R. hierarchisch höher gestellten) Individuums auf ein anderes im Rahmen einer Interaktion

Führungsrolle: Erwartungen an ein Individuum im Rahmen einer meistens hierarchisch organisierten Interaktion zur Einflussnahme auf andere Individuen

Führungsverständnis: Vorstellungen von der Art und Weise, wie die Einflussnahme auf Individuen in Organisationen stattfinden sollte

Funktion: Der Wirkmechanismus, durch den ein bestimmter Effekt bzw. ein Ergebnis erzielt wird

Gegenstromverfahren: zweiseitige Informationsflüsse in einer Organisation – zum einen top-down durch Aktivitäten der Geschäftsleitung, wie z. B. die Initiierung kultureller Veränderungen (Führung, Selbstorganisation); zum anderen bottom-up durch die Rückmeldungen (Feedback) der Mitarbeiter und Führungskräfte an die nächsthöhere Hierarchieebene; dient der Auswertung und dem Abgleich zwischen intendierten Zielen und tatsächlichen Ergebnissen zum Zweck einer möglichen Nachsteuerung

Groupthink: Gedankliche Beschränkung innerhalb einer Gruppe, die zu Selbstbestätigung und Ausgrenzung anderer Sichtweisen führt sowie zur Ausgrenzung bzw. Abwertung von Personen, die eine abweichende Meinung vertreten

Growth Mindset: nach Carol S. Dweck (2007) die Fähigkeit, seinen gedanklichen Horizont zu erweitern; dies meint weniger das Aneignen neuer Wissensinhalte als vielmehr die eigene Denkweise und vor allem die eigenen Überzeugungen zu überprüfen und ggf. zu ändern – zentraler Aspekt von Persönlicheitsentwicklung

Gruppendynamik: Prozess der Interaktionen innerhalb einer Gruppe, bei dem es neben Inhalten um die Beziehungen zueinander geht; durch die Klärung von gegenseitigen Erwartungen sowie der Wirkung unterschiedlicher Sichtweisen und Interessen erfolgt eine wechselseitige Beeinflussung, die wiederum Auswirkungen auf die Zusammenarbeit und damit auf die Arbeitsergebnisse hat

Gruppendynamik, Phasen der: Gruppendynamik kann in verschiedenen Schritten beschriebenen werden, die einen Lernprozess darstellen; die Phasen (vgl. Tuckmann & Jensen 1977) bauen aufeinander auf und sind unverzichtbar für die Entwicklung der Gruppe zu einem leistungsfähigen Team

Handeln: jede Aktivität – und im Rahmen einer Beziehung auch jede Nicht-Aktivität –, die beabsichtigt oder unbeabsichtigt erfolgt; man kann also in sozialen Kontexten nicht nur nicht nicht-kommunizieren (Watzlawick 2000), sondern auch nicht nicht-handeln, denn auch das Nicht-Handeln wird in einer Beziehung wahrgenommen und damit wirksam

Handlungsfähigkeit: Die Fähigkeit, eine Aktivität durchzuführen; bedeutsam in Arbeitssituationen und sozialen Kontexten, insbesondere in der Führungsrolle sowie in Konfliktsituationen

Hypothesenbildung: Annahmen über Wirkungszusammenhänge formulieren

Individuum: die einzelne Person, der Mitarbeiter, die Führungskraft

Instabile Phase: im klassischen Change-Management nach Kurt Lewin (1953) die Phase, in der die eigentliche Veränderung stattfindet, im Unterschied zu den vorausgehenden und nachfolgenden stabilen Phasen

Interaktion: wechselseitiger sozialer Austausch von zwei oder mehr Individuen, der sowohl inhaltliche als auch beziehungsbezogene Informationen bzw. Handlungen beinhaltet

Interaktionen auf Augenhöhe: sozialer Austausch zwischen zwei Individuen mit einem symmetrischen Beziehungsangebot, auch wenn diese hierarchisch nicht auf derselben Ebene stehen

Interaktionen zwischen Individuen: sozialer Austausch zwischen zwei oder mehr Individuen

Interaktionsformen: sozialer Austausch zwischen zwei oder mehr Individuen im Rahmen der Zusammenarbeit bzw. des gemeinsamen Lernens (z. B. Coaching, Feedback, Beziehungsanalyse, Teamretrospektive)

Intervention, direkt und verhaltensbezogen: Eingriff oder Maßnahme zur Einwirkung auf Arbeitsabläufe sowie auf individuelles oder gemeinsames Handeln bzw. individuelle oder gemeinsame Reflexion

iterativ: ein Vorgehen in kleinen Schritten, bei dem die Zielannäherung bei jedem Schritt überprüft wird und der nachfolgende Schritt sich auf den vorhergehenden bezieht

Iterativer Zyklus: ein einzelner Ablauf von gezielten Veränderungen in kleinen Schritten, z. B. in Form einer PDCA-Abfolge

Iteratives Vorgehen: Methode zur Veränderung in kleinen Schritten, die eine permanente Anpassung an neue Bedingungen ermöglicht, besonders im Rahmen von Selbstorganisation

Klient: der Mandant eines Coachs; es können drei Typen von Klienten unterschieden werden: Kunde, Besucher und Sich-Beschwerender

Kognitives Verarbeitungsprogramm: gedankliche Operationen im Rahmen von Wahrnehmungsprozessen, Gedächtnisspeicherungen und Problemlösungen

Kommunikation: wechselseitiger Austausch von Signalen (Stimme, Wörter, Körpersprache) und deren individueller Bedeutungsgebung mit dem Ziel einer „gemeinsamen Wirklichkeit“ (WATZLAWICK 2000), nämlich dem gleichen Verständnis der Signale, hergestellt über Feedback-Schleifen, bei denen die Beziehungsdimension relevanter ist als die Sachebene

Konsent-Entscheidung: soziokratische statt demokratische Entscheidungsfindung, bei der nicht die meisten Zustimmungen sondern die wenigsten Ablehnungen den Ausschlag geben

Kontextklärung: im Zusammenhang mit der Auftragsklärung die Definition des Rahmens, in dem etwas getan werden soll, wer welche Interessen verfolgt, welche dritten Parteien involviert sind, welche Historie bei dem Auftrag existiert und welche Ergebnisse bzw. Misserfolge diesbzgl. bereits bestehen

Kontinuierliche Herausforderung: beständige Aufgabe; im Rahmen der Selbstorganisation vor allem das individuelle, gemeinsame und organisationale Lernen; für Führungskräfte die Unterstützung der Mitarbeiter darin

Kooperation: Zusammenarbeit, die in verschiedenen Konstellationen stattfinden kann (zu zweit oder dritt, im Team/der Abteilung/dem Bereich oder organisationsübergreifend), mit dem Zweck der Zielerreichung

Kunde: allgemein der Empfänger einer Leistung bzw. eines Produktes; im Coaching der Klient, der sich als Teil des Problems versteht bzw. die Verantwortung für eine Veränderung bei sich selbst sieht

Learning to See: im Lean-Management (Toyota Production System, TPS) die Fähigkeit, ein Value-Stream-Mapping (Wertstromanalyse) zu erzeugen und Muda (Verschwendung) zu eliminieren

Learning to See Inside: Anwendung der gleichnamigen Fähigkeit auf die eigenen inneren kognitiven Prozesse – Erzeugen von Reflexionsfähigkeit und Initiierung der entsprechenden Lernprozesse mit dem Ziel der persönlichen Weiterentwicklung

Leistungsrückmeldung: eine Funktion des Feedbacks, die sich auf die Sachebene, hier die Arbeitsleistung, bezieht

Lernprozess: neben der Aneignung von Wissen und dem Erwerb von Fertigkeiten die Veränderung des Denkens und Handelns, dabei vor allem der Bewertung von Personen und Sachverhalten; dies geschieht über Reflexion

Meta-Kommunikation: das Reden darüber, wie miteinander geredet wird; nicht die Inhalte sind Gegenstand des Austauschs, sondern die Art und Weise wie dieser stattfindet

Mindshift: die Veränderung von Sichtweisen, Meinungen oder Einstellungen; im Unterschied zum Mindset, das ein fixes Denkschema beschreibt, handelt es sich hierbei um einen mehr oder weniger permanenten Lernprozess, der allerdings weniger Inhalte behandelt als vielmehr die Sicht- und Denkweise zum Gegenstand hat

Moderationsfunktion: Wirkungsweise der inhaltlich neutralen Steuerung einer Arbeitsgruppe; Gegenstand ist die zeitliche Struktur, die Priorisierung der Themen und die gleichberechtigte Beteiligung aller Teilnehmer an der Bearbeitung; der Verantwortliche (Moderator) nimmt die kommunikative Steuerungshoheit für den Prozesses in Anspruch

Neugier: offene, aufgeschlossene Haltung einer anderen Person gegenüber; im Coaching eine der drei Grundhaltungen des Coachs – er möchte verstehen, wie der Klient sich seine Welt erklärt, ohne dies jedoch in irgendeiner Weise zu bewerten

neurophysiologisch: die Nerven sowie deren Verbindungen und Funktionen betreffend; in Bezug auf Lernprozesse vor allem die neuronalen Verschaltungen des Gehirns und deren Wirkungsweisen

Neutralität: weitere Grundhaltung eines Coachs – sie bedeutet, dass er unparteiisch ist und weder für seinen Kunden noch für einen möglichen Auftraggeber (z. B. Vorgesetzter des Kunden) oder sonstige dritte Parteien (Kollegen, Mitarbeiter, Freunde und Verwandte) Partei ergreift; der Coach ist nicht der Anwalt seines Kunden, sondern der Unterstützer für dessen Lernprozess

nicht nicht-kommunizieren: das erste Axiom der Kommunikationstheorie von Paul Watzlawick (2000), „man kann nicht nicht-kommunizieren", bedeutet, dass jedes Signal, welches vom Kommunikationspartner wahrgenommen wird, von diesem interpretiert wird; ein Signal ist auch eine Nicht-Reaktion auf eine Aussage oder Frage, eine körperliche Reaktion (Schulterzucken, Wegschauen, Sich-Umdrehen) oder das Verlassen des Raumes

Organisationsentwicklung: Gesamtheit aller beabsichtigten wie nicht intendierten Eingriffe oder Maßnahmen, die eine Auswirkung auf eine Organisation haben; weiterhin die Effekte von Maßnahmen im Sinne einer Veränderung der Organisation; drittens der Prozess der Veränderung einer Organisation

Organisationsparadox: widersprüchliche Situation, in der sich Organisationen grundsätzlich befinden – zum einen benötigen sie Stabilität, um zu funktionieren; zum anderen muss eine (partielle/temporäre) Instabilität hergestellt werden, um Veränderungen zu ermöglichen; weiterhin erzeugen Veränderungen wiederum Instabilität, sodass eine Organisation sich notwendigerweise dagegen wehrt; sog. „Widerstände" sind also zwangsläufige Folge von Veränderung, solange der Umgang mit Unsicherheit nicht gelernt wird und die wahrgenommene Fremdbestimmung größer ist als die Selbstbestimmung

PDCA-Zyklus: Plan-Do-Check-Act: Arbeitsschritte zur Verbesserung eines Ablaufs (ursprünglich aus dem industriellen Qualitätsmanagement; Shewhart

1986, Deming 2000), hier als grundlegendes Vorgehensmodell sowohl für individuelle Lernschritte als auch organisationale Veränderungen

Persönlichkeitsentwicklung: Lern- und Veränderungsprozess eines Individuums; findet zum einen mehr oder weniger über die gesamte Lebensspanne hinweg statt, und zum anderen durch gezielte Interventionen; Denken und Verhalten können in Summe als Ausdruck der Persönlichkeit verstanden werden

Prozessreflexion: im Rahmen von Arbeitsgruppen oder speziell bei Teamentwicklung die Analyse und Bewertung der Zusammenarbeit; Instrument zur Unterstützung des Lernprozesses einer Gruppe

Psychologische Sicherheit: die Wahrnehmung bzw. das Gefühl, sich frei äußern zu können; bedeutet weiterhin, keine Angst vor Abwertung oder sonstiger destruktiver Kritik haben zu müssen; daher eine wesentliche Voraussetzung für die Selbstorganisation von Teams

Reflektieren: das eigene Denken und Handeln beobachten und weiterhin die Beobachtungsperspektive prüfen und ggf. so verändern, dass neue Informationen entstehen

Reflexionsfähigkeit: Fähigkeit zu reflektieren; wesentlicher Aspekt eines persönlichen Lernprozesses, Teil der Persönlichkeitsentwicklung

Regeln der Organisation: formale wie informelle, schriftliche wie nicht fixierte Handlungsanweisungen, Normen und Verfahren, die die Strukturen und Abläufe des Systems beschreiben

Resonanzkörper: in der Akustik der Gegenstand, der Töne zurückwirft; hier der menschliche Körper, der auf äußere (und innere) Reize reagiert: zum einen physiologisch durch entsprechende Reaktionen, wie veränderter Blutdruck/Schwitzen/Gänsehaut/Zittern; zum anderen psychologisch durch gedankliche, emotionale und intentionale Reaktionen, wie (negative) Bewertungen der Situation, z. B. Angst/Ärger/Wut, Fluchtabsicht, Aggression oder soziale Anpassung

Resonanztagebuch, persönliches: Notizen zu eigenen erlebten Resonanzen (gedankliche, emotionale und intentionale Reaktionen auf kritische Reize); Hilfe zur Reflexion, Verarbeitung und Nutzung im jeweiligen sozialen Kontext der Entstehung i. S. einer Klärung bzw. Aufarbeitung

Respekt: dritte Coaching-Haltung, beschreibt die Achtung des Kunden als Individuum; wird i. d. R. in Kombination mit ihrem Gegenteil, der Respektlosigkeit, verstanden – Respekt gegenüber der Person, Respektlosigkeit gegenüber ihren Sichtweisen, Meinungen, Bewertungen und Erklärungen

Rollen- und Beziehungsklärung: Formulierung der Erwartungen an die beteiligten Personen und die Wahrnehmung ihrer Interaktionen, insbesondere im Rahmen einer Auftragsklärung; dient dazu, eine Übersicht über die Situation, die Erwartungen und die Zusammenhänge zu gewinnen

Rückkopplung: deutsches Wort für Feedback oder Informationsrückfluss; in Interaktionen die Rückmeldung zu einer vorangegangenen Aktivität

Rückkopplungsverfahren: institutionalisierter Prozess von Informationsrückflüssen in einer Organisation

Selbstaufmerksamkeit: Fokussierung der Beobachtung auf sich selbst; Konzentration auf die eigenen Gedanken und Handlungen; fördert deren Zielgenauigkeit und erleichtert die Selbstreflexion

Selbstbeobachtung: Teil der Selbstwahrnehmung (neben innerlichem Beschreiben und Bewerten); Voraussetzung für Selbstreflexion

Selbstführung: als Individuum sich selbst kontrollieren und regulieren können

Selbstkontrolle: nach J. Kuhl (2001) das Betrachten und kritische Auseinandersetzen mit eigenen Fehlern und das Aushalten von Enttäuschungen („Frustrationstoleranz“)

Selbstorganisation/von Teams: Steuerung von Aktivitäten und Abläufen, sowohl auf individueller wie organisationaler Ebene, die bei Individuen sowohl Denken wie Handeln betreffen und bei (Teil-)Organisationen Interaktionen zwischen Individuen, die dezentral bzw. ohne zentrale Vorgaben und Entscheidungen stattfinden und Handlungsfähigkeit ermöglichen

selbstorganisiert: selbstgesteuert sowohl als Individuum als auch als (Teil-) Organisation denken und handeln

Selbstreflexion: das Einnehmen einer Beobachtungsperspektive auf sich selbst und darüber hinaus die Veränderung dieser Perspektive, sodass sich neue Informationen bzgl. des eigenen Denkens und Handelns ergeben, die deren Überprüfung und ggf. Veränderung ermöglichen

Selbstreflexion, angeleitete: Synonym für Coaching – Lernen findet durch die Beobachtung des eigenen Denkens und Handelns statt, sowie durch die Veränderung der Beobachtungsperspektive, um neue Informationen zu erzeugen; die anschließende Neubewertung von Personen und Sachverhalten ermöglicht Denk- und Handlungsalternativen; der Lernprozess wird durch einen Coach unterstützt

Selbstreflexion, resonanzbasierte: Selbstbeobachtung und Überprüfung der Beobachtungsperspektive aufgrund von (negativen) emotionalen Empfindungen (Resonanzen)

Selbstregulation: nach J. Kuhl (2001) sich selbst beruhigen und trösten und sich motivieren und zum Handeln ermutigen können

Selbststeuerung: Voraussetzung für Selbstorganisation i. S. v. reflektiertem und selbstkritischem Denken und entsprechendem Handeln

Selbstwachstum: nach J. Kuhl (2001) das Ergebnis von Selbstkontrolle und Selbstregulation, auch synonym für Persönlichkeitsentwicklung

Selbstwahrnehmung: Beobachtung, (innerliche) Beschreibung und Bewertung des eigenen Denkens und Handelns

Sich-Beschwerender: im Coaching ein Kliententypus, der sich als das Opfer anderer Personen bzw. der Verhältnisse sieht und vom Coach erwartet, dass dieser für ihn das Problem löst

Sich-selbst-Führender: Mitarbeiter, der sich als verantwortlich für sein Denken und Handeln sieht; kommuniziert auf Augenhöhe mit seiner Führungskraft bzw. nimmt ein entsprechendes Beziehungsangebot an; reflektiert das eigene Denken und Handeln und kann so sich selbst weiterentwickeln

Sich selbst organisierende Führung: Führungskraft bzw. das Management einer Organisation, die sich als verantwortlich für ihre Rolle, die entsprechenden Sichtweisen und das Handeln sieht; reflektiert das eigene Denken und Handeln und kann sich sowohl individuell als auch gemeinsam weiterentwickeln

Soziogramm: Abbildung der Interaktionen und Beziehungen innerhalb einer Gruppe; dient zu deren Analyse, Bewertung und Weiterentwicklung

Teamarbeit, Reflexion der: Analyse und Bewertung der Zusammenarbeit in einer Gruppe mit dem Ziel, die Kommunikation und Kooperation zu verbessern

Teamaufstellung: Maßnahme zur Abbildung von Nähe und Distanz innerhalb einer Gruppe; kann nach definierten Kriterien erfolgen, oder nach aktuell formulierten Themen, die für die Interaktionen im Team relevant sind; Instrument zur Unterstützung der Teamentwicklung

Teamboard: Instrument zur Formulierung von Erwartungen an die Zusammenarbeit, aktuellem und gewünschtem Verhalten, Maßnahmen zu deren Umsetzung, die Situation, in der das Verhalten beobachtet werden kann, sowie dessen Ausprägungen aktuell und erwartet

Team-Retrospektive, resonanzbasiert: Reflexion der Zusammenarbeit in einer Gruppe, die sich an individuellen (hier: kritischen) inneren Reaktionen auf andere Teammitglieder orientiert und mittels Feedback stattfindet

Transformationsboard: Anwendung des Teamboards auf der Ebene der Gesamtorganisation, z. B. im Rahmen von Führungskräfte-Meetings oder Aktivitäten zur Weiterentwicklung der Unternehmenskultur

transparent: erkennbar, sichtbar; Eigenschaft von Kommunikation und Interaktion im Rahmen von Organisationsentwicklung, die als notwendig für Lernprozesse angesehen wird

Umgang mit Unsicherheit: Fähigkeit, die als notwendig angesehen wird, um sowohl die Rolle als Führungskraft als auch die des Sich-selbst-Führenden im Rahmen von Veränderung wahrzunehmen

Unternehmenskultur: Summe der mehrheitlich getragenen Überzeugungen, Richtlinien, Handlungsanweisungen und etablierten Interaktionsmuster, die eine Organisation prägen

Unternehmenskultur, Analyse und Reflexion der: Beschreibung und Bewertung der Unternehmenskultur sowie das Einnehmen einer veränderten Perspektive darauf, mit dem Ziel einer Weiterentwicklung

Unternehmenskultur, stabile: Unternehmenskultur stabilisiert eine Organisation; je stabiler i. S. v. gefestigter eine Kultur ist, desto prägender wirkt sie und umso schwieriger lässt sie sich verändern und damit auch die Organisation selbst; gleichzeitig ist Stabilität für eine Organisation Voraussetzung für deren Funktionieren; führt zum Organisationsparadox

Variable, abhängige: hier die Unternehmenskultur, welche durch gezielte Interventionen verändert (weiterentwickelt) werden soll

Variable, unabhängige: die Unternehmenskultur als Wirkfaktor, der die Organisation stabilisiert und das Denken und Verhalten der Führungskräfte und Mitarbeiter prägt

Veränderte Perspektive: neue Sicht auf Personen und Situationen (Aufgaben, Herausforderungen, Probleme) einschließlich neuer Bewertungen

Vertrauen: Aspekt, der grundlegend für eine stabile Beziehung ist; Ergebnis einer Entwicklung/eines Lernprozesses und Voraussetzung für entsprechende Zusammenarbeit bzw. Selbstorganisation

Vertrauensbildung: der Lernprozess, dessen Ergebnis Vertrauen ist

Wahrnehmungs- und Bewertungsprozess: Ablauf von kognitiven Verarbeitungen; beinhaltet das Beobachten, innerliche Beschreiben und die Bewertung von Verhaltensweisen, Situationen und Personen; findet erfahrungsbasiert statt – vorausgegangene Ereignisse und deren Konsequenzen beeinflussen die Wahrnehmung und Bewertung aktueller Situationen

zentral: an einer Stelle verortet bzw. von einer Stelle aus organisationsübergreifend gesteuert

Literaturverzeichnis

Agile Change Canvas: https://www.business-wissen.de/produktdownload/?productUid=8208

Albach, H.; Meffert, H.; Pinkwart, A.; Reichwald, R.: Management of Permanent Change. Wiesbaden 2015

Argyris, Ch.: Teaching smart people how to learn. Harvard Business Review. 63 (3), 99-109, 1991. Retrieved 2015

Bateson, G.: Ökologie des Geistes. 1981

Berlin Bergmann, F.: On Being Free. Notre Dame (IN, USA) 1977

Bergmann, F.: Neue Arbeit, Neue Kultur. Freiburg 2004

Berner, W.: Change!: 20 Fallstudien zu Sanierung, Turnaround, Prozessoptimierung, Reorganisation und Kulturveränderung (Systemisches Management). Freiburg 2015

Berner, W.: Reorganisation und Restrukturierung. Freiburg 2022

Bertagnolli, F.; Bohn, S. & Waible, F. : Change Canvas: Strukturierter visueller Ansatz für Change Management in einem agilen Umfeld (essentials). Wiesbaden 2018

de Bono, E.: In: Angela Balakrishnan https://www.theguardian.com/education/2007/apr/24/highereducationprofile.academicexperts

Clark, H. H.: Referring as a collaborative process. Cognition. 22 (1): 1-39. 1986

Clark, H. H.: Using Language. Cambridge (UK) 1996

Cohn, R.: Von der Psychoanalyse zur themenzentrierten Interaktion: Von der Behandlung einzelner zu einer Pädagogik für alle. Stuttgart 1994

ComTeam: https://blog.comteamgroup.com/kultagil-4-bestandteile-des-agilen-kulturprozesses/(2022a)

ComTeam: https://comteamgroup.com/fileadmin/contents/comteam group/Beratung/Kulturentwicklung/kultagil_Agiler_Kulturprozess_Web.pdf (2022b)

ComTeam: https://blog.comteamgroup.com/kultagil-5-die-struktur-von-kultagil/ (2022c)

Deming, W. E.: Out of the Crisis. Cambridge (MA, USA) 2000

Deming, W. E. & Orsin, J. N. : Essential Deming: Leadership Principles from the Father of Quality. Ketchum (ID, USA) 2021

Doerr, J.: OKR – Objectives & Key Results: Wie Sie Ziele, auf die es wirklich ankommt, entwickeln, messen und umsetzen. München 2018

Dörner, D.: Die Logik des Misslingens. Strategisches Denken in komplexen Situationen. Hamburg 2003

Drucker, P. F.: https://www.brandeins.de/magazine/brand-eins-wirtschafts-magazin/2016/vorbilder/peter-drucker

Dweck, C. S.: Mindset – The New Psychology of Success. New York 2007

Edmondson, A. C.: The Fearless Organization: Creating Psychological Safety in the Workplace for Learning, Innovation, and Growth. Hoboken (NJ, USA) 2018. Dt. München 2020

FIVE MONKEYS: This story originated with the research of *G.R. Stephenson in Athanas, Ch.*: https://blog.mahr.de/2016/03/21/was-uns-fuenf-affen-ueber-unternehmenskultur-lehren (1967)

Frankl, V.: Gesammelte Werke: Ärztliche Seelsorge: Grundlagen der Logotherapie und Existenzanalyse. Und Vorarbeiten zu einer sinnorientierten Psychotherapie: 4. Wien 2011

Freyth, A. & Baltes, G.: Veränderungsintelligenz. Agiler, innovativer, unter nehmerischer den Wandel unserer Zeit meistern. Berlin 2017

Gester, P. W. & Clement, U.: Territorigramm. Romanshorn (CH) 2001

Goffman, E.: Interaktionsrituale. Über Verhalten in direkter Kommunikation. Frankfurt a. M. 1978

Greif, S.: Coaching und ergebnisorientierte Selbstreflexion. Theorie, Forschung und Praxis des Einzel- und Gruppencoachings. Göttingen 2008

Hall, E. T.: The Hidden Dimension. New York 1966

Hall, E. T.: Die Sprache des Raumes. Düsseldorf 1976

Hall, E. T.: Beyond Culture. New York 1976

Hammer, M. & Champy, J.: Business Process Reengineering – Die Radikalkur für das Unternehmen. Frankfurt a. M. 2003

Hanza Resources GmbH: Selbsttest zu inneren Antreibern. https://hanza-resources.com/test-antreibern/ (2022)

Hofert, S.: Agiler Führen: Einfache Maßnahmen für bessere Teamarbeit, mehr Leistung und höhere Kreativität. Wiesbaden 2016

Hofstadter, D. R.: Gödel, Escher, Bach – Ein Endloses Geflochtenes Band. Stuttgart 2016

Hofstede, G.; Hofstede, G. J. & Minkov, M.: Cultures and Organizations – Software of the Mind: Intercultural Cooperation and Its Importance for Survival. New York 2010

Horikiri, T.: Persönliche Kommunikation. 2014

Jacobson, E.: Entspannung als Therapie: Progressive Relaxation in Theorie und Praxis. 10. Aufl., Stuttgart 2021

Janis, I. L.: Victims of Groupthink. Boston (MA, USA) 1972

Johansson, H.: Business Process Reengineering – Breakpoint Strategies for Market Dominance: Basic Principles, Concepts, and Applications in Chemistry. Hoboken (NJ, USA) 1994

Kahler, T.: Between Parent and Child Revisited. In: Transactional Analysis Bulletin, Volume 4, issue 2, page(s) 46-47. 1974

Kahler, T.: Process Therapy Model: Die sechs Persönlichkeitstypen und ihre Anpassungsformen. Weilheim 2008

Kahnemann, D.: Schnelles Denken – Langsames Denken. München 2012

Kaplan, R. S. & Norton, D. P.: Balanced Score Card – Strategien erfolgreich umsetzen. Freiburg 2018

Kotter, J. P.: Leading Change. München 2011

Kruse, P.: Persönliche Kommunikation. 2000

Krüger, W. & Bach, N.: Excellence in Change: Wege zur strategischen Erneuerung. Wiesbaden 2014

Kuhl, J.: Motivation und Persönlichkeit – Interaktionen psychischer Systeme. Göttingen 2001

Kurbjuweit, D.: Unser effizientes Leben – Die Diktatur der Ökonomie und ihre Folgen. Hamburg 2017/spiegel-online 22.07.2020 (2005)

Leader-Leader: www.leader-leader.com (https://intentbasedleadership.com) (2022)

Lewin, K.: Resolving social conflicts: selected papers on group dynamics. New York 1948

Lewin, K.: Feldtheorie in den Sozialwissenschaften. Bern 1963, Neuauflage 2012

Lewin, K., Lippitt, R.; White, R. K.: Patterns of aggressive behavior in experimentally created social climates. In: Journal of Social Psychology. 10, 1939, S. 271-301.

Lewin, K.; Weiss Lewin, G. & Frenzel, H. A.: Die Lösung sozialer Konflikte. Ausgewählte Abhandlungen über Gruppendynamik. Bad Nauheim 1953

Little, J.: Lean Change Management: Innovative Ansätze für das Management organisationaler Veränderung. o. O. 2016

Machiavelli, N.: Der Fürst. Köln 2007

Manifest für agile Softwareentwicklung: https://agilemanifesto.org/iso/de/manifesto.html (2001)

Marquet, L. D.: Reiß das Ruder rum! Heidelberg 2020

Meifert, M. T.: Strategische Personalentwicklung: Ein Programm in acht Etappen. Berlin 2007

Meyer et al.: Psychologische Sicherheit. https://www.researchgate.net/publication/328031103 (2018)

Mindful Leadership Model: https://www.mindful-leadership-institut.com (2022)

Moeller, M. L.: Die Wahrheit beginnt zu zweit. Hamburg 2010

Moreno, J. L. & Jennings, H. H.: Statistics of social configurations. Sociometry, 1, 342-374 https://doi.org/10.2307/2785588 (1938)

Petry, Th. & Konz, Ch.: Agile Organisation – Methoden, Prozesse und Struk turen im digitalen VUCA-Zeitalter. Gießen 2021

Pohl, F.: Kompetenzbasiertes Projektmanagement. In: Gessler, M. (Hrsg.): GPM Deutsche Gesellschaft für Projektmanagement. 2011

Resilienz Akademie: https://www.resilienz-akademie.com/innere-antrei ber/(2022)

Roebers, F.: Persönliche Kommunikation 2020

Rosa, H.: Resonanz. Eine Soziologie der Weltbeziehung. Stuttgart 2016

Rosenberg, M. B.: Gewaltfreie Kommunikation. Eine Sprache des Lebens. Paderborn 2013

Rother, M.: Die Kata des Weltmarktführers – Toyotas Erfolgsmethoden. Frankfurt a. M. 2013

Rother, M. & Shook, J.: Learning to See – Value-Stream Mapping to Create Value and Eliminate Muda. Cambridge (MA, USA) 2009

Schein, E. H.: Organisationskultur. »The Ed Schein Corporate Culture Survival Guide«. Bergisch Gladbach 2003

Scheller, T.: Auf dem Weg zur agilen Organisation: Wie Sie Ihr Unternehmen dynamischer, flexibler und leistungsfähiger gestalten. München 2017

Schulz von Thun, F.: Miteinander Reden. Hamburg 2013/2019 https://www.schulz-von-thun.de/die-modelle/das-innere-team

Shannon, C. E. & Weaver, W.: The Mathematical Theory of Communication. Champaign (IL, USA) 1949

Shewhart, W. A.: Statistical method from the viewpoint of quality control. New York 1986

Simon, F. B.: Einführung in die systemische Organisationstheorie. Heidelberg 2007

Simon, F. B. & Weber, G.: Vom Navigieren beim Driften. Heidelberg 2012

Sloterdijk, P.: Du musst dein Leben ändern. Berlin 2012

Sparrer, I. & Varga von Kibéd, M.: Ganz im Gegenteil, Tetralemmaarbeit und andere Grundformen Systemischer Strukturaufstellungen – für Querdenker und solche, die es werden wollen. Heidelberg 2009

Sprenger, R.: Mythos Motivation. Frankfurt a. M. 2014

Stephenson, G. R.: Cultural acquisition of a specific learned response among rhesus monkeys. In: Starek, D.; Schneider, R. & Kuhn, H. J. (eds.): Progress in Primatology (279-288) 1967

Tödtmann, C.:https://blog.wiwo.de/management/2019/03/19/endlos schleife-restrukturierung-die-drei-wichtigsten-fehler-warum-change-projekte-schiefgehen-und-zwar-in-80-prozent-der-faelle/ (2019)

Tuckmann, B. W.: Developmental sequence in small groups. In: Psychological Bulletin. 63, S. 384-399. 1965

Tuckmann, B. W. & Jensen, M. A.: Stages of small-group development revisited. In: Group and Organization Studies. 2 (4), 419-426. 1977

von Foerster, H.: KybernEthik. Berlin 1993

Watzlawick, P.: Wie wirklich ist die Wirklichkeit? Wahn, Täuschung, Verstehen. München 2021

Watzlawick, P.; Weakland, J. H. & Fisch, R.: Lösungen. Zur Theorie und Praxis menschlichen Wandels. Bern 2000

Watzlawick, P.; Beavin, J. H. & Jackson, D. D: Menschliche Kommunikation. Formen, Störungen, Paradoxien. Bern 2002

Whyte, W. H.: The Organization Man: The Book That Defined a Generation. Philadelphia (PA, USA) 2002

Worms, M.: https://mutaree.com/content/nur-23-prozent-aller-change-projekte-sind-erfolgreich (2018)

Zürcher Ressourcen Modell: https://zrm.ch (2022)

Stichwortverzeichnis